微纳光子集成

何赛灵　戴道锌　编著

科学出版社
北　京

内 容 简 介

本书是关于光子集成理论以及制备技术的专著。全书共10章，第1章主要介绍光波导基础理论；第2、3章主要介绍光波导器件数值模拟技术；第4章主要介绍各类光波导(包括最新发展的硅纳米光波导等)基本特性以及相关制作工艺；第5章重点介绍针对光纤到户系统需求的新型集成光子器件；第6、7章重点介绍光通信系统中最具代表性的集成光子器件，包括波分复用器、微环滤波器等，并在第7章对微环传感器的最新进展作了相关介绍；第8章详细介绍最新发展的表面等离子金属光波导的原理、结构以及发展前景；第9章主要介绍和总结另一种新型光波导——光子晶体波导；第10章着重介绍硅光子学的最新研究进展。

本书可作为大专院校相关专业本科生、研究生的课程教材，也可作为从事光通信器件专业的科学技术人员的参考用书。

图书在版编目(CIP)数据

微纳光子集成/何赛灵，戴道锌编著.—北京：科学出版社，2010

ISBN 978-7-03-027054-2

Ⅰ.①微… Ⅱ.①何…②戴… Ⅲ.纳米材料：光电材料-应用-光子-集成电路-研究 Ⅳ.①TN204②O572.31

中国版本图书馆CIP数据核字(2010)第046999号

责任编辑：刘宝莉 闫井夫 / 责任校对：刘小梅

责任印制：吴兆东 / 封面设计：耕者设计工作室

科学出版社 出版

北京东黄城根北街16号

邮政编码：100717

http://www.sciencep.com

北京凌奇印刷有限责任公司印刷

科学出版社发行 各地新华书店经销

*

2010年4月第 一 版 开本：720×1000 1/16

2024年6月第四次印刷 印张：15 1/2

字数：302 000

定价：128.00元

(如有印装质量问题，我社负责调换)

前　言

1969 年，美国贝尔实验室的 Miller 首次提出了“集成光学”的概念，从此揭开了光子器件集成化研究的序幕。在过去的几十年，光子集成相关理论与制备技术都得到了长足的发展。

本书首先介绍了光波导基础理论(见第 1 章)和光波导器件数值模拟方法(见第 2 章和第 3 章)，然后对各类光波导(包括最新发展的硅纳米光波导等)的基本特性以及相关制作工艺进行了介绍(见第 4 章)。

光纤通信的兴起，为集成光子器件的发展提供了充分驱动力和无可比拟的契机。经过多年的发展，人们已经研制出一系列用于光通信的高性能集成光子器件。除了长距离光纤通信系统以外，光纤到户接入网掀起了光纤通信发展的新一轮机遇。为此，本书在第 5 章重点介绍了针对光纤到户系统需求的新型集成光子器件，使读者对此新方向有所了解。然后本书在第 6 章和第 7 章则分别介绍了光通信系统中最具代表性的集成光子器件，包括波分复用器、微环滤波器等。利用微环谐振效应，还可以实现具有高灵敏度的光传感集成器件，尤其是硅纳米光波导出现以后，微环传感器受到广泛的关注。本书在第 7 章对其最新进展作了相关介绍。

正如集成电子电路的发展历程一样，光集成也正朝着更高集成度的方向发展。所谓更高集成度，包含多层含义：①单个光器件具有更小的尺寸；②单个芯片上集成有更多的功能器件。为了实现更高集成度的目标，必须设计出超小尺寸的光波导结构。基于表面等离子体波的金属光波导可突破衍射极限，为未来实现纳米光子集成提供一种新的途径。为此，本书在第 8 章对最新发展的表面等离子金属光波导的原理、结构以及发展前景进行了详细的介绍。光子晶体波导则是另一种新型光波导，在过去的十年里也得到了广泛的关注和发展。本书在第 9 章也对此进行了相关介绍。

此外，硅光子学是当前集成光学的热点研究领域之一。它将硅材料和光子学结合在一起，研究硅材料或硅基材料上实现各种光子功能器件的制作和集成，形成了一个独特的学科研究方向。本书在第 10 章着重介绍了硅光子学的最新研究进展。

本书的编写是本课题组多年来科研成果的结晶，这里要感谢时尧成博士、陈学文博士、韩张华博士、郎婷婷博士、宋军博士、金毅博士以及盛振、王喆超、王博文等的辛勤工作。特别感谢时尧成博士为此书出版所做的许多协调工作，感谢盛振、陈朋鑫对全书的校对工作。

本书从光子集成的基础理论与应用需求出发，介绍了国际最新研究进展，阐述了集成光子学的发展特点及趋势，力求深入浅出、通俗易懂。希望本书的出版能够对读者了解光子集成方向有所帮助。本书也将作为浙江大学《集成光子学》课程的教材。

由于作者水平有限，书中难免有不足之处，敬请读者批评指正。

何赛灵

2009 年 12 月于杭州

目　　录

第1章　光波导基本理论

1969年，Miller首先提出在介质材料上实现复杂的集成光学器件的设想，并指出集成光学器件具有小尺寸、高稳定性和重复性的突出优点[1]。介质光波导是集成光波导器件中的基本光学回路，用以控制光波的传输。人们常常把波导中光学现象(如传播、耦合、调制等)的研究，称为导波光学。光纤是一种很常见的介质光波导，其截面为圆形，但在集成光学(integrated optics)中，人们更感兴趣的是可在芯片上集成的平面光波导。本章旨在介绍平面波导概念、特征方程及其模式特性。

一般可将平面光波导分为平面平板波导(简称平板波导)和平面条形波导(简称条形波导)，其结构分别如图1.1和图1.2所示[2]。平板波导只在横截面内一个方向上对光有限制作用(见图1.1中的x方向)，条形波导则在两个方向上都有限制作用(见图1.2中的x、y方向)。常用的波导结构和材料可参考表4.1。平板

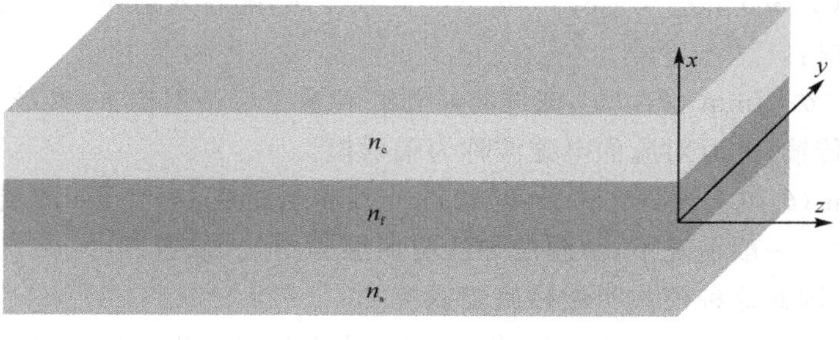

图1.1　平板波导结构示意图

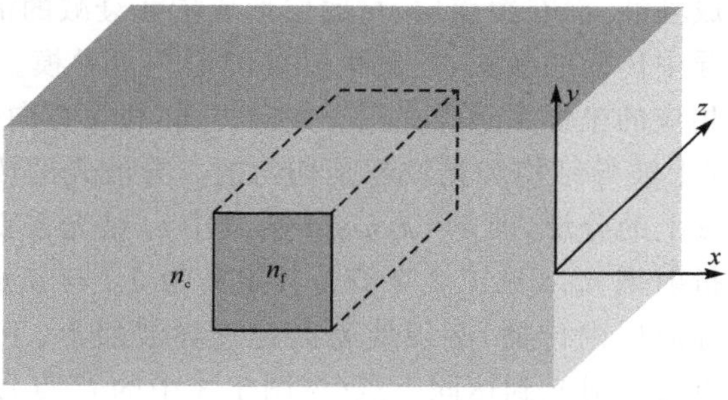

图1.2　条形波导结构示意图

波导是最简单的波导结构,通过对平板波导的研究,可以建立对光波导中光传输特性的基本认识,并有助于研究各种复杂的波导结构。

1.1 平板波导

平板波导由三层介质组成,中间层介质折射率最大,称为导波层。上、下两层折射率较低,分别称为覆盖层和衬底层。覆盖层折射率记为 n_c,导波层折射率记为 n_f,衬底层折射率记为 n_s(见图 1.1)。当 $n_c = n_s$ 时,称为对称型平板波导。反之,则称为非对称型平板波导。

分析介质波导有两种基本理论方法,即射线理论分析法(几何光学)和电磁场理论分析法(导波光学)[2]。射线理论分析法简单、直观、物理概念清晰,并能得到一些光在光波导中的基本传输特性。但若要描述波导中的模场分布,则需用严格的电磁场理论来分析。

1.1.1 射线理论分析法

射线理论分析法认为波导中的波是由均匀平面波在导波层两个界面上全反射形成的。根据折射定律可知,光线在上、下两个界面的全反射临界角分别为 $\theta_c = \arcsin(n_c/n_f)$,$\theta_s = \arcsin(n_s/n_f)$。很显然,随着入射角 θ 的增大,会出现以下三种情况:

(1) $0 < \theta < \min(\theta_s, \theta_c)$,光线将从衬底和覆盖层透射出去,光波并不能限制在导波层中传输,此时对应的电磁波称为辐射模。

(2) $\min(\theta_s, \theta_c) < \theta < \max(\theta_s, \theta_c)$,光线将从衬底 ($\theta_s > \theta_c$) 或覆盖层 ($\theta_s < \theta_c$) 透射出去。一般情况下,薄膜波导的覆盖层为空气,故有 $\theta_s > \theta_c$,此时光从衬底透射出去,因此这种模式叫做衬底辐射模。

(3) $\max(\theta_s, \theta_c) < \theta < \pi/2$,在上、下界面上均可发生全反射,因而光线沿着锯齿形路径传播,光能量基本上限制在导波层内,此时对应的电磁波称为导模。导模在导波层内形成驻波,而在覆盖层、衬底层形成指数衰减的消逝场。

导模是在光波导中传播的模式,下面将着重讨论一下导模。图 1.3 所示为平板波导的侧视图及相应的坐标系。设光沿 z 方向传播,在 x 方向受到限制,而在垂直 xz 平面的 y 方向上波导结构和光波都是均匀的。导波光的传输常数 β 为波矢量 $k_0 n_f$ 在传输方向 z 上的分量,即 $\beta = k_0 n_f \sin\theta$,其中 k_0 是光在真空中的波矢。这里引入波导的有效折射率 n_{eff}(见 1.2.2 节),其定义为 $n_{eff} = \beta/k_0 = n_f \sin\theta$。

要维持光波在导波层内传播,必须使光波经过导波层上、下界面两次反射之后到达波导中某一点与入射光到达同一点(见图 1.3 中的 C 点)之间的位相差 $\Delta\varphi$ 为 2π 的整数倍(称为自洽条件),即

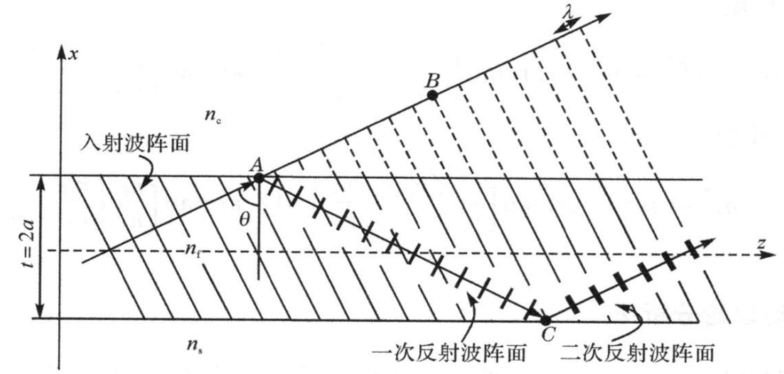

图 1.3　平板波导的侧视图

$$\Delta\varphi = k(\overline{AC} - \overline{AB}) - \phi_c - \phi_s = 2m\pi \tag{1.1}$$

式中，$-\phi_c$、$-\phi_s$ 分别为上、下界面发生全发射时的相移；$k = k_0 n_f$，k 为芯层的波矢。

由图 1.3 可知

$$\overline{AC} = \frac{t}{\cos\theta}$$

$$\overline{AB} = \overline{AC}\cos(\pi - 2\theta)$$

式中，t 为波导芯层厚度。故有

$$\Delta\varphi = 2kt\cos\theta - \phi_c - \phi_s = 2m\pi$$

即

$$\Delta\varphi = 2ht - \phi_c - \phi_s = 2m\pi$$

式中，$h = k_0 n_f \cos\theta = k_0 (n_f^2 - n_{\rm eff}^2)^{1/2}$，$h$ 为波矢 k 在 x 方向的分量；m（整数）表示模的阶数，因此平板波导所能允许的模式是分立且有限的。这里分两种偏振模式来讨论，即横电（TE）模和横磁（TM）模。TE 模指的是其电场垂直入射面（由波阵面法线和分界面法线所构成）的偏振态，即电场方向平行于波导芯层和包层的界面。TM 模指的是磁场垂直于入射面的偏振态，即磁场方向平行于波导芯层和包层的界面。

对于 TE 模[3]

$$\phi_l = 2\arctan\left[\left(\frac{n_f^2 \sin^2\theta - n_l^2}{n_f^2 \cos^2\theta}\right)^{\frac{1}{2}}\right] = 2\arctan\left[\left(\frac{n_{\rm eff}^2 - n_l^2}{n_f^2 - n_{\rm eff}^2}\right)^{\frac{1}{2}}\right] \tag{1.2}$$

对于 TM 模

$$\phi_l = 2\arctan\left[\frac{n_f^2}{n_l^2}\left(\frac{n_f^2 \sin^2\theta - n_l^2}{n_f^2 \cos^2\theta}\right)^{\frac{1}{2}}\right] = 2\arctan\left[\frac{n_f^2}{n_l^2}\left(\frac{n_{\rm eff}^2 - n_l^2}{n_f^2 - n_{\rm eff}^2}\right)^{\frac{1}{2}}\right] \tag{1.3}$$

式中，下标 l = c 或 s。代入模方程（1.1），分别得到 TE 模和 TM 模的模方程。

对于 TE 模

$$k_0 t\sqrt{n_f^2-n_{eff}^2}=m\pi+\arctan\left[\left(\frac{n_{eff}^2-n_s^2}{n_f^2-n_{eff}^2}\right)^{\frac{1}{2}}\right]+\arctan\left[\left(\frac{n_{eff}^2-n_c^2}{n_f^2-n_{eff}^2}\right)^{\frac{1}{2}}\right] \tag{1.4}$$

对于 TM 模

$$k_0 t\sqrt{n_f^2-n_{eff}^2}=m\pi+\arctan\left[\frac{n_f^2}{n_s^2}\left(\frac{n_{eff}^2-n_s^2}{n_f^2-n_{eff}^2}\right)^{\frac{1}{2}}\right]+\arctan\left[\frac{n_f^2}{n_c^2}\left(\frac{n_{eff}^2-n_c^2}{n_f^2-n_{eff}^2}\right)^{\frac{1}{2}}\right] \tag{1.5}$$

1.1.2　波动理论分析法

波导理论[2,4]是把平板波导模式看作满足介质平板波导边界条件的麦克斯韦方程的解。由时谐电磁场的麦克斯韦方程组

$$\begin{cases}\nabla\times\boldsymbol{E}=-\mathrm{i}\omega\mu_0\boldsymbol{H}\\ \nabla\times\boldsymbol{H}=\mathrm{i}\omega\varepsilon\boldsymbol{E}\end{cases} \tag{1.6}$$

将矢量各分量展开，得

$$\begin{cases}\dfrac{\partial E_z}{\partial y}-\dfrac{\partial E_y}{\partial z}=-\mathrm{i}\omega\mu_0 H_x\\ \dfrac{\partial E_x}{\partial z}-\dfrac{\partial E_z}{\partial x}=-\mathrm{i}\omega\mu_0 H_y\\ \dfrac{\partial E_y}{\partial x}-\dfrac{\partial E_x}{\partial y}=-\mathrm{i}\omega\mu_0 H_z\end{cases} \tag{1.7}$$

$$\begin{cases}\dfrac{\partial H_z}{\partial y}-\dfrac{\partial H_y}{\partial z}=\mathrm{i}\omega\varepsilon E_x\\ \dfrac{\partial H_x}{\partial z}-\dfrac{\partial H_z}{\partial x}=\mathrm{i}\omega\varepsilon E_y\\ \dfrac{\partial H_y}{\partial x}-\dfrac{\partial H_x}{\partial y}=\mathrm{i}\omega\varepsilon E_z\end{cases} \tag{1.8}$$

考虑到 y 方向是均匀的，即 $\dfrac{\partial}{\partial y}=0$，得到六个标量方程。

$$\begin{cases}\dfrac{\partial E_y}{\partial z}=\mathrm{i}\omega\mu_0 H_x, & \dfrac{\partial H_y}{\partial z}=-\mathrm{i}\omega\varepsilon E_x\\ \dfrac{\partial E_x}{\partial z}-\dfrac{\partial E_z}{\partial x}=-\mathrm{i}\omega\mu_0 H_y, & \dfrac{\partial H_x}{\partial z}-\dfrac{\partial H_z}{\partial x}=\mathrm{i}\omega\varepsilon E_y\\ \dfrac{\partial E_y}{\partial x}=-\mathrm{i}\omega\mu_0 H_z, & \dfrac{\partial H_y}{\partial x}=\mathrm{i}\omega\varepsilon E_z\end{cases}$$

设波沿着 z 方向传播，则沿 z 方向场的变化可用一个传输因子 $\exp(-\mathrm{i}\beta z)$ 来表示。电磁场写成如下形式：

$$E=E(x,y)\exp(-\mathrm{i}\beta z),\quad H=H(x,y)\exp(-\mathrm{i}\beta z)$$

式中可用 $-\mathrm{i}\beta$ 代替 $\frac{\partial}{\partial z}$，由此可得两组自洽类型的解。其中第一组电场矢量只包含 E_y，这就是 TE 模，其方程为

$$\begin{cases} E_y = -\dfrac{\omega\mu_0}{\beta}H_x \\ \dfrac{\partial E_y}{\partial x} = -\mathrm{i}\omega\mu_0 H_z \\ -\mathrm{i}\beta H_x - \dfrac{\partial H_z}{\partial x} = \mathrm{i}\omega\varepsilon E_y \end{cases} \tag{1.9}$$

第二组磁场矢量只包含 H_y，这就是 TM 模，其方程为

$$\begin{cases} H_y = \dfrac{\omega\varepsilon}{\beta}E_x \\ E_z = -\dfrac{\mathrm{i}}{\omega\varepsilon}\dfrac{\partial H_y}{\partial x} \\ -\mathrm{i}\beta E_x - \dfrac{\partial E_z}{\partial x} = -\mathrm{i}\omega\mu_0 H_y \end{cases} \tag{1.10}$$

1.1.2.1　TE 模

对于 TE 波，由于仅有 E_y 分量，故得到如下波动方程(即亥姆霍茨方程)：

$$\frac{\partial^2 E_y}{\partial x^2} + [k_0^2 n^2(x) - \beta^2]E_y = 0 \tag{1.11}$$

对于平板波导，可以写出如下三个区域的波动方程：

$$\begin{cases} \dfrac{\partial^2 E_y}{\partial x^2} + [k_0^2 n_c^2 - \beta^2]E_y = 0, & \text{覆盖层} \\ \dfrac{\partial^2 E_y}{\partial x^2} + [k_0^2 n_f^2 - \beta^2]E_y = 0, & \text{导波层} \\ \dfrac{\partial^2 E_y}{\partial x^2} + [k_0^2 n_s^2 - \beta^2]E_y = 0, & \text{衬底层} \end{cases} \tag{1.12}$$

根据物理意义可以预见在导波层内是驻波解，可用余弦函数表示，而在覆盖层、衬底层中是倏逝波，应是衰减解，用指数函数表示。故有解为

$$E_y(x) = \begin{cases} A_c\exp[-p(x-a)], & x > a, & \text{覆盖层} \\ A_f\cos(hx-\varphi), & |x| \leqslant a, & \text{导波层} \\ A_s\exp[q(x+a)], & x < -a, & \text{衬底层} \end{cases} \tag{1.13}$$

式中，a 为波导半宽度；

$$\begin{cases} p^2 = \beta^2 - k_0^2 n_c^2 \\ q^2 = \beta^2 - k_0^2 n_s^2 \\ h^2 = k_0^2 n_f^2 - \beta^2 \end{cases} \tag{1.14}$$

因 p、h、q 均应为实数，故需满足

$$k_0 n_f > \beta > \max(k_0 n_s, k_0 n_c)$$

即 $\max(\theta_s, \theta_c) < \theta < \pi/2$，这与前文利用射线分析法所得的导模条件一致。下面再根据问题的边界条件求解式中的常数 A_c、A_s、A_f。

这里边界条件为：$x = \pm a$ 处切向 E_y 分量连续，切向分量 H_z 也连续，由 $\partial E_y/\partial x = -\mathrm{i}\omega\mu_0 H_z$ 知 $\partial E_y/\partial x$ 连续。利用此边界条件，得

(1) $x = -a$ 处，有

$$A_f \cos(ha + \varphi) = A_s \tag{1.15}$$

$$-hA_f \sin(hx - \varphi)\big|_{x=-a} = qA_s \exp[q(x+a)]\big|_{x=-a}$$

即

$$hA_f \sin(ha + \varphi) = qA_s \tag{1.16}$$

(2) $x = a$ 处，有

$$A_f \cos(ha - \varphi) = A_c \tag{1.17}$$

$$-hA_f \sin(hx - \varphi)\big|_{x=a} = -pA_c \exp[-p(x-a)]\big|_{x=a}$$

即

$$hA_f \sin(ha - \varphi) = pA_c \tag{1.18}$$

式(1.16)除以式(1.15)，得

$$\tan(ha + \varphi) = \frac{q}{h} \tag{1.19}$$

式(1.18)除以式(1.17)，得

$$\tan(ha - \varphi) = \frac{p}{h} \tag{1.20}$$

由于三角函数的周期性，并根据式(1.19)和式(1.20)，可得

$$2ha = m\pi + \arctan\frac{q}{h} + \arctan\frac{p}{h} \tag{1.21}$$

式中，p、q、h 均为 β 的函数，因此式(1.21)是一个关于 β 的超越方程，即平板波导的特征方程。式(1.21)与式(1.4)实际上是一致的[只需将式(1.14)代入式(1.21)即可]，各项的物理意义也是相同的。

引入几个变量和几个定义

$$\begin{cases} u = ha \\ w = qa \\ w' = pa \end{cases}$$

归一化频率 ν $\qquad \nu^2 = k_0^2 a^2 (n_f^2 - n_s^2) = u^2 + w^2$

归一化传播常数 b　　$b=\dfrac{n_{\text{eff}}^2-n_s^2}{n_f^2-n_s^2}$

由此定义可知 $0\leqslant b\leqslant 1$。

平板波导非对称系数 γ 为

$$\gamma=\frac{n_s^2-n_c^2}{n_f^2-n_s^2}$$

则

$$w'=\sqrt{\gamma\nu^2+w^2}$$

波导本征方程可化简为

$$2\nu\sqrt{1-b}=m\pi+\arctan\sqrt{\frac{b}{1-b}}+\arctan\sqrt{\frac{b+\gamma}{1-b}} \tag{1.22}$$

在对称波导情况下有

$$\nu\sqrt{1-b}=\frac{m\pi}{2}+\arctan\sqrt{\frac{b}{1-b}}$$

上式也可表示成如下形式：

$$u=\frac{m\pi}{2}+\arctan\frac{w}{u}$$

即

$$w=u\tan\left(u-\frac{m\pi}{2}\right)$$

根据上式与归一化频率 ν 的定义（$\nu^2=u^2+w^2$），可以通过作图得到 u、w，如图 1.4 所示。其中横坐标、纵坐标分别为变量 u、w，细线为 $w=u\tan\left(u-\dfrac{m\pi}{2}\right)$（取 $m=0,1,2,\cdots,6$），粗线由归一化频率 ν 的定义 $\nu^2=u^2+w^2$ 给出。从图 1.4 中粗线与细线的交点即可获得本征方程各阶模式的解 (u,w)，由此则可得到传播常数 β 以及本征模场分布。此外，从图 1.4 可以很容易获得对称平板波导的单模条件。所谓单模条件，是指平板光波导中仅存有一个模式（即基模）

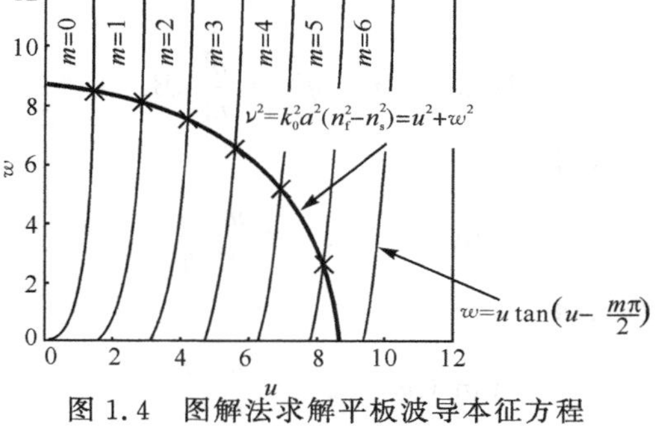

图 1.4　图解法求解平板波导本征方程

的条件。从图 1.4 中可以看出，当使归一化频率小于 $\pi/2$ 时，曲线 $\nu^2 = u^2 + w^2$ 与 $w = u\tan\left(u - \frac{m\pi}{2}\right)$ 只有一个交点，即平面光波导中存在唯一模式。因此，对称平板光波导的单模条件为 $\nu < \pi/2$ 。

1.1.2.2 TM 模

对于 TM 模，应先求出 H_y 分量。求解过程和 TE 模的求解完全类似。其相应的亥姆霍茨方程为

$$\frac{\partial^2 H_y}{\partial x^2} + [k_0^2 n^2(x) - \beta^2] H_y = 0 \tag{1.23}$$

类似于 TE 模，假设平板波导各层的场分布具有如下形式：

$$H_y(x) = \begin{cases} B_c \exp[-p(x-a)], & x > a, \quad \text{覆盖层} \\ B_f \cos(hx - \varphi), & |x| \leqslant a, \quad \text{导波层} \\ B_s \exp[q(x+a)], & x < -a, \quad \text{衬底层} \end{cases} \tag{1.24}$$

其对应的边界条件为：$x = \pm a$ 处切向 H_y 分量连续，切向分量 E_z 也连续，由 $E_z = -\frac{\mathrm{i}}{\omega\varepsilon}\frac{\partial H_y}{\partial x}$ 知 $\frac{1}{\varepsilon_0}\frac{1}{n^2}\frac{\partial H_y}{\partial x}$ 连续。利用此边界条件，得

(1) $x = -a$ 处，有

$$B_f \cos(ha + \varphi) = B_s \tag{1.25}$$

$$-\frac{1}{n_f^2} h B_f \sin(hx - \varphi)\big|_{x=-a} = \frac{1}{n_s^2} q B_s \exp[q(x+a)]\big|_{x=-a}$$

即

$$h B_f \sin(ha + \varphi) = \frac{n_f^2}{n_s^2} q B_s \tag{1.26}$$

(2) $x = a$ 处，有

$$B_f \cos(ha - \varphi) = B_c \tag{1.27}$$

$$-\frac{1}{n_f^2} h B_f \sin(hx - \varphi)\big|_{x=a} = -\frac{1}{n_c^2} p B_c \exp[-p(x-a)]\big|_{x=a}$$

即

$$h B_f \sin(ha - \varphi) = \frac{n_f^2}{n_c^2} p B_c \tag{1.28}$$

式(1.26)除以式(1.25)，得

$$\tan(ha + \varphi) = \frac{n_f^2}{n_s^2}\frac{q}{h} \tag{1.29}$$

式(1.28)除以式(1.27)，得

$$\tan(ha - \varphi) = \frac{n_f^2}{n_c^2}\frac{p}{h} \tag{1.30}$$

由于三角函数的周期性，并根据式(1.29)和式(1.30)，可得

$$2ha = m\pi + \arctan\left(\frac{n_f^2}{n_s^2}\frac{q}{h}\right) + \arctan\left(\frac{n_f^2}{n_c^2}\frac{p}{h}\right) \tag{1.31}$$

式中，p、q、h 均为 β 的函数，因此式(1.31)是一个关于 β 的超越方程，这就是平板波导 TM 模的特征方程。式(1.31)与式(1.5)实际上是一致的。

同样，利用归一化常量，TM 模的本征方程可化为和式(1.22)类似的形式，即

$$2\nu\sqrt{1-b} = m\pi + \arctan\left(\frac{n_f^2}{n_s^2}\sqrt{\frac{b}{1-b}}\right) + \arctan\left(\frac{n_f^2}{n_c^2}\sqrt{\frac{b+\gamma}{1-b}}\right) \tag{1.32}$$

由于特征方程是超越方程，不能得到解析解，可以用数值方法或图解法(见图 1.4)求解。解出本征方程后再代入到亥姆霍茨方程的解析式(1.13)或式(1.24)中即可得到相应的场分布(TE 模或 TM 模)。

1.1.3 高斯近似模场

很多情况的平板波导为对称结构，因此基模也为对称分布。此时，为简便起见，可用高斯场来近似基模。以 TE 模为例，平板波导的基模[见式(1.13)或式(1.24)]为

$$\Phi_0(x) = \begin{cases} A\cos(ha-\varphi)\exp[-p(x-a)], & x \geqslant a \\ A\cos(hx-\varphi), & |x| \leqslant a \\ A\cos(-ha-\varphi)\exp[q(x+a)], & x < -a \end{cases}$$

式中，A 为振幅。对于对称平板波导，$p = q$。

定义一个模场等效宽度 w_e 为

$$w_e = \frac{\int_{-\infty}^{+\infty}\Phi_0(x)^2\,\mathrm{d}x}{(\Phi_0)_{\max}^2} \tag{1.33}$$

将平板波导本征场分布代入式(1.33)，可得

$$w_e = P_{co} + P_{cl} + P_{sub} \tag{1.34}$$

其中

$$\begin{cases} P_{cl} = \int_{-\infty}^{-a}\cos^2(ha-\varphi)\exp[2q(x+a)]\mathrm{d}x = \dfrac{1}{2q}\cos^2(ha-\varphi) \\ P_{sub} = \int_{+a}^{+\infty}\cos^2(-ha-\varphi)\exp[-2p(x-a)]\mathrm{d}x = \dfrac{1}{2p}\cos^2(ha+\varphi) \\ P_{co} = \int_{-a}^{+a}\cos^2(hx-\varphi)\mathrm{d}x \\ \quad = a + \dfrac{1}{2h}\sin(ha-\varphi)\cos(ha-\varphi) + \dfrac{1}{2h}\sin(ha+\varphi)\cos(ha+\varphi) \end{cases} \tag{1.35}$$

因为 $\tan(ha-\varphi) = p/h$，$\tan(ha+\varphi) = q/h$，式(1.35)的第三式化为

$$P_{\mathrm{co}} = a + \frac{1}{2p}\sin^2(ha-\varphi) + \frac{1}{2p}\sin^2(ha+\varphi)$$

代入式(1.34)，得

$$w_{\mathrm{e}} = a\left(1+\frac{1}{2pa}+\frac{1}{2qa}\right) \tag{1.36}$$

考虑用高斯场近似基模场 $\Phi_0(x)$，设近似高斯场分布为

$$G(x) = \exp\left(-\frac{x^2}{w_0^2}\right) \tag{1.37}$$

式中，w_0 为高斯场的束腰。

对于高斯场，由定义(1.33)可得其等效宽度为

$$w_{\mathrm{e}} = w_0\sqrt{\frac{\pi}{2}} \tag{1.38}$$

由式(1.36)和式(1.38)，可得近似高斯场的束腰为

$$w_0 = \frac{2a}{\sqrt{2\pi}}\left(1+\frac{1}{2pa}+\frac{1}{2qa}\right) \tag{1.39}$$

式中，p、q 与光波导芯层宽度、折射率差有关。

由式(1.39)可知，通过调节光波导芯层宽度、折射率差可以获得合适的模斑等效宽度。例如，考虑固定芯层宽度 $2a$ 的情况，当平板光波导折射率变小时，p、q 变小，可获得更大的模斑尺寸。

1.2 条形波导

光在平板波导中传播时，在无约束的方向上发散。为了避免这种情况，在集成光学中通常采用条形波导。与平板波导相比，条形波导的分析要复杂得多，通常采用近似的方法对其进行分析。下面分别介绍几种近似方法。

1.2.1 Macatili 方法

这里考虑矩形波导(为条形波导中的一种)，如图 1.5 所示。由于导波模的大部分能量集中在波导芯层内传输，而在波层中的能量很少，因此图 1.5 中阴影部分的能量就更少。Macatili 方法[4]的近似处理是忽略图 1.5 中的四个阴影区域，只考虑图中的五个区域。

考虑远离截止的情况，此时能量集中于波导芯层，波型接近于 TEM 波。如果条形波导的 a/b 值大，则横截面上的场量有两种情况，一种是以 E_x、H_y 为主的模 E_{mn}^x，另一种是以 E_y、H_x 为主的模 E_{mn}^y。

1) E_x、H_y 为主的模 E_{mn}^x

根据 Macatili 的处理方法，设式(1.7)和式(1.8)中 $H_x=0$，得到以下方程：

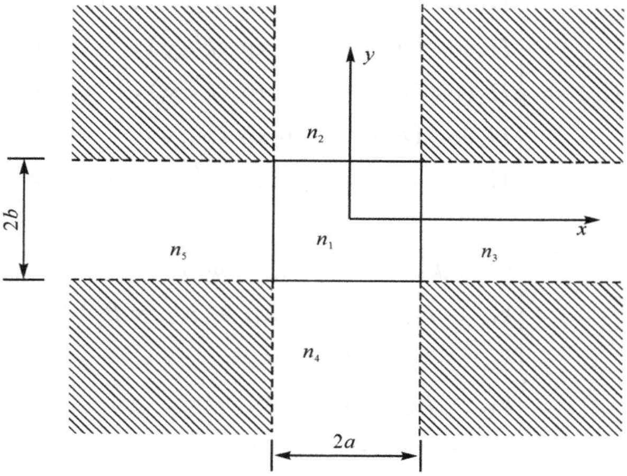

图 1.5　矩形波导的截面图

$$\frac{\partial^2 H_y}{\partial x^2}+\frac{\partial^2 H_y}{\partial y^2}+[k_0^2 n^2(x)-\beta^2]H_y=0 \tag{1.40}$$

$$\begin{cases} E_x=\dfrac{\omega\mu_0}{\beta}H_y+\dfrac{1}{\omega\varepsilon\beta}\dfrac{\partial^2 H_y}{\partial x^2}, & H_x=0 \\ E_y=\dfrac{1}{\omega\varepsilon\beta}\dfrac{\partial^2 H_y}{\partial x\partial y}, & H_z=-\dfrac{\mathrm{i}}{\beta}\dfrac{\partial H_y}{\partial y} \\ E_z=-\dfrac{\mathrm{i}}{\omega\varepsilon}\dfrac{\partial H_y}{\partial x} & \end{cases}$$

2) E_y、H_x 为主的模 E_{mn}^y

设式(1.7)和式(1.8)中 $H_y=0$，得到以下方程：

$$\frac{\partial^2 H_x}{\partial x^2}+\frac{\partial^2 H_x}{\partial y^2}+[k_0^2 n^2(x)-\beta^2]H_x=0 \tag{1.41}$$

$$\begin{cases} E_y=-\dfrac{\omega\mu_0}{\beta}H_x-\dfrac{1}{\omega\varepsilon\beta}\dfrac{\partial^2 H_x}{\partial y^2}, & H_y=0 \\ E_x=-\dfrac{1}{\omega\varepsilon\beta}\dfrac{\partial^2 H_x}{\partial x\partial y}, & H_z=-\dfrac{\mathrm{i}}{\beta}\dfrac{\partial H_x}{\partial x} \\ E_z=\dfrac{\mathrm{i}}{\omega\varepsilon}\dfrac{\partial H_x}{\partial y} & \end{cases}$$

下面分析 E_{mn}^y 模式，由波动方程可得图 1.5 中五个区域的磁场分布具有如下形式：

$$H_{jx}(x)=\begin{cases}H_1\cos(k_x x+\varphi_x)\cos(k_y y+\varphi_y), & j=1\\ H_2\cos(k_x x+\varphi_x)\exp(k'_{2y}y), & j=2\\ H_3\cos(k_y y+\varphi_y)\exp(k'_{3y}y), & j=3\\ H_4\cos(k_x x+\varphi_x)\exp(k'_{4y}y), & j=4\\ H_5\cos(k_y y+\varphi_y)\exp(k'_{5y}y), & j=5\end{cases} \tag{1.42}$$

其中

$$\begin{cases}k_{jx}^2+k_{jy}^2+k_{jz}^2=k_j^2=\omega^2\mu\varepsilon\\ k_{1z}=k_{2z}=k_{3z}=k_{4z}=k_{5z}=\beta\\ k_{1x}=k_{2x}=k_{4x}=k_x\\ k_{1y}=k_{3y}=k_{5y}=k_y\\ k'^2_{2y}=-k^2_{2y},\quad k'^2_{4y}=-k^2_{4y}\\ k'^2_{3x}=-k^2_{3x},\quad k'^2_{5x}=-k^2_{5x}\end{cases}$$

根据 $y=\pm b$ 处 H_x 和 E_z 连续的条件,可得

$$\begin{cases}\tan(k_y b+\varphi_y)=\dfrac{n_1^2}{n_2^2}\dfrac{k'_{2y}}{k_y}\\ \tan(k_y b-\varphi_y)=\dfrac{n_1^2}{n_4^2}\dfrac{k'_{4y}}{k_y}\end{cases} \tag{1.43}$$

由此推出

$$2k_y b=n\pi+\arctan\left(\frac{n_1^2}{n_4^2}\frac{k'_{4y}}{k_y}\right)+\arctan\left(\frac{n_1^2}{n_2^2}\frac{k'_{2y}}{k_y}\right),\quad n=0,1,\cdots \tag{1.44}$$

一般矩形波导的模 E_{mn}^y 阶数从 $m=1,n=1$ 开始,因此式(1.44)写成如下形式:

$$2k_y b=n\pi-\arctan\left(\frac{n_4^2}{n_1^2}\frac{k_y}{k'_{4y}}\right)-\arctan\left(\frac{n_2^2}{n_1^2}\frac{k_y}{k'_{2y}}\right),\quad n=1,2,\cdots \tag{1.45}$$

其中

$$\begin{cases}k'_{2y}=(k_1^2-k_2^2-k_y^2)^{\frac{1}{2}}=[(\pi/A_2)^2-k_y^2]^{\frac{1}{2}},\quad A_2=\pi/(k_1^2-k_2^2)^{\frac{1}{2}}=\lambda/[2(n_1^2-n_2^2)^{\frac{1}{2}}]\\ k'_{4y}=[(\pi/A_4)^2-k_y^2]^{\frac{1}{2}},\quad A_4=\pi/(k_1^2-k_4^2)^{\frac{1}{2}}=\lambda/[2(n_1^2-n_4^2)^{\frac{1}{2}}]\end{cases}$$

同样,根据 $x=\pm a$ 处 H_x 和 E_z 连续的条件,可得

$$2k_x a=m\pi-\arctan\frac{k_x}{k'_{3x}}-\arctan\frac{k_x}{k'_{5x}} \tag{1.46}$$

其中

$$\begin{cases}k'_{3x}=[(\pi/A_3)^2-k_x^2]^{\frac{1}{2}},\quad A_3=\lambda/[2(n_1^2-n_3^2)^{\frac{1}{2}}]\\ k'_{5x}=[(\pi/A_5)^2-k_x^2]^{\frac{1}{2}},\quad A_5=\lambda/[2(n_1^2-n_5^2)^{\frac{1}{2}}]\end{cases}$$

式(1.45)和式(1.46)为 E_{mn}^y 模的特征方程,用数值方法可获得(k_x,k_y),之后

再求出模斑分布。图 1.6 所示为 E_{11}^y、E_{21}^y、E_{12}^y 的模斑图。

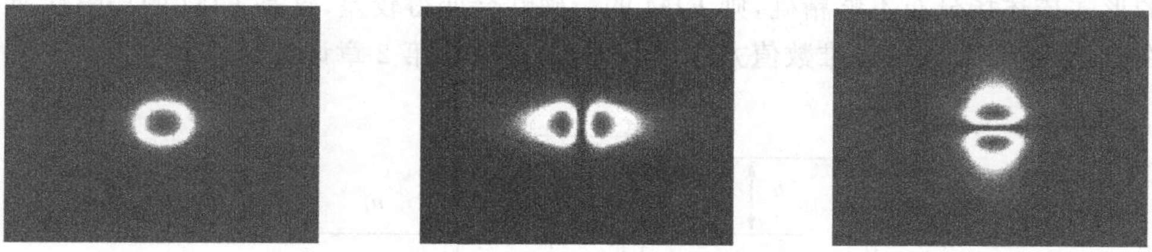

(a) $m=1,n=1$　(b) $m=2,n=1$　(c) $m=1,n=2$

图 1.6　矩形波导的模场分布

1.2.2　等效折射率方法

等效折射率方法(effective index method,EIM)[2~7]是一种相对简单并有一定精度的方法,可将三维问题简化为二维问题,而有些二维问题可以用解析方法分析,尤其是对于日益复杂的光波导集成器件的模拟,利用 EIM 可以大大提高计算效率,因而广泛应用于波导的模式分析和器件的数值模拟。为了提高 EIM 的精度,已发展了多种改进其精度的方法[2~10],这里只给出经典的 EIM。

标量波动方程为[见式(1.41)]

$$\frac{\partial^2 E}{\partial x^2}+\frac{\partial^2 E}{\partial y^2}+[n^2(x,y)k_0^2-\beta^2]E=0 \tag{1.47}$$

假设场分布 $E(x,y)$ 可以表示成如下分离变量的形式:

$$E(x,y)=X(x)Y(y) \tag{1.48}$$

代入波动方程,得

$$\frac{1}{X}\frac{\partial^2 X}{\partial x^2}+\frac{1}{Y}\frac{\partial^2 Y}{\partial y^2}+(n^2k_0^2-\beta^2)=0 \tag{1.49}$$

将式(1.49)分解成如下两个方程:

$$\begin{cases}\dfrac{1}{Y}\dfrac{\partial^2 Y}{\partial y^2}+[n^2(x,y)k_0^2-n_{\mathrm{eff}}^2k_0^2]=0\\ \dfrac{1}{X}\dfrac{\partial^2 X}{\partial x^2}+[n_{\mathrm{eff}}^2(x)k_0^2-\beta^2]=0\end{cases} \tag{1.50}$$

式中,$n_{\mathrm{eff}}(x)$为等效折射率分布,可由平板波导本征方程解得[同时可得 $Y(y)$],即可得到一个等效的平板波导,由此很容易得到本征值 β 和相应的本征向量 $X(x)$。

对于图 1.7 中的脊形波导,若求 TE 模(其主要电场分量为 E_x),则在求 $n_{\mathrm{eff}}(x)$ 时,应取 TE 模;求 β 时,应取 TM 模(其主要电场分量为 E_y)。

值得注意的是,EIM 有一个前提,即场分布可以近似表示成如式(1.44)所示的分离变量形式。但对于某些波导结构(如硅绝缘体脊型波导),如果用分离变量的形式描述场分布不够精确,则 EIM 的精确性会变得较差,这是 EIM 的局限性所在。此时,需要采用三维数值方法进行计算,这将在第 2 章详细介绍。

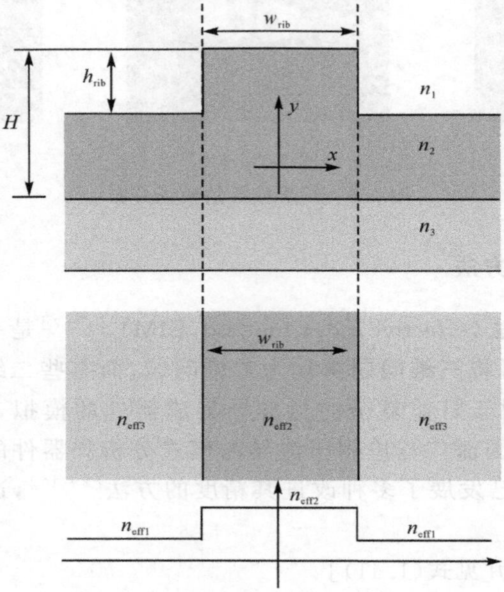

图 1.7 脊形波导等效过程示意图

1.3 本章小结

本章总结了光波导基本理论,介绍了平板波导(TE、TM 模)的本征方程以及条形波导(包括矩形波导、脊型波导)的几种近似模式的求解方法,如 Marcatili 方法以及传统 EIM。

参考文献

[1] Miller S E. Integrated optics: An introduction. J. Bell Syst. Tech., 1969, 48: 2059－2068.
[2] Adams M J. An Introduction to Optical Waveguides. NewYork: Vail-Ballou Press, 1981: 20－42.
[3] 梁铨廷. 物理光学. 北京:电子工业出版社, 2008.
[4] Okanoto K. Fundamentals of Optical Waveguides. New York: Academic Press, 2005: 30－38.
[5] Chiang K S. Analysis of the effective-index method for the vector modes of rectangular-core dielectric waveguides. IEEE Transactions on Microwave Theory and Techniques, 1996, 44(5): 692－700.
[6] Zaghloul A M, El-Fadl A A A. A simple analytical approach to optical rib waveguides. NRSC'99, 1999,

B9:1—8.

[7] Chiang K S. Analysis of rectangular dielectric waveguides: Effective-index method with built-in perturbation correction. Electron. Lett., 1992, 28(4): 388—390.

[8] Vander Tol J J G M, Baken N H G. Correction to effective index method for rectangular dielectric waveguides. Electron. Lett., 1988, 24: 207—208.

[9] Munowitz M, Vezzetti D J. Numerical procedures for constructing equivalent slab waveguides: An alternative approach to effective-index theory. J. Lightwave Technol., 1991, 9(9): 1068—1073.

[10] Velde K V D, et al. Extending the effective index method for arbitrarily shaped inhomogeneous optical waveguides. J. Lightwave Technol., 1988, 6(6): 1153—1159.

第2章 光束传输方法

第1章介绍了关于光波导模式解的解析方法，本章则重点介绍用于光波导器件中光场传输模拟的数值方法——光束传输方法（beam propagation method，BPM）。BPM[1~3]是一种基于光波波动方程的数值模拟方法，它通过对波动方程的有效近似，实现对光场传输的数值模拟，具有简单、快速、通用等特点，广泛应用于集成平面光波导器件的模拟。关于BPM最早提出的是基于快速傅里叶变换的二维标量BPM[1]，后来又提出基于有限差分法[4]、有限元法的BPM[5]。其中有限元BPM原理较为复杂，而有限差分BPM原理最为简单，应用方便，同时又能保证足够的计算精度，因而应用最为广泛。早期的有限差分BPM为基于近轴近似的二维标量形式，这是最简单的BPM形式。为了克服近轴的限制，1992年Hadley提出了广角BPM[6]。由于普通BPM受到单向传播的限制，1999年Rao给出了一种双向BPM[7]，可以解决传播方向折射率不连续界面反射的模拟问题。后来，Koshiba等提出了时域BPM[8]，可以实现对各种角度的反射、衍射的模拟。随着光波导器件研究的深入，需要对大量三维波导结构进行模拟，由此诞生了三维形式BPM[9,10]，使得模拟结果和实际情形更为接近。对于弱限制波导，可采用标量形式的BPM，但对于强限制波导，标量BPM不再适用，而需要采用半矢量及矢量BPM[11]。此外，还发展了虚轴BPM[12,13]，可用于获取光波导的模场。总体而言，目前已基本上建立了一个比较完善的BPM模拟方法体系，使其在光波导器件模拟中发挥了重要作用。

2.1 全矢量波动方程

由麦克斯韦方程，可以得到如下形式的全矢量波动方程[14]：

$$\begin{bmatrix} P_{xx} & P_{xy} \\ P_{yx} & P_{yy} \end{bmatrix}\begin{bmatrix} E_x \\ E_y \end{bmatrix} = -\frac{\partial^2}{\partial z^2}\begin{bmatrix} E_x \\ E_y \end{bmatrix} \tag{2.1}$$

其中

$$\begin{cases} P_{xx}E_x = \dfrac{\partial}{\partial \tilde{x}}\left[\dfrac{1}{n^2}\dfrac{\partial(n^2E_x)}{\partial \tilde{x}}\right] + \dfrac{\partial^2 E_x}{\partial \tilde{y}^2} + n^2k_0^2E_x \\ P_{xy}E_y = \dfrac{\partial}{\partial \tilde{x}}\left[\dfrac{1}{n^2}\dfrac{\partial(n^2E_y)}{\partial \tilde{y}}\right] - \dfrac{\partial^2 E_y}{\partial \tilde{x}\partial \tilde{y}} \\ P_{yy}E_y = \dfrac{\partial}{\partial \tilde{y}}\left[\dfrac{1}{n^2}\dfrac{\partial(n^2E_y)}{\partial \tilde{y}}\right] + \dfrac{\partial}{\partial \tilde{x}}\left(\dfrac{\partial E_y}{\partial \tilde{x}}\right) + n^2k_0^2E_y \\ P_{yx}E_x = \dfrac{\partial}{\partial \tilde{y}}\left[\dfrac{1}{n^2}\dfrac{\partial(n^2E_x)}{\partial \tilde{x}}\right] - \dfrac{\partial}{\partial \tilde{x}}\left(\dfrac{\partial E_x}{\partial \tilde{y}}\right) \end{cases} \tag{2.2}$$

式中，n 为折射率分布；k_0 为真空中的波矢。

2.2　BPM

BPM 是通过数值求解波动方程从而模拟已知输入光在给定光波导器件中的光场传输特性。BPM 的核心特点是去除光传输方向上的快速变化，而仅考虑光波在传播方向上提取的包络，以便增大数值计算中光场传输的步长，从而减少计算量。

在式(2.1)中，令 $E_x = \bar{E}_x \exp(\mathrm{j}\beta z)$，$E_y = \bar{E}_y \exp(\mathrm{j}\beta z)$，其中 $\bar{E}_x$、$\bar{E}_y$ 为缓变包络，$\exp(\mathrm{j}\beta z)$ 为快速变化因子。于是有

$$\begin{bmatrix} P_{xx} & P_{xy} \\ P_{yx} & P_{yy} \end{bmatrix}\begin{bmatrix} \bar{E}_x \\ \bar{E}_y \end{bmatrix} = -\left(-\beta^2 + 2\mathrm{j}\beta\frac{\partial}{\partial z} + \frac{\partial^2}{\partial z^2}\right)\begin{bmatrix} \bar{E}_x \\ \bar{E}_y \end{bmatrix} \tag{2.3}$$

为了书写方便，用 E_x、E_y 表示 $\bar{E}_x$、$\bar{E}_y$，则有

$$\begin{bmatrix} P_{xx} & P_{xy} \\ P_{yx} & P_{yy} \end{bmatrix}\begin{bmatrix} E_x \\ E_y \end{bmatrix} = -\left(-\beta^2 + 2\mathrm{j}\beta\frac{\partial}{\partial z} + \frac{\partial^2}{\partial z^2}\right)\begin{bmatrix} E_x \\ E_y \end{bmatrix} \tag{2.4}$$

由于三维 BPM 计算量很大，为了提高模拟效率，也常使用二维 BPM 模拟。对于二维模型，首先需要用 EIM 将三维问题化成二维问题(关于 EIM 详见第 1 章)。为简单起见，这里仅考虑二维情形。

下面介绍 BPM 的原理和推导过程。由式(2.4)可得到 TE、TM 模的波动方程分别为：

(1) 对于 TE 模($E = E_y$，y 平行于波导包层与芯层界面)

$$\frac{\partial^2 E_y}{\partial \tilde{x}^2} + n^2k_0^2E_y = -\left(-\beta^2 + 2\mathrm{j}\beta\frac{\partial}{\partial z} + \frac{\partial^2}{\partial z^2}\right)E_y \tag{2.5}$$

(2) 对于 TM 模($E = E_x$，x 垂直于波导包层与芯层界面)

$$\frac{\partial}{\partial \tilde{x}}\left[\frac{1}{n^2}\frac{\partial(n^2 E_x)}{\partial \tilde{x}}\right]+n^2k_0^2E_x=-\left(-\beta^2+2\mathrm{j}\beta\frac{\partial}{\partial z}+\frac{\partial^2}{\partial z^2}\right)E_x \tag{2.6}$$

这里以 TE 模为例，给出 BPM 的详细推导过程。

在 BPM 中，由于包络缓变，可忽略二阶偏导项 $\frac{\partial^2}{\partial z^2}$，得

$$\frac{\partial^2 E_y}{\partial \tilde{x}^2}+n^2k_0^2E_y-\beta^2E_y=-2\mathrm{j}\beta\frac{\partial}{\partial z}E_y \tag{2.7}$$

设 $\beta=n_0k_0$，则有

$$\frac{\partial^2 E_y}{\partial \tilde{x}^2}+(n^2-n_0^2)k_0^2E_y=-2\mathrm{j}n_0k_0\frac{\partial}{\partial z}E_y \tag{2.8}$$

式(2.8)即为 BPM 的基本方程。通常取 n_0 为光波导基模有效折射率。对于弱限制光波导(如 SiO_2-on-Si 掩埋型光波导)，也可取为波导芯层与包层折射率的平均值。理论上讲，即使取不同的 n_0，将所获得的 E_y 乘以快速变化因子 $\exp(\mathrm{j}\beta z)$ 之后也会获得相同的光场分布[即 $E_y\exp(\mathrm{j}\beta z)$]。但是，当 n_0 选择不当时，有可能丧失 E_y 的缓变特性，只有选取更小的步长，才可获得足够精确的计算结果。因此，在实际计算中，最好可以选取一个合适的 n_0，使得去除快速变化因子 $\exp(\mathrm{j}\beta z)$ 之后的 E_y 更具缓变特性，以便更大程度地发挥 BPM 的优点。

下面考虑其数值求解。所谓数值求解，首先要把微分方程离散化，转变成一系列方程，从而构成方程组，然后对方程组进行求解。目前主要有有限差分法[11]以及有限元法[13,14]，其中有限差分法因原理简单且便于实现而应用最为广泛。这里主要介绍有限差分 BPM。

根据 Crank-Nicolson 原理，对式(2.4)进行离散差分。在以下的差分中，上标 n 表示格点的纵向(z 轴)标号，$n=1,2,\cdots,N$，下标 i 表示格点的横向(x 轴)标号，$i=1,2,\cdots,I$，如图 2.1 所示。纵向和横向步长分别为 Δx、Δz。

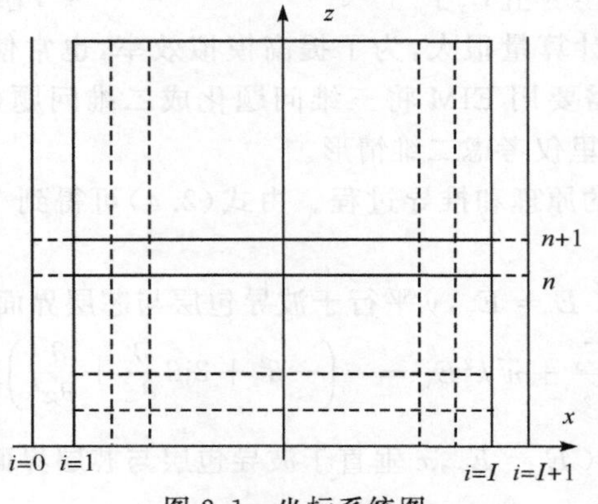

图 2.1　坐标系统图

采用中心差分格式

$$\begin{cases}\left.\dfrac{\partial^2 E}{\partial x^2}\right|_i = \dfrac{1}{2}\left(\dfrac{E_{i+1}^{n+1} - 2E_i^{n+1} + E_{i-1}^{n+1}}{\Delta x^2} + \dfrac{E_{i+1}^{n} - 2E_i^{n} + E_{i-1}^{n}}{\Delta x^2}\right) \\ \dfrac{\partial E}{\partial z} = \dfrac{E_i^{n+1} - E_i^n}{\Delta z}\end{cases} \tag{2.9}$$

则有

$$-2\mathrm{j}n_0 k_0 \frac{E_i^{n+1} - E_i^n}{\Delta z} =$$

$$\frac{1}{2}\left[\frac{E_{i+1}^{n+1} - 2E_i^{n+1} + E_{i-1}^{n+1}}{\Delta x^2} + (n^2 - n_0^2)k_0^2 E_i^{n+1} + \frac{E_{i+1}^{n} - 2E_i^{n} + E_{i-1}^{n}}{\Delta x^2} + (n^2 - n_0^2)k_0^2 E_i^n\right] \tag{2.10}$$

整理得到如下形式：

$$a_i E_{i-1}^{n+1} + b_i E_i^{n+1} + c_i E_{i+1}^{n+1} = d_i \tag{2.11}$$

其中

$$\begin{cases} d_i = a'_i E_{i-1}^n + b'_i E_i^n + c'_i E_{i+1}^n \\ a_i = -\dfrac{1}{\Delta x^2}, \quad c_i = -\dfrac{1}{\Delta x^2} \\ b_i = \dfrac{2}{\Delta x^2} - \dfrac{4\mathrm{j}n_0 k_0}{\Delta z} - (n^2 - n_0^2)k_0^2 \\ a'_i = \dfrac{1}{\Delta x^2}, \quad c'_i = \dfrac{1}{\Delta x^2} \\ b'_i = -\dfrac{4\mathrm{j}n_0 k_0}{\Delta z} - \dfrac{2}{\Delta x^2} + (n^2 - n_0^2)k_0^2 \end{cases}$$

由式(2.10)可知，只要知道第 n 步的光场分布，即可通过求解方程组获得第 $n+1$ 步的光场分布。

为了使读者对此方程有更清楚的了解，将其改写成如下形式：

$$\begin{bmatrix} a_1 & b_1 & c_1 & & & & & \\ & a_2 & b_2 & c_2 & & & & \\ & & \ddots & \ddots & \ddots & & & \\ & & & a_i & b_i & c_i & & \\ & & & & \ddots & \ddots & \ddots & \\ & & & & & a_{I-1} & b_{I-1} & c_{I-1} \\ & & & & & & a_I \quad b_I & c_I \end{bmatrix} \begin{bmatrix} E_0^{n+1} \\ E_1^{n+1} \\ E_2^{n+1} \\ \vdots \\ E_i^{n+1} \\ \vdots \\ E_{I-1}^{n+1} \\ E_I^{n+1} \\ E_{I+1}^{n+1} \end{bmatrix} = \begin{bmatrix} d_1 \\ d_2 \\ \vdots \\ d_i \\ \vdots \\ d_{I-1} \\ d_I \end{bmatrix} \tag{2.12}$$

注意看第 1 个和第 N 个方程

$$\begin{cases} a_1 E_0^{n+1} + b_1 E_1^{n+1} + c_1 E_2^{n+1} = d_1 \\ a_I E_{I-1}^{n+1} + b_I E_I^{n+1} + c_I E_{I+1}^{n+1} = d_I \end{cases} \tag{2.13}$$

由于涉及 E_0^{n+1}、E_{I+1}^{n+1}，而 $i=0$，$i=I+1$ 位于计算区域之外(见图 2.1)，因此整个线性方程组有 I 个方程、$I+2$ 个未知数。为了求解方程组，需要根据实际计算对象给出另外两个方程。通常是给定边界格点处电场值 E_1^{n+1}、E_{N+1}^{n+1} 或者根据他们与内部其他格点处电场的关系式给出附加方程，此即 BPM 模拟中所谓的"边界条件"。

最简单的是采用狄利克雷(Dirichlet)边界条件，将边界格点处电场值 E_1^{n+1}、E_{N+1}^{n+1} 设置为零，即令 $E_1^{n+1}=0$，$E_{N+1}^{n+1}=0$。为了使方程组形式统一，令相关参数如下：

$$\begin{cases} a_1 = 0, & b_1 = 1, & c_1 = 0, & d_1 = 0 \\ a_I = 0, & b_I = 1, & c_I = 0, & d_I = 0 \end{cases}$$

则式(2.12)写成

$$\begin{bmatrix} 1 & & & & & & & \\ a_2 & b_2 & c_2 & & & & & \\ & a_3 & b_3 & c_3 & & & & \\ & & \ddots & \ddots & \ddots & & & \\ & & & a_i & b_i & c_i & & \\ & & & & \ddots & \ddots & \ddots & \\ & & & & a_{I-2} & b_{I-2} & c_{I-2} & \\ & & & & & a_{I-1} & b_{I-1} & c_{I-1} \\ & & & & & & & 1 \end{bmatrix} \begin{bmatrix} E_1^{n+1} \\ E_2^{n+1} \\ E_3^{n+1} \\ \vdots \\ E_i^{n+1} \\ \vdots \\ E_{I-2}^{n+1} \\ E_{I-1}^{n+1} \\ E_I^{n+1} \end{bmatrix} = \begin{bmatrix} 0 \\ d_2 \\ d_3 \\ \vdots \\ d_i \\ \vdots \\ d_{I-2} \\ d_{I-1} \\ 0 \end{bmatrix} \tag{2.14}$$

改写成矩阵形式为

$$\boldsymbol{AE} = \boldsymbol{B} \tag{2.15}$$

由于 $\boldsymbol{A}$ 为三对角矩阵，通常可利用追赶法求解。

置零边界虽然简单，但很多时候效果不佳，原因在于边界处电场通常并不为零，而强制置零会引入一些反射，进而使计算结果不精确。为此，人们发展了一系列其他更好的边界条件。目前常用的边界条件有透明边界条件[14]和完美匹配层边界条件。

下面以"简单透明边界条件"为例。取如下关系式作为边界条件：

$$\begin{cases} \dfrac{E_0^{n+1}}{E_1^{n+1}} = \dfrac{E_1^{n+1}}{E_2^{n+1}} \equiv r \\ \dfrac{E_{I+1}^{n+1}}{E_I^{n+1}} = \dfrac{E_I^{n+1}}{E_{I-2}^{n+1}} \equiv r' \end{cases} \tag{2.16}$$

则第 1 个和第 N 个方程改写成

$$\begin{cases}(a_1 r + b_1)E_1^{n+1} + c_1 E_2^{n+1} = d_1 \\ a_I E_{I-1}^{n+1} + (b_I + rc_I)E_I^{n+1} = d_I\end{cases}$$

经过边界处理之后，得到 N 个方程、N 个未知数 $(E_1^{n+1},\cdots,E_i^{n+1},\cdots,E_{N+1}^{n+1})$，因而可解之。

2.3　BPM 应用实例

下面给出应用 BPM 对光波导器件中光场传输进行数值模拟的实例。这里，均考虑二维平板波导，芯层和包层折射率分别为 1.455 和 1.445，芯层宽度为 6μm。BPM 模拟中各相关参数取为 $\Delta x = 0.1\mu m$，$\Delta z = 2\mu m$。

2.3.1　实例 1：定向耦合器

定向耦合器是集成光波导回路中一种重要的基本结构。基于定向耦合器可以构成不同分光比的功分器、马赫-曾德尔干涉仪（Mach-Zehnder interferometer）、光开关等，在光通信中有着广泛的应用。器件结构以及 BPM 模拟结果如图 2.2 所示。从模拟结果可以很清楚地观察到光场在整个结构中的传输和分布。

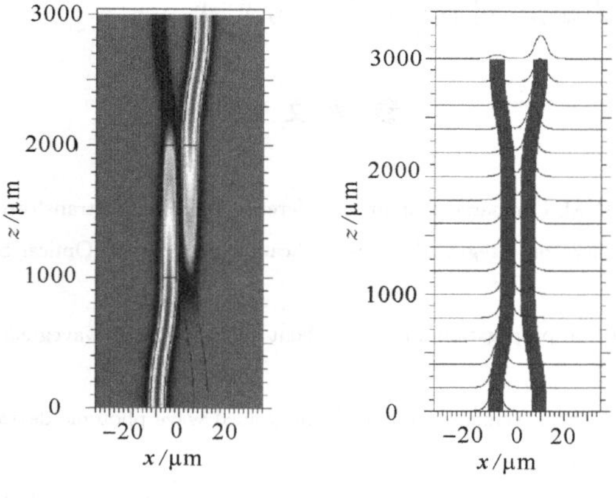

图 2.2　定向耦合器结构以及 BPM 模拟结果

2.3.2　实例 2：马赫-曾德尔干涉仪

马赫-曾德尔干涉仪是另一种非常重要的光学器件，由此可以实现多种功能器件，包括功分器、光开关、光调制器、滤波器、波分复用器等。器件结构以及 BPM 模拟结果如图 2.3 所示。从模拟结果可以很清楚地观察到光场在整个结构中的传输和分布。

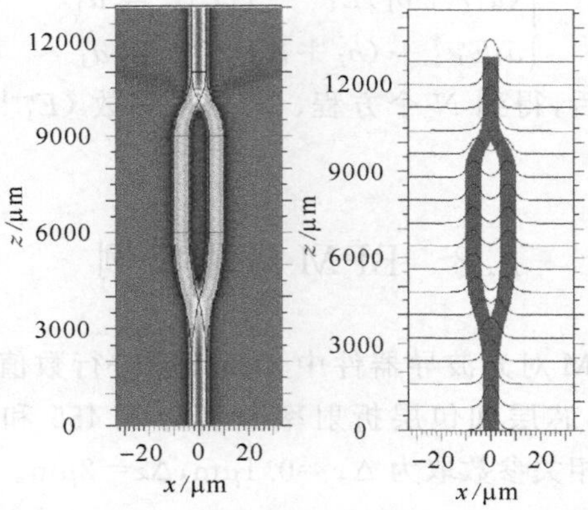

图 2.3　马赫-曾德尔干涉仪结构以及 BPM 模拟结果

2.4　本章小结

本章首先介绍了 BPM 方法的基本原理，给出了二维 BPM 的相关公式；其次结合定向耦合器、马赫-曾德尔干涉仪的实例，给出相应的计算结果。若需进一步深入了解 BPM 的相关知识，可查阅相关参考文献。

参考文献

[1] Scarmozzino R, Osgood R M. Comparison of finite-difference and Fourier-transform solutions of the parabolic wave equation with emphasis on integrated-optics applications. Journal of Optical Society of America, 1991, 8(5): 724−731.

[2] Yamauchi J, Kikuchi S. Beam propagation analysis of bent step-index slab waveguides. Electron. Lett., 1990, 26(12): 822−833.

[3] Scarmozzino R, et al. Numerical techniques for modeling guided-wave photonic devices. IEEE J. Quantum Electron., 1996, 6(1): 150−162.

[4] Chuang Y C, Dagli N. An assessment of finite difference beam propagation method. IEEE J. Quantum Electron., 1990, 26(8): 1335−1339.

[5] Selleri S, Vincetti L, et al. Full-vector finite-element beam propagation method for anisotropic optical device analysis. IEEE J. Quantum Electron., 2000, 36(12): 1392−1401.

[6] Hadley G R. Wide-angle beam propagation using Padé approximant operators. Opt. Lett., 1992, 17(20): 1426−1428.

[7] Rao H L, Scarmozzino R, et al. A bi-directional beam propagation method for multiple dielectric interfaces. IEEE Photon. Technol. Lett., 1999, 11(7): 830−832.

[8] Koshiba M, Tsuji Y, et al. Time-domain beam propagation method and its application to photonic crystal circuits. J. Lightwave Technol., 2000, 18(1): 102－110.

[9] Deng H, Jin G H, et al. Investigation of 3D semivectorial finite-difference beam propagation method for bent waveguides. J. Lightwave Technol., 1998, 16(5): 915－922.

[10] Feit M D, Fleck J A. Analysis of rib waveguides and couplers by the propagating beam method. Journal of Optical Society of America, 1990, 7(1): 73－79.

[11] Huang W P, Xu C L, et al. A finite-difference vector beam propgation method for three-dimensional waveguide structures. IEEE Photon. Technol. Lett., 1992, 4(2): 148－151.

[12] Jungling S, Chen J C. A study and optimization of eigenmode calculations using the imaginary-distance beam-propagation method. IEEE J. Quantum Electron., 1994, 30(9): 2098－2105.

[13] Tsuji Y, Koshiba M. Guided-mode and leaky-mode analysis by imaginary distance beam propagation method based on finite element scheme. J. Lightwave Technol., 2000, 18(4): 618－623.

[14] Feng N N, Zhou G R, et al. Computation of full-vector modes for bending waveguide using cylindrical perfectly matched layers. J. Lightwave Technol., 2002, 20(11): 1976－1980.

第3章 时域有限差分方法

3.1 引 言

麦克斯韦偏微分方程组是宏观电动力学的基本方程，它完整地描述了宏观电磁现象的基本运动规律，是一切经典电磁波理论研究和应用开发的基础，被认为是19世纪物理学研究最重要的发现。100多年来，电磁波相关应用已经深入到各个领域，包括微波通信、光通信、电磁探测遥感、电磁兼容等，成为当前信息技术革命的关键技术之一。由于微纳结构的尺度为波长数量级，经典的宏观电磁理论能准确地分析微纳结构光子器件的光学特性，因而电磁理论分析在光子器件的性能模拟、器件优化设计等方面具有重要作用。

电磁波理论研究是电磁波相关应用开放的基础，而理论研究的核心就是求解在各种初边值条件下的麦克斯韦偏微分方程组，进而获得电磁波在特定结构下的辐射、传播、散射等性质。然而麦克斯韦偏微分方程组只在少数特定的边界条件下存在解析解，对大多数的实际问题往往只能通过数值方法才能得到解。随着计算机硬件设备如内存、处理器的快速升级，计算电磁学作为一门重要的分支学科得到迅速发展，并且成为微波与光电子器件模拟分析和优化设计的重要工具。经过几十年的发展，研究人员提出了一系列有意义的计算方法，包括基于变分原理的有限元方法(finite element method，FEM)，基于积分方程原理和代数方程的矩量法(method of moment，MOM)以及基于直接差分时域步进原理的时域有限差分(finite difference time domain，FDTD)方法等，在不同的应用背景下这几种方法具有各自的优势。一般而言，FEM与MOM是频域方法，需要求解大型线性方程组的特征值与特征向量，计算时间复杂度与空间复杂度都较大。

FDTD方法由Yee[1]于1966年提出，对电磁场电场($\boldsymbol{E}$)和磁场($\boldsymbol{H}$)分量在空间和时间上采取交替抽样的离散方式，每一个$\boldsymbol{E}$($\boldsymbol{H}$)场分量周围有四个$\boldsymbol{H}$($\boldsymbol{E}$)场分量环绕，旋度方程直接被离散化成差分方程，并在时间上$\boldsymbol{E}$和$\boldsymbol{H}$交替更新。FDTD方法存在诸多显著的优点，例如空间计算复杂度与差分单元总数呈线性关系，因而与前面两种方法相比可以计算更大的范围；FDTD方法是直接在时间域内离散麦克斯韦旋度方程，误差来源清晰，因而计算结果可靠；从理论上说FDTD方法可一次计算器件结构的冲击响应，得到任意频率下的性能；FDTD方法具有天然的并行特性，可以将任务分在多个处理器上同时计算，从而大大提高效率和计算尺度范围。在光子器件领域，可以运用 FDTD 方法模拟计算电磁波在各种不同材料构成的介质波导、等离子波导、微共振器件、光子晶体、纳米线、发光二极管器件、非线性光学器件中的传播、辐射、散射特性。正因为 FDTD 方法具有如此众多的优点和广泛的应用范围，所以其在计算电磁学领域具有重要的地位，关于它的应用与研究是国内外共同关注的要点之一。

本章将对 FDTD 方法的基本原理与构成要素作较为详细的介绍和探讨，希望读者通过阅读本章节内容能够较全面地了解 FDTD 算法，并能运用该方法解决一些简单的实际问题。关于 FDTD 算法的最新研究进展读者可以阅读相关文献。

3.2 麦克斯韦方程的 FDTD 计算式及基本性质

3.2.1 Yee 元胞及差分格式

本小节将从麦克斯韦旋度方程出发给出 FDTD 方法的时间迭代公式。麦克斯韦旋度方程如下：

$$\nabla\times\boldsymbol{E}=-\frac{\partial\boldsymbol{B}}{\partial t}-\boldsymbol{J}_{\mathrm{m}}\tag{3.1}$$

$$\nabla\times\boldsymbol{H}=\frac{\partial\boldsymbol{D}}{\partial t}+\boldsymbol{J}\tag{3.2}$$

式中，$\boldsymbol{B}$、$\boldsymbol{H}$、$\boldsymbol{J}_{\mathrm{m}}$、$\boldsymbol{J}$ 分别是磁通量密度、电位移矢量、电流密度、磁流密度。

首先考虑比较简单的情形，即各向同性、无色散、且只具有欧姆损耗的介质，介质本构关系如下：

$$\boldsymbol{D}=\varepsilon\boldsymbol{E}\tag{3.3}$$

$$\boldsymbol{B}=\mu\boldsymbol{H}\tag{3.4}$$

$$\boldsymbol{J}=\sigma\boldsymbol{E}\tag{3.5}$$

$$\boldsymbol{J}_{\mathrm{m}}=\sigma_{\mathrm{m}}\boldsymbol{H}\tag{3.6}$$

上述式中，ε 和 μ 分别是介电常数(F/m)和磁导率(H/m)；σ 和 σ_{m} 分别表示该介质的电导率(S/m)和磁阻率(Ω/m)。对于无损介质，σ 和 σ_{m} 应为零。矢量方程(3.1)和方程(3.2)实际上包含了六个标量方程。

$$\begin{cases}\dfrac{\partial E_z}{\partial y}-\dfrac{\partial E_y}{\partial z}=-\mu\dfrac{\partial H_x}{\partial t}-\sigma_{\mathrm{m}}H_x\\[2mm]\dfrac{\partial E_x}{\partial z}-\dfrac{\partial E_z}{\partial x}=-\mu\dfrac{\partial H_y}{\partial t}-\sigma_{\mathrm{m}}H_y\\[2mm]\dfrac{\partial E_y}{\partial x}-\dfrac{\partial E_x}{\partial z}=-\mu\dfrac{\partial H_z}{\partial t}-\sigma_{\mathrm{m}}H_z\end{cases}\tag{3.7}$$

$$
\begin{cases}
\dfrac{\partial H_z}{\partial y}-\dfrac{\partial H_y}{\partial z}=\varepsilon\dfrac{\partial E_x}{\partial t}+\sigma E_x \\
\dfrac{\partial H_x}{\partial z}-\dfrac{\partial H_z}{\partial x}=\varepsilon\dfrac{\partial E_y}{\partial t}+\sigma E_y \\
\dfrac{\partial H_y}{\partial x}-\dfrac{\partial H_x}{\partial z}=\varepsilon\dfrac{\partial E_z}{\partial t}+\sigma E_z
\end{cases}
\tag{3.8}
$$

根据 Yee 在 1966 年提出的 Yee 元胞[1]（见图 3.1）进行空间离散，将微分方程(3.7)和方程(3.8)离散成差分方程。以方程(3.7)第一式为例，离散后的差分方程为

$$
\begin{aligned}
&\varepsilon_{i+0.5,j,k}\frac{E_x^{n+1}(i+0.5,j,k)-E_x^n(i+0.5,j,k)}{\Delta t} \\
&\quad+\sigma_{i+0.5,j,k}\frac{E_x^{n+1}(i+0.5,j,k)+E_x^n(i+0.5,j,k)}{2} \\
&=\frac{H_z^{n+0.5}(i+0.5,j+0.5,k)-H_z^{n+0.5}(i+0.5,j-0.5,k)}{\Delta y} \\
&\quad-\frac{H_y^{n+0.5}(i+0.5,j,k-0.5)-H_y^{n+0.5}(i+0.5,j,k-0.5)}{\Delta z}
\end{aligned}
$$

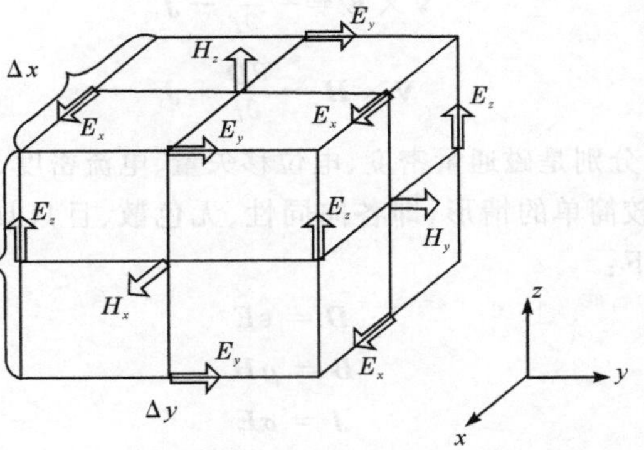

图 3.1 FDTD 离散中的 Yee 元胞

同样，其他方程也可以离散为类似的差分方程。通过差分方程，可以得到场量迭代更新方程，电场分量更新方程如下：

$$
\begin{aligned}
E_x^{n+1}(i+0.5,j,k)=&\,C_{e1}(i+0.5,j,k)E_x^n(i+0.5,j,k)+C_{e2}(i+0.5,j,k) \\
&\left[\frac{H_z^{n+0.5}(i+0.5,j+0.5,k)-H_z^{n+0.5}(i+0.5,j-0.5,k)}{\Delta y}\right. \\
&\left.-\frac{H_y^{n+0.5}(i+0.5,j,k+0.5)-H_y^{n+0.5}(i+0.5,j,k-0.5)}{\Delta z}\right]
\end{aligned}
$$

$$E_y^{n+1}(i,j+0.5,k)=C_{e1}(i,j+0.5,k)E_y^n(i,j+0.5,k)+C_{e2}(i,j+0.5,k)\left[\frac{H_x^{n+0.5}(i,j+0.5,k+0.5)-H_x^{n+0.5}(i,j+0.5,k-0.5)}{\Delta z}-\frac{H_z^{n+0.5}(i+0.5,j+0.5,k)-H_z^{n+0.5}(i-0.5,j+0.5,k)}{\Delta x}\right]$$

$$E_z^{n+1}(i,j,k+0.5)=C_{e1}(i,j,k+0.5)E_z^n(i,j,k+0.5)+C_{e2}(i,j,k+0.5)\left[\frac{H_y^{n+0.5}(i+0.5,j,k+0.5)-H_y^{n+0.5}(i-0.5,j,k+0.5)}{\Delta x}-\frac{H_x^{n+0.5}(i,j+0.5,k+0.5)-H_x^{n+0.5}(i,j-0.5,k+0.5)}{\Delta y}\right]$$

同理，磁场分量更新方程为

$$\begin{aligned}&H_x^{n+0.5}(i,j+0.5,k+0.5)\\=&C_{h1}(i,j+0.5,k+0.5)H_x^{n-0.5}(i,j+0.5,k+0.5)\\&-C_{h2}(i,j+0.5,k+0.5)\left[\frac{E_z^n(i,j+1,k+0.5)-E_z^n(i,j,k+0.5)}{\Delta y}-\frac{E_y^n(i,j+0.5,k+1)-E_y^n(i,j+0.5,k)}{\Delta z}\right]\end{aligned}$$

$$\begin{aligned}&H_y^{n+0.5}(i+0.5,j,k+0.5)\\=&C_{h1}(i+0.5,j,k+0.5)H_y^{n-0.5}(i+0.5,j,k+0.5)\\&-C_{h2}(i+0.5,j,k+0.5)\left[\frac{E_x^n(i+0.5,j,k+1)-E_x^n(i+0.5,j,k)}{\Delta z}-\frac{E_z^n(i+1,j,k+0.5)-E_z^n(i,j,k+0.5)}{\Delta x}\right]\end{aligned}$$

$$\begin{aligned}&H_z^{n+0.5}(i+0.5,j+0.5,k)\\=&C_{h1}(i+0.5,j+0.5,k)H_z^{n-0.5}(i+0.5,j+0.5,k)\\&-C_{h2}(i+0.5,j+0.5,k)\left[\frac{E_y^n(i+1,j+0.5,k)-E_y^n(i,j+0.5,k)}{\Delta x}-\frac{E_x^n(i+0.5,j+1,k+0.5)-E_x^n(i+0.5,j,k+0.5)}{\Delta y}\right]\end{aligned}$$

上述式中

$$C_{e1}=\frac{1-\frac{\sigma\Delta t}{2\varepsilon}}{1+\frac{\sigma\Delta t}{2\varepsilon}} \tag{3.9}$$

$$C_{e2}=\frac{\Delta t}{\varepsilon+\frac{\sigma\Delta t}{2}} \tag{3.10}$$

$$C_{h1} = \frac{1 - \dfrac{\sigma_m \Delta t}{2\mu}}{1 + \dfrac{\sigma_m \Delta t}{2\mu}} \tag{3.11}$$

$$C_{h2} = \frac{\Delta t}{\mu + \dfrac{\sigma_m \Delta t}{2}} \tag{3.12}$$

在 FDTD 算法中，确定初始场（即 $t = 0$ 时的场分布）后，电场与磁场交替更新，时间上相差半个时间步长，空间上场点的分布按照 Yee 元胞进行。

3.2.2 数值稳定性条件

3.2.1 节建立的有限差分格式是显式的，通过时间的推进迭代更新场量，因而存在数值稳定性问题，即随着计算步数的增加，被计算场的数值可能无限制地增大以致发散。数值发散并不是因为误差造成的，而是因为时间步长与空间步长破坏了电磁波传播的因果关系。为了保证随着时间步长的推进，场量不会无限制地增加，需要根据空间步长来限制时间步长，即时间步长和空间步长不是完全独立的，它们的取值必须受到一定的限制。研究表明[2]，在数值稳定性条件要求下，时间步长需满足

$$\Delta t \leqslant \frac{1}{c\left[\left(\dfrac{1}{\Delta x}\right)^2 + \left(\dfrac{1}{\Delta y}\right)^2 + \left(\dfrac{1}{\Delta z}\right)^2\right]^{\frac{1}{2}}} \tag{3.13}$$

若计算空间中的介质是不均匀的，那么稳定性条件中的 c 就应选该空间中光速的最大值。

3.2.3 数值色散与噪声

当使用 FDTD 方法计算电磁场时，在计算空间中将发生非物理的色散现象，即被模拟波的相速度随波长、传播方向以及离散化的情况而发生变化。这种现象是由于计算方法的近似而引起的，称为数值色散，它是限制 FDTD 方法计算精度的一个重要因素。将差分方程中场量以单色平面波形式代入，可以导出差分方程的色散方程[3]

$$\frac{\sin^2\left(k_x \dfrac{\Delta x}{2}\right)}{\left(\dfrac{\Delta x}{2}\right)^2} + \frac{\sin^2\left(k_y \dfrac{\Delta y}{2}\right)}{\left(\dfrac{\Delta y}{2}\right)^2} + \frac{\sin^2\left(k_z \dfrac{\Delta z}{2}\right)}{\left(\dfrac{\Delta z}{2}\right)^2} - \frac{1}{c^2}\frac{\sin^2\left(\omega \dfrac{\Delta t}{2}\right)}{\left(\dfrac{\Delta t}{2}\right)^2} = 0 \tag{3.14}$$

这就是格点离散后的色散关系，可见在这里的 FDTD 数值计算中，波数与频率的关系不再是简单的线性关系。只有当网格与时间步长取得无限小时才有 $k_x^2 + k_y^2 + k_z^2 = \omega^2/c^2$ 。因此，为了保证计算精度，必须将时间步长和空间网格取得

比较小,一般 $\Delta s = \Delta x = \Delta y = \Delta z \leqslant \lambda/(15n)$。

3.3　完美匹配层吸收边界条件

FDTD 方法计算区域总是有限的,我们也总是希望 FDTD 方法在最短的时间内计算出目标区域的电磁场传播情况。因此计算区域需要截断,而且要让那些外行的电磁波能够全部从截断边界处透过去或者无反射地被吸收掉,即不能因为计算区域的有限性而在边界处产生非物理的反射波,所以需要设置一定的吸收边界条件使得计算过程不产生或者尽可能减少非物理的反射波。吸收边界条件发展很快,从开始简单的插值边界条件,到后来广泛采用的 Mur 吸收边界条件,以至前几年才发展的完美匹配层(perfectly matched layer,PML)吸收边界条件,使得计算性能不断提高。本小节主要讨论各向异性 PML 边界条件的设置技术,这是因为它容易编程实现且有更广泛的适用性。

PML 首先由 Berenger 于 1994 年提出[4]:通过在 FDTD 区域截断边界处设置一种特殊的介质层,该介质层的波阻抗与相邻介质波阻抗完全匹配,因而入射波将无反射地穿过边界进入 PML,并在 PML 中迅速吸收衰减掉。Berenger 的 PML 中场量分裂成两个子量,分别进行计算,详细的理论和计算方案可以参阅 Berenger 及其他学者的论文[4,5]。这里,详细讨论另一种用各向异性介质构成的 PML。这种 PML 首先由 Gedney 于 1996 年提出[6],与 Berenger 的理论相比较,其特点是在 PML 中电磁波所满足的方程仍然是麦克斯韦方程组,而且这种 PML 的设置方式与材料无关,这样不仅可以处理非色散介质,而且可以处理有耗色散介质,因而具有比较广泛的适用性。下面具体讨论这种 PML 设置技术。

假定与 PML 介质层相邻的介质的电磁参数可用 $(\mu_r\mu_0, \varepsilon_r\varepsilon_0)$ 表示,那么吸收层的电磁参数则可设为 $(\overleftrightarrow{\boldsymbol{\mu}}\mu_r\mu_0, \overleftrightarrow{\boldsymbol{\varepsilon}}\varepsilon_r\varepsilon_0)$。

其中

$$\overleftrightarrow{\boldsymbol{\varepsilon}} = \overleftrightarrow{\boldsymbol{\mu}} = \begin{bmatrix} \dfrac{s_y s_z}{s_x} & & \\ & \dfrac{s_x s_z}{s_y} & \\ & & \dfrac{s_x s_y}{s_z} \end{bmatrix} \tag{3.15}$$

式中

$$s_x = x_0\left(1 + \frac{\sigma_x}{\mathrm{j}\omega\varepsilon_0}\right) \tag{3.16}$$

$$s_y = y_0\left(1 + \frac{\sigma_y}{\mathrm{j}\omega\varepsilon_0}\right) \tag{3.17}$$

$$s_z = z_0\left(1+\frac{\sigma_z}{\mathrm{j}\omega\varepsilon_0}\right) \tag{3.18}$$

这样的设置可以使得 PML 吸收层的波阻抗和相邻介质完全匹配，因此没有反射波产生。同样，由于吸收层的高损耗，电磁波迅速衰减，因此即使是有限层厚，导致的反射率也很小。这里，x_0、y_0、z_0 可以通过适当设置来优化 PML 吸收效果，特别当需要吸收的波是倏逝波时，这种优化设置就显得十分必要。

下面考察电磁场在 PML 的时域差分格式，这是采用 FDTD 方法实际计算时所必需的。为简单说明问题，令 $x_0=1, y_0=1, z_0=1$。假定计算区域是长方体结构，在非交叉区域的 x 方向上，可以简化方程（令 $\sigma_y=0, \sigma_z=0$），它可以吸收沿 x 方向传播的波。此时有

$$\overleftrightarrow{\boldsymbol{\varepsilon}} = \overleftrightarrow{\boldsymbol{\mu}} = \begin{bmatrix} \frac{1}{s_x} & & \\ & s_x & \\ & & s_x \end{bmatrix} \tag{3.19}$$

将它代入麦克斯韦方程(3.8)，以两个分量方程为例。

$$\frac{\partial H_z}{\partial y} - \frac{\partial H_y}{\partial z} = \frac{1}{s_x}\mathrm{j}\omega\varepsilon_r\varepsilon_0 E_x \tag{3.20}$$

$$\frac{\partial H_x}{\partial z} - \frac{\partial H_z}{\partial x} = \mathrm{j}\omega s_x\varepsilon_r\varepsilon_0 E_y = (\mathrm{j}\omega+\sigma_x)\varepsilon_r\varepsilon_0 E_y \tag{3.21}$$

方程(3.21)可以方便地转化到时域，即

$$\frac{\partial H_x}{\partial z} - \frac{\partial H_z}{\partial x} = \left(\frac{\partial}{\partial t}+\sigma_x\right)\varepsilon_r\varepsilon_0 E_y \tag{3.22}$$

对方程(3.20)，则需引入辅助变量 D_x 使

$$s_x D_x = \varepsilon_r\varepsilon_0 E_x \tag{3.23}$$

于是，方程(3.20)对应的时域微分方程为

$$\frac{\partial H_z}{\partial y} - \frac{\partial H_y}{\partial z} = \frac{\partial D_x}{\partial t} \tag{3.24}$$

方程(3.23)所对应的时域微分方程为

$$\left(\frac{\partial}{\partial t}+\sigma_x\right)D_x = \frac{\partial}{\partial t}(\varepsilon_r\varepsilon_0 E_x) \tag{3.25}$$

所以可以先获得 D_x，然后再通过方程(3.25)计算得到 E_x。方程(3.20)与方程(3.21)是非交叉区域的简化情况，只需引入一个辅助变量即可进行差分迭代计算。对于最复杂的区域——棱角区，PML 介电张量不能做任何简化，此时需要引入六个辅助变量 D_x、D_y、D_z 和 B_x、B_y、B_z。

$$s_x D_x = \varepsilon_0\varepsilon_r s_z E_x \tag{3.26}$$

$$s_y D_y = \varepsilon_0\varepsilon_r s_x E_y \tag{3.27}$$

$$s_z D_z = \varepsilon_0 \varepsilon_r s_y E_z \tag{3.28}$$

$$s_x B_x = \mu_0 \mu_r s_z H_x \tag{3.29}$$

$$s_y B_y = \mu_0 \mu_r s_x H_y \tag{3.30}$$

$$s_z B_z = \mu_0 \mu_r s_y H_z \tag{3.31}$$

下面给出在棱角区域 PML 中的差分迭代格式。

$$D_x^{n+1}(i+0.5,j,k) = \frac{2\varepsilon_0 - \Delta t \sigma_y}{2\varepsilon_0 + \Delta t \sigma_y} D_x^n(i+0.5,j,k) + \frac{1}{y_0} \frac{2\varepsilon_0 \Delta t}{2\varepsilon_0 + \sigma_y \Delta t} \left[\frac{H_z^{n+0.5}(i+0.5,j+0.5,k) - H_z^{n+0.5}(i+0.5,j-0.5,k)}{\Delta y} - \frac{H_y^{n+0.5}(i+0.5,j,k+0.5) - H_y^{n+0.5}(i+0.5,j,k-0.5)}{\Delta z} \right]$$

$$E_x^{n+1} = \frac{2\varepsilon_0 - \sigma_z \Delta t}{2\varepsilon_0 + \sigma_z \Delta t} E_x^n + \frac{x_0}{z_0 \varepsilon_0 \varepsilon_r} \frac{2\varepsilon_0}{2\varepsilon_0 + \sigma_z \Delta t} \left[D_x^{n+1}\left(1 + \frac{\sigma_x \Delta t}{2\varepsilon_0}\right) - D_x^n \left(1 - \frac{\sigma_x \Delta t}{2\varepsilon_0}\right) \right]$$

$$D_y^{n+1}(i,j+0.5,k) = \frac{2\varepsilon_0 - \Delta t \sigma_z}{2\varepsilon_0 + \Delta t \sigma_z} D_y^n(i,j+0.5,k) + \frac{1}{z_0} \frac{2\varepsilon_0 \Delta t}{2\varepsilon_0 + \sigma_z \Delta t} \left[\frac{H_x^{n+0.5}(i,j+0.5,k+0.5) - H_x^{n+0.5}(i,j+0.5,k-0.5)}{\Delta z} - \frac{H_z^{n+0.5}(i+0.5,j+0.5,k) - H_y^{n+0.5}(i-0.5,j+0.5,k)}{\Delta x} \right]$$

$$E_y^{n+1} = \frac{2\varepsilon_0 - \sigma_x \Delta t}{2\varepsilon_0 + \sigma_x \Delta t} E_y^n + \frac{y_0}{x_0 \varepsilon_0 \varepsilon_r} \frac{2\varepsilon_0}{2\varepsilon_0 + \sigma_x \Delta t} \left[D_y^{n+1}\left(1 + \frac{\sigma_y \Delta t}{2\varepsilon_0}\right) - D_y^n \left(1 - \frac{\sigma_y \Delta t}{2\varepsilon_0}\right) \right]$$

$$D_z^{n+1}(i,j,k+0.5) = \frac{2\varepsilon_0 - \sigma_x \Delta t}{2\varepsilon_0 + \sigma_x \Delta t} D_z^n(i,j,k+0.5) + \frac{1}{x_0} \frac{2\varepsilon_0 \Delta t}{2\varepsilon_0 + \sigma_x \Delta t} \left[\frac{H_y^{n+0.5}(i+0.5,j,k+0.5) - H_y^{n+0.5}(i-0.5,j,k+0.5)}{\Delta x} - \frac{H_x^{n+0.5}(i,j+0.5,k+0.5) - H_x^{n+0.5}(i,j-0.5,k+0.5)}{\Delta y} \right]$$

$$E_z^{n+1} = \frac{2\varepsilon_0 - \sigma_y \Delta t}{2\varepsilon_0 + \sigma_y \Delta t} E_z^n + \frac{z_0}{y_0 \varepsilon_0 \varepsilon_r} \frac{2\varepsilon_0}{2\varepsilon_0 + \sigma_y \Delta t} \left[D_z^{n+1}\left(1 + \frac{\sigma_z \Delta t}{2\varepsilon_0}\right) - D_z^n \left(1 - \frac{\sigma_z \Delta t}{2\varepsilon_0}\right) \right]$$

$$B_x^{n+0.5}(i,j+0.5,k+0.5) = \frac{2\varepsilon_0 - \Delta t \sigma_y}{2\varepsilon_0 + \Delta t \sigma_y} B_x^{n-0.5}(i,j+0.5,k+0.5) - \frac{1}{y_0} \frac{2\varepsilon_0 \Delta t}{2\varepsilon_0 + \sigma_y \Delta t} \left[\frac{E_z^n(i,j+1,k+0.5) - E_z^n(i,j,k+0.5)}{\Delta y} - \frac{E_y^n(i,j+0.5,k+1) - E_y^n(i,j+0.5,k)}{\Delta z} \right]$$

$$H_x^{n+0.5} = \frac{2\varepsilon_0 - \sigma_z \Delta t}{2\varepsilon_0 + \sigma_z \Delta t} H_x^{n-0.5} + \frac{x_0}{z_0 \mu_0 \mu_r} \frac{2\varepsilon_0}{2\varepsilon_0 + \sigma_z \Delta t} \left[B_x^{n+0.5}\left(1 + \frac{\sigma_x \Delta t}{2\varepsilon_0}\right) - B_x^{n-0.5} \left(1 - \frac{\sigma_x \Delta t}{2\varepsilon_0}\right) \right]$$

$$B_y^{n+0.5}(i+0.5,j,k+0.5)=\frac{2\varepsilon_0-\Delta t\sigma_z}{2\varepsilon_0+\Delta t\sigma_z}B_y^{n-0.5}(i+0.5,j,k+0.5)-\frac{1}{z_0}\frac{2\varepsilon_0\Delta t}{2\varepsilon_0+\sigma_z\Delta t}\left[\frac{E_x^n(i+0.5,j,k+1)-E_x^n(i+0.5,j,k)}{\Delta z}-\frac{E_z^n(i+1,j,k+0.5)-E_z^n(i,j,k+0.5)}{\Delta x}\right]$$

$$H_y^{n+0.5}=\frac{2\varepsilon_0-\sigma_x\Delta t}{2\varepsilon_0+\sigma_x\Delta t}H_y^{n-0.5}+\frac{y_0}{x_0\mu_0\mu_r}\frac{2\varepsilon_0}{2\varepsilon_0+\sigma_x\Delta t}\left[B_y^{n+0.5}\left(1+\frac{\sigma_y\Delta t}{2\varepsilon_0}\right)-B_y^{n-0.5}\left(1-\frac{\sigma_y\Delta t}{2\varepsilon_0}\right)\right]$$

$$B_z^{n+0.5}(i+0.5,j+0.5,k)=\frac{2\varepsilon_0-\sigma_x\Delta t}{2\varepsilon_0+\sigma_x\Delta t}B_z^{n-0.5}(i+0.5,j+0.5,k)-\frac{1}{x_0}\frac{2\varepsilon_0\Delta t}{2\varepsilon_0+\sigma_x\Delta t}\left[\frac{E_y^n(i+1,j+0.5,k)-E_y^n(i,j+0.5,k)}{\Delta x}-\frac{E_x^n(i+0.5,j+1,k+0.5)-E_x^n(i+0.5,j,k+0.5)}{\Delta y}\right]$$

$$H_z^{n+0.5}=\frac{2\varepsilon_0-\sigma_y\Delta t}{2\varepsilon_0+\sigma_y\Delta t}H_z^{n-0.5}+\frac{z_0}{y_0\mu_0\mu_r}\frac{2\varepsilon_0}{2\varepsilon_0+\sigma_y\Delta t}\left[B_z^{n+0.5}\left(1+\frac{\sigma_z\Delta t}{2\varepsilon_0}\right)-B_z^{n-0.5}\left(1-\frac{\sigma_z\Delta t}{2\varepsilon_0}\right)\right]$$

3.4 激励源设置

激励源是电磁场产生、传输的必要条件，如何恰当地引入激励源是利用FDTD方法求解电磁问题的重要任务。从激励源随时间变化的角度分，有脉冲源与稳态谐波源；从空间分布分，有点源、线源、面源，有平面波源、强度空间分布高斯型波源(高斯光束)等。采用什么样的激励源与所要研究的问题有关，例如要研究某波导连接结构的频率响应，则一般在时间上设置为脉冲型，在空间上一般可设为脉冲中心波长的本征模场分布。本节首先简要讨论激励源的基本要点，然后重点说明总场散射场的分离方法。

3.4.1 脉冲源与稳态源

最常见的脉冲源是高斯脉冲源，即激励强度随时间变化如下：

$$P(t)=\mathrm{e}^{-4\pi\left(\frac{t-t_0}{\tau}\right)^2} \tag{3.32}$$

式中，t_0 为脉冲峰值出现的时刻；τ 决定脉冲宽度与频率，在时间域为高斯函数的脉冲源，其频率强度分布也呈高斯型，即

$$P(f)=\mathrm{e}^{-f^2\tau^2\frac{\pi}{4}} \tag{3.33}$$

在实际采用FDTD方法计算时，一般将高斯脉冲调制到某快速振荡的载频上，形成高斯型脉冲包络，这样激励源包含的频率分布是以载频为中心的宽度由方程(3.33)决定的高斯分布。为了使脉冲包含的频率覆盖感兴趣的频率范围，需

要调整脉冲宽度 τ，例如感兴趣的波长范围是(1.52μm，1.56μm)，则可以1.5397μm 作为载频，脉冲宽度 $\tau=372\mathrm{fs}$。

在某些场合下，需要知道在某单一频率 ω 作用下电磁场的稳态分布以及其他稳态信息，这时要采用稳态谐波源，即

$$P(t)=\sin(\omega t)U(t) \tag{3.34}$$

式中，$U(t)$ 为单位阶跃函数。由于 $U(t)$ 在 $t=0$ 点有突变，因此方程(3.34)代表的脉冲并不是真的单频，而是含有其他频率分量。为了尽量减少其他频率分量，一般会在脉冲方程(3.34)上再乘以一光滑的缓变函数，例如升余弦函数等。

3.4.2　总场散射场分离

运用 FDTD 方法求解电磁场问题时，经常希望将总场与散射场分离，这是因为总场包含入射场即由激励源引入的场量，分离总场与散射场可以得到结构/器件的电磁响应，这在很多场合下是重要的任务。总场与散射分离位置一般是在激励源引入处进行，下面以二维 FDTD 的 $\boldsymbol{E}$ 偏振为例具体说明如何将总场与散射场分离开。如图 3.2 所示，计算区域运用 PML 吸收边界条件截断，在二维 $\boldsymbol{E}$ 偏振下，电场只有垂直纸面的分量，磁场平行于纸面。

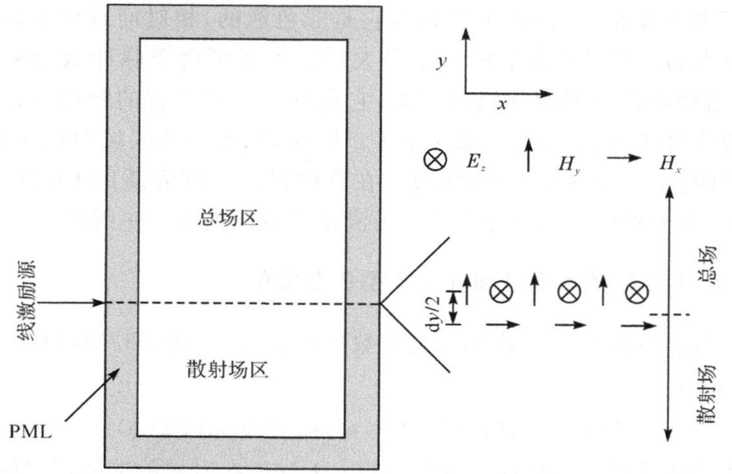

图 3.2　二维 FDTD 总场与散射分离示意图

在虚线处引入线激励源，在线源的下方将得到散射场，上方将得到总场。设线源位置磁场 x 分量对应的 y 轴格点标记为 $j_{sr}-0.5$，则令磁场 x 分量按如下方式更新：

$$H_x^{n+0.5}(i,j_{\text{sr}}-0.5)=H_{x,\text{in}}^{n+0.5}(i,j_{\text{sr}}-0.5)+C_{\text{h1}}[H_x^{n-0.5}(i,j_{\text{sr}}-0.5)-H_{x,\text{in}}^{n-0.5}(i,j_{\text{sr}}-0.5)+C_{\text{h2}}\frac{E_z^n(i,j_{\text{sr}})-E_{z,\text{in}}^n(i,j_{\text{sr}})-E_z^n(i,j_{\text{sr}}-1)}{\Delta y}$$

式中，下标 in 指代入射场；$H_{x,\text{in}}$ 由激励源给出。

在散射场区电场 E_z 更新方式为

$$E_z^{n+1}(i,j_{\text{sr}}-1)=C_{\text{e1}}(i,j_{\text{sr}}-1)E_z^n(i,j_{\text{sr}}-1)+C_{\text{e2}}(i,j_{\text{sr}}-1)\left[\frac{H_y^{n+0.5}(i+0.5,j_{\text{sr}}-1)-H_y^{n+0.5}(i-0.5,j_{\text{sr}}-1)}{\Delta x}-\frac{H_x^{n+0.5}(i,j_{\text{sr}}-0.5)-H_{x,\text{in}}^{n+0.5}(i,j_{\text{sr}}-0.5)-H_x^{n+0.5}(i,j_{\text{sr}}-1.5)}{\Delta y}\right]$$

这样以 $y=(j_{\text{sr}}-0.5)\Delta y$ 为界，上方是总场，下方是散射场。

3.5 色散介质的有限差分方法

真实媒质的电磁参数往往是随频率变化的，例如金属、水、生物肌体组织等介质的介电常数是随光波频率的变化而变化，因而被称为色散介质。一般情况下，磁导率随频率变化很小，因而可以认为它是非色散的，相对而言介电常数却是随频率变化较大的。FDTD 方法的一个最大的特点是可用于脉冲激励响应问题的直接计算，当脉冲持续时间很短的时候，它包含一个相当宽的频谱，如闪电、核爆炸时产生的核电脉冲、飞秒脉冲激光束等。因此，如果计算区域中包含色散介质，前面所给出的差分格式就得加以修改。在具体讨论色散介质的 FDTD 场分量更新步骤之前，先考察真实色散介质所必须满足的普遍关系——因果性[7]。

3.5.1 联系 D 和 E 的因果性和几种典型色散模型

设某色散媒质随频率变化的介电常数可用 $\varepsilon(\omega)$ 描述，即在频域 $\boldsymbol{D}$ 与 $\boldsymbol{E}$ 的关系可表示如下：

$$D(\omega)=\varepsilon(\omega)E(\omega)=\varepsilon_0[\varepsilon_\infty+\chi(\omega)]E(\omega) \tag{3.35}$$

式中，ε_∞ 为频率无限大时的相对介电常数；$\boldsymbol{D}$ 与 $\boldsymbol{E}$ 在时域的关系可以通过傅里叶变换得到。

$$\begin{aligned}D(t)&=\varepsilon_0\left[\varepsilon_\infty E(t)+\frac{1}{2\pi}\int_{-\infty}^{\infty}\chi(\omega)\mathrm{e}^{\mathrm{j}\omega t}\int_{-\infty}^{\infty}\mathrm{e}^{-\mathrm{j}\omega t'}E(t')\mathrm{d}t'\mathrm{d}\omega\right]\\&=\varepsilon_0\left[\varepsilon_\infty E(t)+\int_{-\infty}^{\infty}G(\tau)E(t-\tau)\mathrm{d}\tau\right]\end{aligned} \tag{3.36}$$

可见在色散介质中，$\boldsymbol{D}$ 不仅与当前的 $\boldsymbol{E}$ 关联而且与过去的 $\boldsymbol{E}$ 相关，式(3.36)

中积分核 G 为

$$G(\tau)=\frac{1}{2\pi}\int_{-\infty}^{\infty}\chi(\omega)\mathrm{e}^{\mathrm{j}\omega\tau}\mathrm{d}\omega \tag{3.37}$$

联系 $\boldsymbol{D}$ 与 $\boldsymbol{E}$ 的因果性要求，t 时刻电位移矢量 $\boldsymbol{D}$ 的值与 t 时刻以及将来的电场 $\boldsymbol{E}$ 值无关，所以要求 G 满足

$$G(\tau)=0,\quad \tau<0 \tag{3.38}$$

下面给出几种典型色散模型的积分核函数。

3.5.1.1　Debye 色散模型

Debye 色散介质的介电函数可表示为

$$\chi(\omega)=\frac{\varepsilon_\mathrm{s}-\varepsilon_\infty}{1+\mathrm{j}\omega\tau_0}\equiv\frac{\Delta\varepsilon}{1+\mathrm{j}\omega\tau_0} \tag{3.39}$$

式中，ε_s 为静态(零频率)时的相对介电常数；τ_0 为极点弛豫时间。

根据方程(3.37)可以得到

$$G(\tau)=\frac{\varepsilon_\mathrm{s}-\varepsilon_\infty}{\tau_0}\mathrm{e}^{-\frac{\tau}{\tau_0}}U(\tau) \tag{3.40}$$

式中，$U(\tau)$ 为单位阶跃函数。

方程(3.39)是单极点形式的 Debye 色散模型，多极点(N 个)模型可简单表示为

$$\chi(\omega)=\sum_{i=1}^{N}\frac{\Delta\varepsilon_i}{1+\mathrm{j}\omega\tau_i} \tag{3.41}$$

其相应的积分核 G 可类似得到。

3.5.1.2　Drude 色散模型

Drude 色散介质的介电常数函数形式如下：

$$\chi(\omega)=\frac{\omega_p^2}{\mathrm{j}v_\mathrm{c}\omega-\omega^2} \tag{3.42}$$

方程(3.42)对应的时域积分核函数为

$$G(\tau)=\frac{\omega_p^2}{v_\mathrm{c}}(1-\mathrm{e}^{-v_\mathrm{c}\tau})U(\tau) \tag{3.43}$$

3.5.1.3　Lorentz 色散模型

Lorentz 色散介质的介电常数函数形式如下：

$$\chi(\omega)=\frac{\omega_p^2}{\omega_p^2+\mathrm{j}2\delta_p\omega-\omega^2} \tag{3.44}$$

式中，δ_p 为阻尼系数。

式(3.44)对应的时域积分核函数为

$$G(\tau)=\frac{\omega_p^2}{\sqrt{\omega_p^2-\delta_p^2}}\mathrm{e}^{-\delta_p\tau}\sin\left(\sqrt{\omega_p^2-\delta_p^2}\tau\right)U(\tau) \tag{3.45}$$

方程(3.44)对应单极点 Lorentz 模型,多极点 Lorentz 模型的介电常数函数形式如下:

$$\chi(\omega)=\sum_{p=1}^{N}\frac{\omega_p^2}{\omega_p^2+\mathrm{j}2\delta_p\omega-\omega^2} \tag{3.46}$$

对应的积分核函数也是简单的加和形式。

从以上三种色散模型可以看出,积分核函数均满足因果性条件方程(3.38),进一步观察可以知道所有的介电常数函数的极点在复平面内处于第一或第二象限,这是积分核函数满足方程(3.38)的必要条件。在具体应用时,可以对某种介质在感兴趣的频率范围内,根据实验或者从文献得到的介电常数函数,选择以上一种模型或者混合模型进行参数拟合,从而得到这种介质的色散数学模型。例如,对于金属银这种高度色散的金属媒质,根据在可见光和近红外频率范围内实验测得的介电常数值[8],可采用两极点的 Lorentz 模型与 Drude 模型相结合的混合色散模型。经过拟合可以得到

$$\varepsilon_{\mathrm{Ag}}(\omega)=\varepsilon_\infty-\frac{\omega_{\mathrm{D}}^2}{\omega^2-\mathrm{j}v_{\mathrm{c}}\omega}+\sum_{m=1}^{2}\frac{\Delta\varepsilon_{\mathrm{L}m}\omega_m^2}{\omega_{\mathrm{L}m}^2-\omega^2+\mathrm{j}2\gamma_{\mathrm{L}m}\omega} \tag{3.47}$$

式中,$\varepsilon_\infty=2.3646$,$\omega_{\mathrm{D}}=1.325901\times10^{16}$,$v_{\mathrm{c}}=1.136417\times10^{14}$,$\Delta\varepsilon_{\mathrm{L1}}=0.31506$,$\omega_{\mathrm{L1}}=6.646728\times10^{15}$,$\gamma_{\mathrm{L1}}=4.248855\times10^{14}$,$\Delta\varepsilon_{\mathrm{L2}}=0.86804$,$\omega_{\mathrm{L2}}=7.864936\times10^{15}$,$\gamma_{\mathrm{L2}}=8.318653\times10^{14}$。当然可以根据要求的计算精度和感兴趣的频率范围,在具体计算时增加或减少极点数目,从而提高计算效率。

3.5.2 色散介质的 FDTD 差分算法

假定磁导率不随频率变化,仅考虑介电系数随频率变化,显然色散介质的 FDTD 只对电场的更新迭代有变化,对磁场的更新迭代没有任何变化。当传导电流为零时,电位移矢量的差分格式为

$$\boldsymbol{D}^{n+1}-\boldsymbol{D}^n=\Delta t\,(\boldsymbol{\nabla}\times\boldsymbol{H})^{n+0.5} \tag{3.48}$$

假设 $t<0$ 时电场为零,方程(3.36)可以重写为

$$D(t)=\varepsilon_0\left[\varepsilon_\infty E(t)+\int_0^t G(\tau)E(t-\tau)\mathrm{d}\tau\right] \tag{3.49}$$

将$[0,t]$离散成 n 个时间段 Δt,在 $[m\Delta t,(m+1)\Delta t]$ 内将电场近似成线性函数,即

$$E(t)\approx E(m+1)+\frac{E(m+1)-E(m)}{\Delta t}[t-(m+1)\Delta t] \tag{3.50}$$

从 3.5.1 节的分析可知，对线性色散媒质可将介电常数函数展开成一般的极点-留数和形式，即

$$\chi(\omega)=\sum_{q=1}^{N}\frac{\Gamma_q}{\mathrm{j}\omega-s_q} \tag{3.51}$$

于是，积分核函数的一般形式为

$$G(t)=\sum_{q=1}^{N}\mathrm{Re}\,[\Gamma_q e^{s_q t}U(t)] \tag{3.52}$$

于是，在某时间段内线性函数 E[见方程(3.50)]与指数函数 G[见方程(3.52)]的积分可解析地求解。

令

$$\hat{\chi}_q(m)=\int_{m\Delta t}^{(m+1)\Delta t}\mathrm{Re}\,[\Gamma_q e^{s_q t}U(t)]\mathrm{d}t \tag{3.53}$$

$$\hat{\xi}_q(m)=\int_{m\Delta t}^{(m+1)\Delta t}(t-m\Delta t)\mathrm{Re}\,[\Gamma_q e^{s_q t}U(t)]\mathrm{d}t \tag{3.54}$$

并引入辅助函数

$$\psi_q^n=\sum_{m=0}^{n-1}\{E(n-m)\hat{\chi}_q(m)-[E(n-m)-E(n-m-1)]\hat{\xi}_q(m)\} \tag{3.55}$$

显然可得 ψ_q^n 的递推关系如下：

$$\psi_q^{n+1}=[\hat{\chi}_q(0)-\hat{\xi}_q(0)]E(n+1)+\hat{\xi}_q(0)E(n)+\psi_q^n e^{s_q\Delta t} \tag{3.56}$$

于是有

$$D(n)=\varepsilon_0\varepsilon_\infty E(n)+\varepsilon_0\sum_{q=1}^{N}\psi_q^n \tag{3.57}$$

下面给出色散介质中电场的更新方程。

$$E(n+1)=\alpha\Big[1-\sum_{q=1}^{N}\hat{\xi}_q(0)\Big]E(n)+\alpha\sum_{q=1}^{N}\mathrm{Re}\,[(1-e^{s_q\Delta t})\psi_q^n]+\frac{\alpha\Delta t}{\varepsilon_0}(\nabla\times H)^{n+0.5} \tag{3.58}$$

其中

$$\alpha=\Big\{\varepsilon_\infty+\sum_{q=1}^{N}\mathrm{Re}\,[\hat{\chi}_q(0)-\hat{\xi}_q(0)]\Big\}^{-1} \tag{3.59}$$

方程(3.58)给出电场 $\boldsymbol{E}$ 的时间推进算法，这是适用于一般线性色散媒质的电场的更新方程，这种 FDTD 计算方法具有通用性，它并不要求媒质的介电系数符合某一种特别的色散模型，只要介电系数函数能够写成式(3.51)并且满足因果性即可。从上面的更新方程可以知道，色散介质的 FDTD 算法内存需求增加了 $3\times N$ 个场量 ψ_q^n，增加量直接与色散媒质介电函数的极点数成正比。

3.6　计算实例与分析

本节通过两个计算实例，说明如何运用 FDTD 方法分析具体的实际问题。

第一个例子是两根平行接触的纳米线的光耦合行为。如图 3.3 所示，两根平行接触的二氧化硅纳米线裸露在空气中，光从一根纳米线输入后，经过一段距离后会耦合到另一根纳米线中，这里利用三维 FDTD 计算方法模拟光在这两根纳米线的耦合行为。采用 FDTD 方法计算时，设置电磁参数如下 $\varepsilon_{\mathrm{wire}} = 2.132$，$\varepsilon_{\mathrm{air}} = 1.0$，入射波长 0.6328μm，空间步长 $\Delta x = \Delta y = \Delta z = 20\mathrm{nm}$，激励源为稳态谐波面源从左端输入向 z 轴正向传播，激励的空间分布是纳米线 2 的基模场分布，取 E_y 偏振。计算区域用 PML 吸收边界条件截断，计算 40 个振荡周期后对电场做傅里叶变换，得到稳态电场分布。

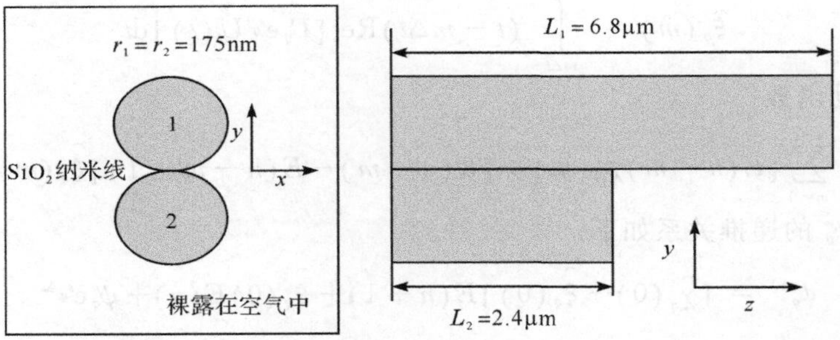

图 3.3　纳米线间光耦合结构示意图

图 3.4(a)所示为穿过两纳米线中轴线的 yz 平面上 E_y 的强度分布，图 3.4(b)所示为相应的位相分布。由这两幅图可以清楚地看到，光强从纳米线 2 经过 2.4μm 的渐变耦合到纳米线 1 中，通过进一步的计算可以得到耦合效率为 95%。

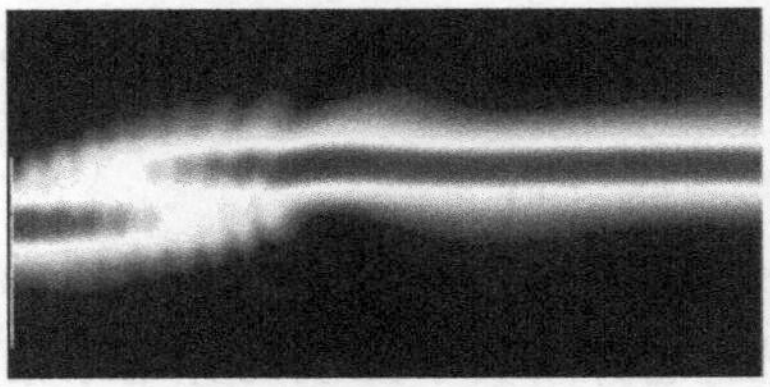

(a) E_y 的耦合行为(幅值分布)

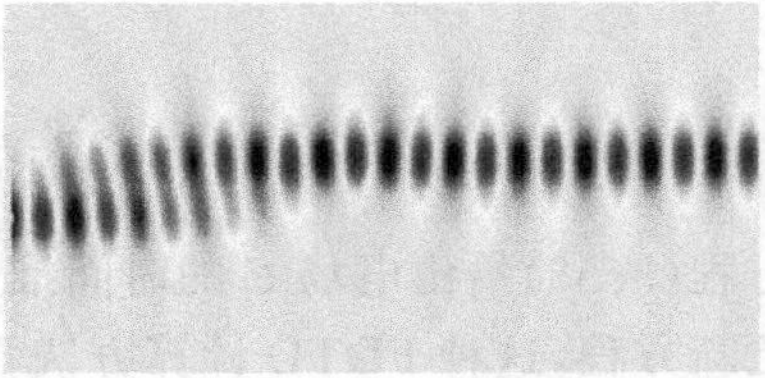

(b) 稳态 E_y 的实部分布(位相信息)

图 3.4　穿过两纳米线中轴线的 yz 平面上 E_y 的强度分布及相应的位相分布

第二个例子是基于二维光子晶体的 90°弯曲波导的光传播行为，采用 FDTD 方法模拟结果如图 3.5 所示。

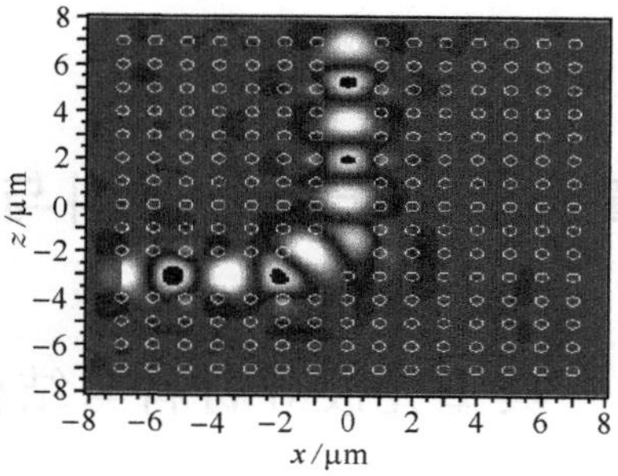

图 3.5　光子晶体的 90°弯曲波导

参 考 文 献

[1] Yee K S. Numerical solution of initial boundary problems involving Maxwell's equation in isotropic media. IEEE Trans. Antennas Propagat. ,1966,14(3):302—307.

[2] Taflove A,Brodwin M E. Numerical solutions of steady state electromagnetic scattering problems using the time-dependent Maxwell's equations. IEEE Transactions on Microwave Theory and Techniques, 1975,23:623—630.

[3] Taflove A. Computational Electromagnetics:The Finite-Difference Time-Domain Method. Boston:Artech House,1995.

[4] Berenger J P. A perfectly matched layer for the absorption of electromagnetic waves. J. Comput. Phys. , 1994,114:185—200.

[5] Berenger J P. Three-dimensional perfectly matched layer for the absorption of electromagnetic waves. J. Comput. Phys. ,1996,127(2):363—379.

[6] Gedney S D. An anisotropic perfectly matched layer-absorbing medium for the truncation of FDTD lattices. IEEE Trans. Antennas Propagat. ,1996,46:1630—1639.

[7] Jackson J D. Classical Electrodynamics. 3rd Edition. London:Addison Wesly,1999.

[8] Palik E D. Handbook of Optical Constants of Solids. New York:Academic Press,1985.

第 4 章　常见光波导材料与结构

4.1　典型光波导材料与结构

随着新材料的研发，集成光学所用的材料也日益多样化，包括 SiO_2、$LiNbO_3$、Si、GaAs、InP 以及有机高分子材料等，这些材料各具特色，形成多样化的集成光电子器件。

对于光波导材料而言，最重要的是具有低损耗特性，也就是在工作波长范围内透明。通常要求光波导传输损耗小于 1dB/cm。在工艺方面，还要具备便于成膜、刻蚀等制作工艺的特点。

针对不同的材料折射率以及折射率差，人们设计出适合其特点的不同的波导结构，相应的光波导性能也有所不同。下面对几种典型的光波导材料及结构分别进行介绍。

4.1.1　SiO_2 材料及波导

SiO_2 材料是最早被广泛使用的光波导材料之一。SiO_2 材料折射率用如下公式表示[1]：

$$n = \sqrt{1 + \sum_{j=1}^{3} \frac{\lambda^2 B_j}{\lambda^2 - \lambda_j^2}} \tag{4.1}$$

式中，$B_1 = 0.6961663$，$B_2 = 0.4079426$，$B_3 = 0.8974994$，$\lambda_1^2 = 0.004679148\mu m^2$，$\lambda_2^2 = 0.013512068\mu m^2$，$\lambda_3^2 = 97.934002\mu m^2$。

图 4.1 给出 SiO_2 材料折射率在 500～2000nm 范围内的折射率变化。在光通信波长为 1550nm 时，其折射率约为 1.445。

要构成光波导，必须要有至少两种具有折射率差的材料，分别形成光波导芯层与包层。通常采用的结构为 SiO_2-on-Si 掩埋型方形光波导。其中包层材料采用纯 SiO_2，而芯层一般在 SiO_2 薄膜沉积过程中通过掺锗的办法从而形成一定折射率差 Δ(≈1%)。

图 4.2(a)、(b)分别给出其截面结构与 TE 模场分布。这种 SiO_2-on-Si 掩埋型方形光波导具有很多突出优点，如损耗低、与标准单模光纤耦合效率高、工艺成熟等，因此成为当前无源光子器件所采用的最主要光波导类型之一。目前商用化的很多无源光器件(包括阵列波导光栅等)产品都采用这种光波导结构。

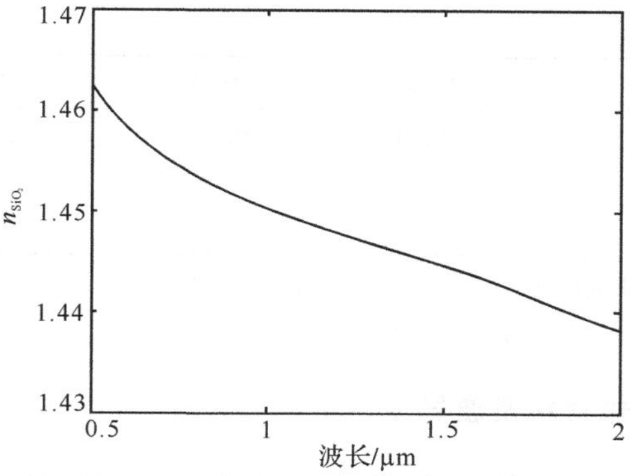

图 4.1　折射率与波长的关系

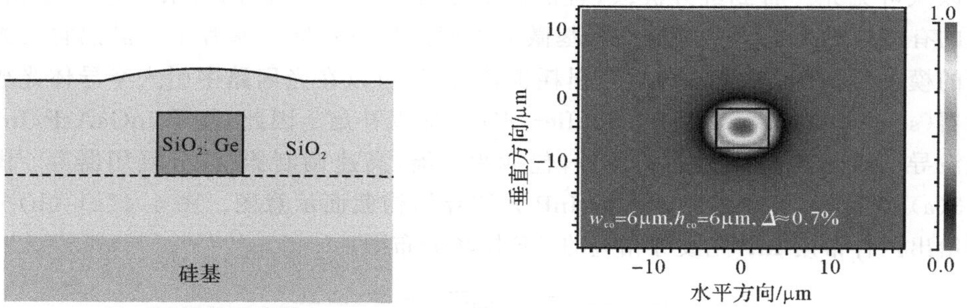

(a) 截面结构示意图　(b) 基模模场@1550nm

图 4.2　SiO_2-on-Si 掩埋型方形光波导

对于 SiO_2-on-Si 掩埋型方形光波导而言，由于其相对折射率差很小，光波导的弯曲半径要求比较大，使得器件总体尺寸较大。例如，通常选用 $\Delta=0.75\%$，其弯曲半径则需大于 5mm。因此，在一块基片上集成光子器件个数会受到限制。为了解决这一问题，目前已研制出具有高折射率差的 SiO_2 波导。为了保持波导单模性，在增大折射率差的同时，需将其截面尺寸减小，这将引起与普通单模光纤的模式失配，从而引入更大的耦合损耗。表 4.1 给出典型的 SiO_2 掩埋型方形光波导的参数[2]。由表可知，若选用超高 $\Delta=1.5\%$，其截面尺寸约为 $4\mu m\times4\mu m$，与单模光纤耦合损耗约为 2dB，最小曲率半径可减小为 2mm，这在一定程度上减小了器件的尺寸，提高了集成度。

表 4.1　几种折射率差的 SiO_2 波导

波导类型	低 Δ	中 Δ	高 Δ	超高 Δ
折射率差 Δ/%	0.25	0.45	0.75	1.5
芯层尺寸/(μm×μm)	8×8	8×8	6×6～7×7	4×4～5×5

续表

波导类型	低 Δ	中 Δ	高 Δ	超高 Δ
传输损耗/(dB/cm)	<0.01	0.017	0.035	0.07
光纤耦合损耗*/dB	0.1	0.2	0.5	2～2.5
最小弯曲半径**/mm	25	15	5	1～2

*单模光纤(加了折射率匹配油):直径 $2a=8.9\mu m$,$\Delta=0.27\%$。

**对于$\lambda=1.55\mu m$,90°弯曲波导的损耗小于 0.1dB。

4.1.2　Ⅲ-Ⅴ族半导体材料及波导

Ⅲ-Ⅴ族半导体材料应用于有源器件上是很有前途的,其光波导相关研究也比较成熟。由于是直接带隙材料,因此通过控制不同元素的组合比例,其发光光谱可以从可见光一直到红外波段,且能满足照明、通信等方面的需求。它可与 InP 基的有源与无源光子器件及 InP 基微电子回路集成在同一基片上。虽然它与光纤的模场不匹配,与光纤的耦合损耗也较大,但可以在光回路中引入半导体光放大器(semiconductor optical amplifier,SOA)加以补足。因此,基于 InGaAsP/InP 光波导研究出很多高性能的器件,包括激光器、高速调制器、波分复用器等。图 4.3(a)、(b)分别给出两种常用的 InP 光波导结构截面示意图。图 4.4(a)、(b)分别给出两种常用 InP 光波导相应的 TE 模场分布图。

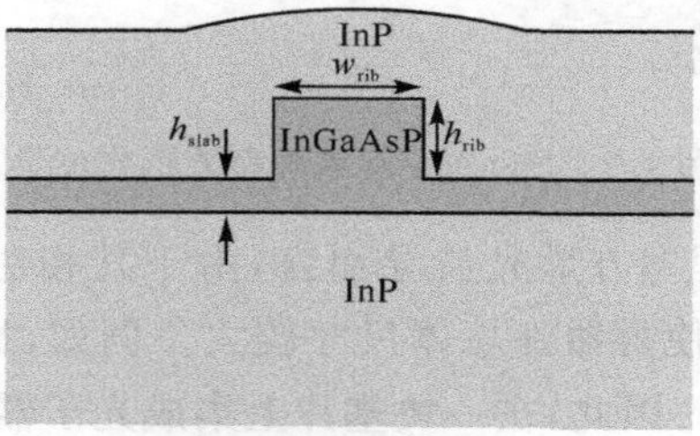

(a) 掩埋型

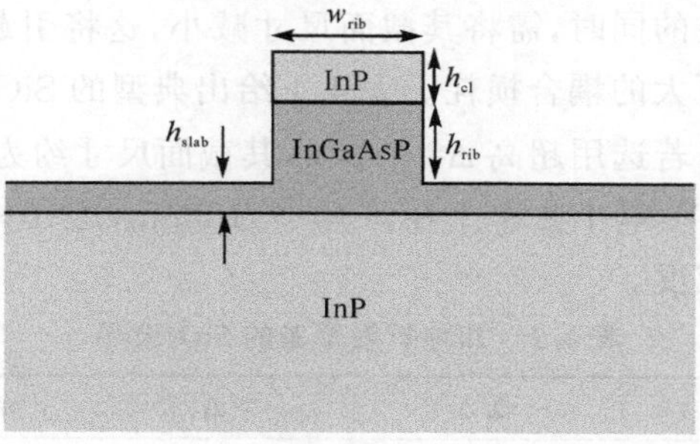

(b) 脊型

图 4.3　两种 InP 光波导结构

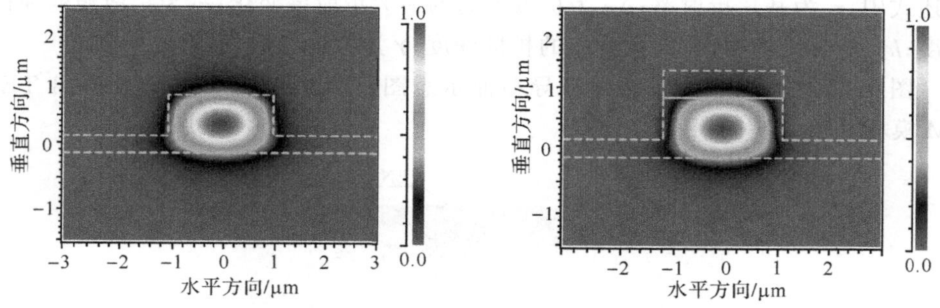

(a) 掩埋型　　(b) 脊型($h_{cl}=0.5\mu m$)

图 4.4　InP 光波导基模模场

($n_{co}=3.39$, $n_{cl}=3.17$, $h_{slab}=0.3\mu m$, $w_{rib}=2.0\mu m$, $h_{rib}=0.9\mu m$)

4.1.3　铌酸锂($LiNbO_3$)材料及波导

$LiNbO_3$(LN)是一种比较成熟的多功能晶体,具有优良的压电、电光、声光等效应,在军事、民用领域有着广泛的用途。随着光电技术的发展,$LiNbO_3$晶体在国防技术中的应用越来越受到重视。通过掺杂,可以实现特定的应用,例如:①掺 Mg∶LN 晶体具有很高的抗激光损伤能力,为其在非线性光学领域中的应用奠定了基础;②掺 Nd∶Mg∶LN 晶体,可实现自倍频效应;③掺 Fe∶LN 晶体,目前大量用在光学体全息存储。$LiNbO_3$还是非常好的电光晶体,目前已成为重要的光波导材料,尤其是在高速率调制器方面的应用。

$LiNbO_3$晶体的光学特性为:①透光波段(370～5000nm);②折射率(@633nm),$n_o=2.286$,$n_e=2.200$。在 $LiNbO_3$晶体上,可以通过外扩散和内扩散的方法形成渐变折射率光波导。$LiNbO_3$镀钛光波导开发较早,其主要工艺过程是:首先在 $LiNbO_3$基体上用蒸发沉积或溅射沉积的方法镀上钛膜,然后进行光刻,形成所需要的光波导图形,再进行扩散。可以采用外扩散、内扩散、质子交换和离子注入等方法来实现。最后沉积上 SiO_2 保护层,制成平面光波导。在这种波导中折射率是深度的缓变函数。表面或表面邻近区域折射率比体内的高一些。

折射率分布可用下式表示:

$$n(x,y)=n_0+[\Delta n\, g(x)\, f(y)]^{\gamma} \tag{4.2}$$

其中

$$\begin{cases} g(x)=\dfrac{1}{2}\left[\operatorname{erf}\left(\dfrac{\frac{w}{2}+x}{h_x}\right)+\operatorname{erf}\left(\dfrac{\frac{w}{2}-x}{h_x}\right)\right] \\ f(y)=\exp\left(-\dfrac{y^2}{h_y^2}\right) \end{cases}$$

上述式中，n_0为基片折射率；Δn 为扩散引起的最大折射率变化；w 为扩散源的横向宽度；h_x、h_y分别为横向、高度方向的扩散深度；γ 为拟合参数，通常取 $\gamma=1$。

图 4.5 给出 $LiNbO_3$扩散光波导截面示意图。图 4.6(a)、(b)分别给出 TE、TM 模场分布。

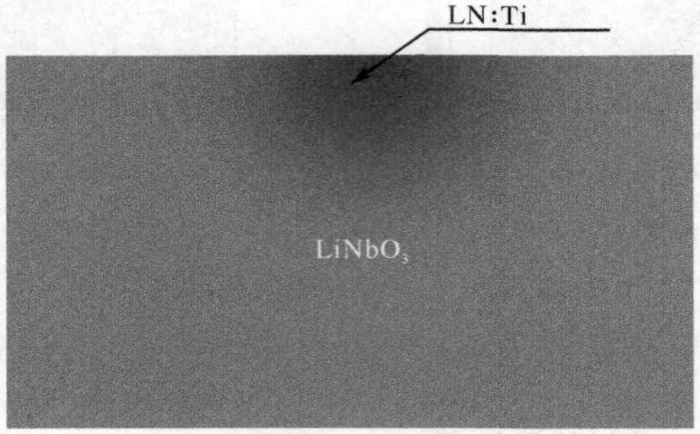

图 4.5　$LiNbO_3$ 扩散光波导

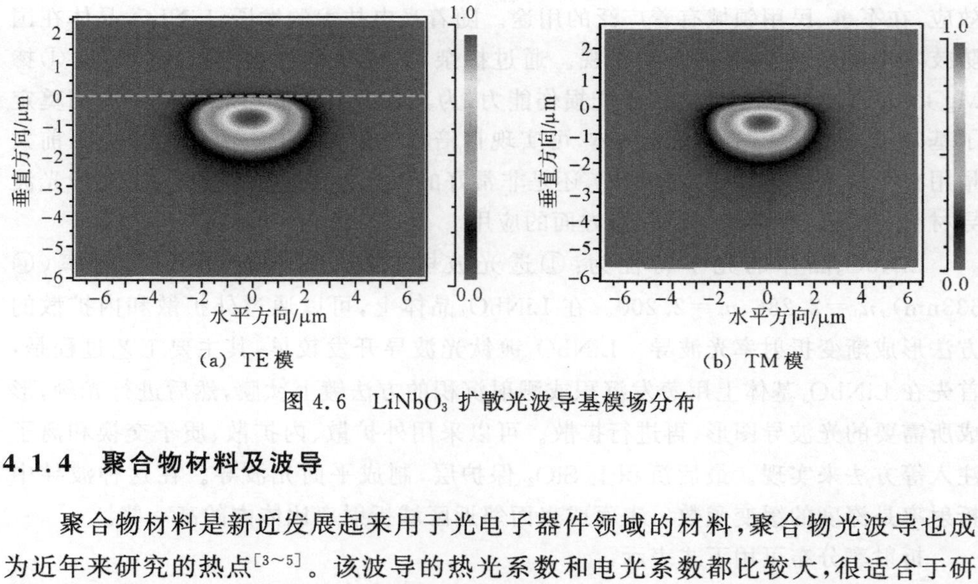

(a) TE 模　　(b) TM 模

图 4.6　$LiNbO_3$ 扩散光波导基模场分布

4.1.4　聚合物材料及波导

聚合物材料是新近发展起来用于光电子器件领域的材料，聚合物光波导也成为近年来研究的热点[3~5]。该波导的热光系数和电光系数都比较大，很适合于研制高速光波导开关等。采用极化聚合物作为工作物质，其突出优点是材料配置方便、成本很低，同时由于有机聚合物具有与半导体相容的制备工艺从而使得样品的制备非常简单。聚合物通过外场极化的方法可以获得高于 $LiNbO_3$ 等无机晶体的电光系数；其成本低廉，有很好的发展前景。此外，几乎任何材料都可以作为聚合物的衬底。但另一方面，聚合物材料易于老化，这不利于提高器件的稳定性。

在聚合物材料光波导研究初期，一般采用掩埋型方形光波导结构，如图

4.7(a)所示。通常芯层与包层折射率差很小,因而这种光波导特性(包括基模场分布)与 SiO_2-on-Si 掩埋型光波导非常相似,其弯曲半径也很大(≈$10^3\mu m$)。而采用 Polymer-SiO_2 这种混合光波导结构[见图 4.7(b)],由于空气包层的引入,显著提高了折射率差,从而可将弯曲半径减小至约 $10^2\mu m$,进而实现紧凑型集成光子器件。图 4.8 所示为其 TE 模场分布。

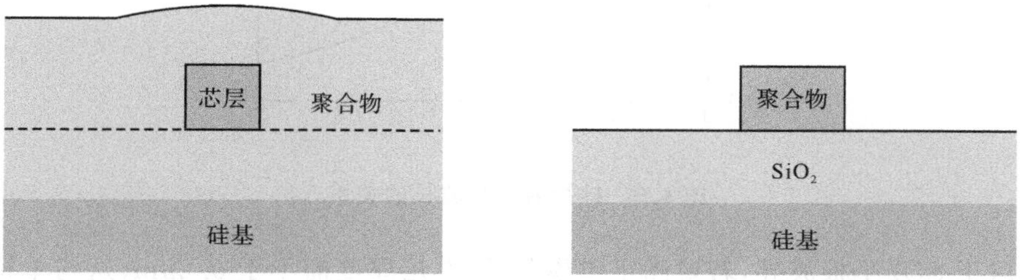

(a) 掩埋型　　(b) 脊型

图 4.7　聚合物光波导示意图

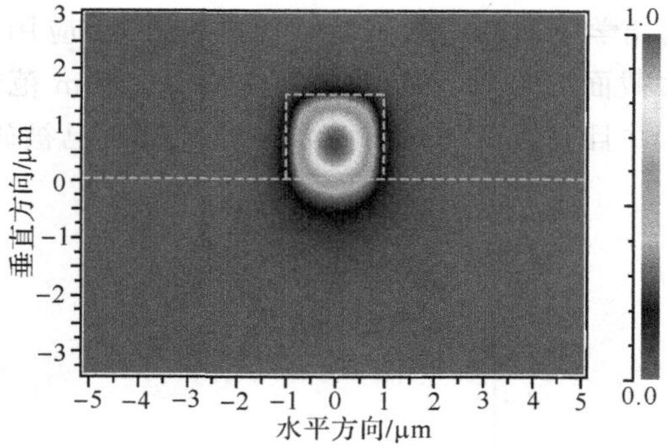

图 4.8　聚合物脊型光波导 TE 模场分布

4.1.5　硅绝缘体材料及波导

硅绝缘体(silicon-on-insulator,SOI)材料是一种广泛应用于集成电路的材料。硅绝缘体材料优异的光学性能以及与 CMOS 集成电路工艺的兼容,使得将来低成本的光子集成器件成为可能。由于这一点非常被看好,因而得到广泛的研究和应用。

图 4.9 给出硅折射率与波长的关系,其折射率用如下公式表示[6~8]:

$$n_{Si}=n_0+\frac{A_1}{\lambda^2-\Lambda_1}+\frac{A_2}{(\lambda^2-\Lambda_1)^2}+A_3\lambda^2+A_4\lambda^4+(T-T_0)\frac{dn}{dT}\tag{4.3}$$

式中,$n_0=3.41696$,$A_1=0.138497$,$A_2=0.013924$,$A_3=-2.09\times10^{-5}$,$A_4=1.48\times10^{-7}$,$\Lambda_1=0.028$,$T_0=293K$,$dn/dT=1.5\times10^{-4}K^{-1}$。

在 SOI 波导中,芯层材料硅和包层材料 SiO_2 的折射率(3.455/1.46)相差很

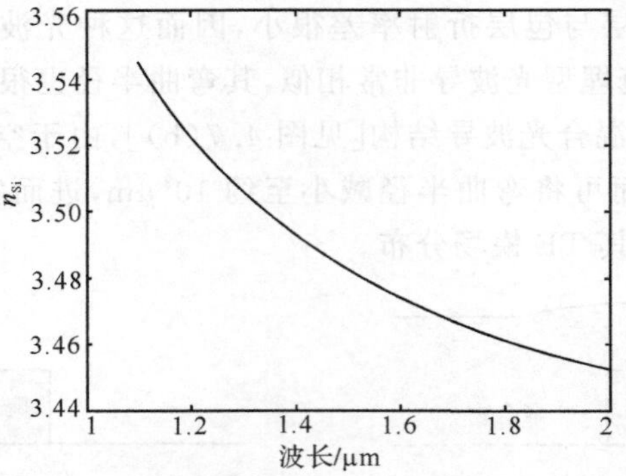

图 4.9　硅折射率与波长的关系

大。对于 SOI 平板波导，若要满足单模条件，芯层厚度需小于 0.2μm，这与单模光纤(模场直径约为 9μm)极不匹配，将产生很大的耦合损耗。

为了减小耦合损耗，通常采用大截面脊型结构(相对波长而言)，如图4.10所示。脊型波导是集成光学中最常用的波导结构之一，广泛应用于各种无源和有源集成光器件。目前大截面 SOI 脊型光波导在 1.3～1.5μm 范围内的传输损耗已降低至 0.1dB/cm[9]，并且有大量的 SOI 光波导集成器件已被研制出来[10,11]。

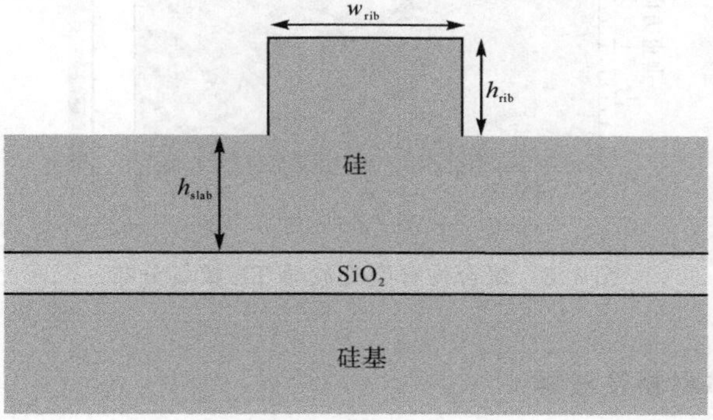

图 4.10　大截面 SOI 脊型光波导

对于大截面脊型波导，只要满足一定几何关系(即通常所说的单模条件)，仍可以实现单模传输[12,13]。此单模条件是大截面脊型光波导设计的基础，因此单模条件的准确性和可靠性极为重要。大横截面脊型波导的单模条件通常表示为

$$\begin{cases} r > 0.5 \\ t < \dfrac{r}{(1-r^2)^{\frac{1}{2}}} + c \end{cases} \tag{4.4}$$

式中，c 为常数[12～14]；$t = W_{eff}/H_{eff}$，$r = h_{eff}/H_{eff}$。其中 W_{eff}、H_{eff} 和 h_{eff} 分别称为等

效脊宽、等效脊高和等效外脊高，可由下式求得。

$$\begin{cases} W_{\text{eff}} = W + \dfrac{2\gamma_1}{k_0\sqrt{n_2^2 - n_1^2}} \\ h_{\text{eff}} = h + \dfrac{q}{k_0} \\ H_{\text{eff}} = H + \dfrac{q}{k_0} \\ q = \dfrac{\gamma_1}{\sqrt{n_2^2 - n_1^2}} + \dfrac{\gamma_3}{\sqrt{n_2^2 - n_3^2}} \end{cases} \tag{4.5}$$

式中，n_1、n_2 和 n_3 分别为波导外包层、芯层和绝缘层的折射率；$k_0 = 2\pi/\lambda$，$\gamma_{1,3} = \begin{cases} 1, & \text{TE 模} \\ n_{1,3}/n_2, & \text{TM 模} \end{cases}$。对于 SOI 波导，由于 n_1 比 n_2（或 n_3）大得多，故有 $W_{\text{eff}} \approx W$，$h_{\text{eff}} \approx h$，$H_{\text{eff}} \approx H$。因此有 $t \approx W/H$ 和 $r \approx h/H$，并分别称为归一化脊宽及归一化外脊高。

式(4.4)中常数 c 通常有两种取值，$c=0$ 或 $c=0.3$。为了统一 c 的取值，Pogossian 试图根据文献[15]中的实验数据，进行拟合得到 c 的取值为 -0.05[16]。Powell 认为文献[15]中的实验数据难免存在一定的误差，因而为了更精确地确定 c 的取值，采用了 BPM 方法对 SOI 脊型光波导进行了模拟传输（输入场与波导中心偏离以激发高阶模），所得结果与模式匹配技术的结果更为接近，即 $c=0.3$[17]。由此可见，关于 c 的取值，仍然存在分歧。在文献[14]中，Dai 等采用 FDM 模式解的方法进一步确定了单模条件，即 $c=0.3$。

图 4.11 给出一个单模 SOI 脊型光波导的 TE 模场分布，其参数取为 $n_{\text{Si}}=3.445$，$n_{\text{SiO}_2}=1.445$，$h_{\text{slab}}=3\mu\text{m}$，$w_{\text{rib}}=5.0\mu\text{m}$，$h_{\text{rib}}=2.0\mu\text{m}$。

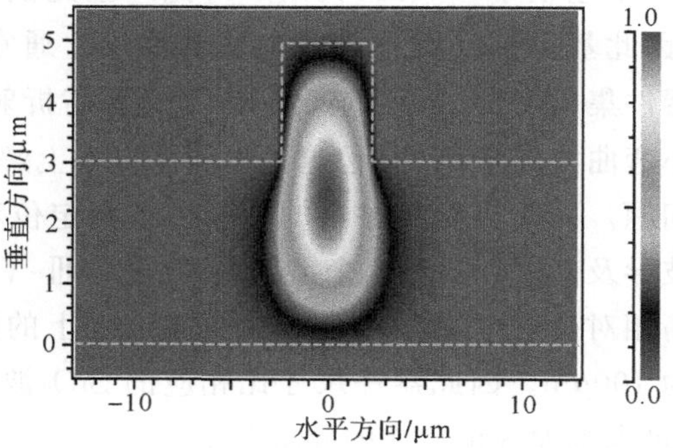

图 4.11 SOI 脊型光波导的 TE 模场分布

4.1.6 新型纳米光波导

如何提高光波导器件的集成度是光集成领域的一个重要议题，这关系到能否实现大规模的光集成。阵列波导光栅的发明者 Smit 教授最近撰文回顾了光集成的发展历程，总结了光集成摩尔定律（见图 4.12），并指出：未来二十年，将会实现光子大规模集成[18]。

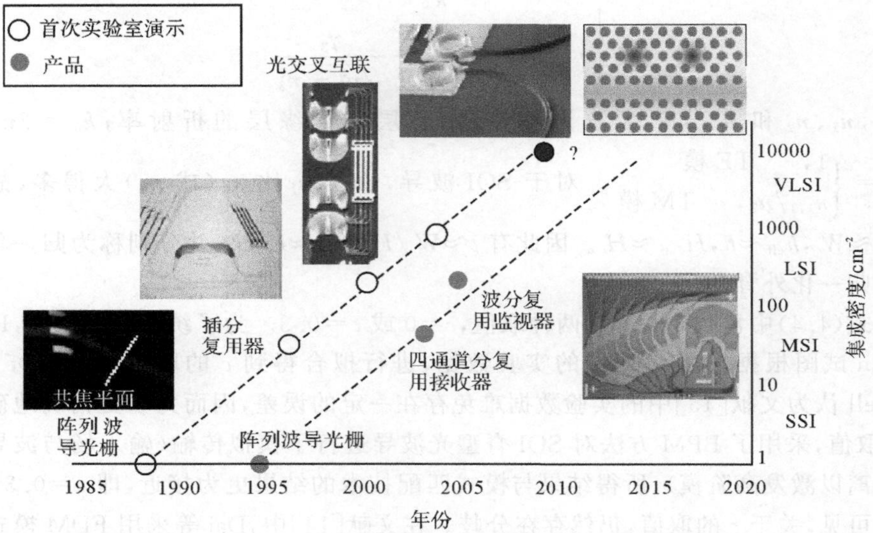

图 4.12 光集成摩尔定律[18]

正如 4.1.1 节所述，目前发展最为成熟的是 SiO_2 掩埋型矩形波导及其器件。然而，由于其相对折射率差很小（≈0.75%），SiO_2 掩埋型光波导的弯曲半径要求比较大（毫米量级），因此基于 SiO_2 波导的光集成器件尺寸通常为平方厘米量级，不利于提高光波导器件集成度。尽管目前已研制了具有高折射率差的 SiO_2 波导，能在一定程度上减小弯曲波导半径[19]，但这并不能从根本上解决减小器件的尺寸和提高光集成度的问题。因此需要从材料的选择上重新定位和考虑。Ⅲ-Ⅴ族半导体材料是实现光波导及其器件的另一个重要系列，通常Ⅲ-Ⅴ族半导体光波导在宽度方向能形成超高相对折射率差（>40%），而高度方向上的限制约为 7%，可实现最小弯曲半径约为 100μm。因此器件尺寸比相应的 SiO_2 波导器件小一个数量级，但这仍然不能满足未来大规模集成的要求[20]。

SOI 是目前实现纳米光波导的最好选择，这是因为硅和 SiO_2（或空气）的相对折射率差大于 40%，因此在宽度和高度方向均实现超强限制。这为实现纳米光波导和超小尺度的集成光波导器件提供了可能性。图 4.13(a) 给出

SOI 纳米光波导截面结构。由于芯层硅与包层 SiO_2(或空气)的超高折射率差,单模 SOI 纳米光波导尺寸仅为几百纳米。图 4.13(b)、(c)分别给出 SOI 纳米光波导 TE、TM 模场分布,从中可以清楚地看到,在芯层-包层界面上电场垂直分量的不连续性。

SOI 纳米光波导弯曲半径可减小至 1～2μm,比传统 SiO_2-on-Si 掩埋型光波导减小了 5000 倍,为实现超小型光子集成器件奠定了基础。

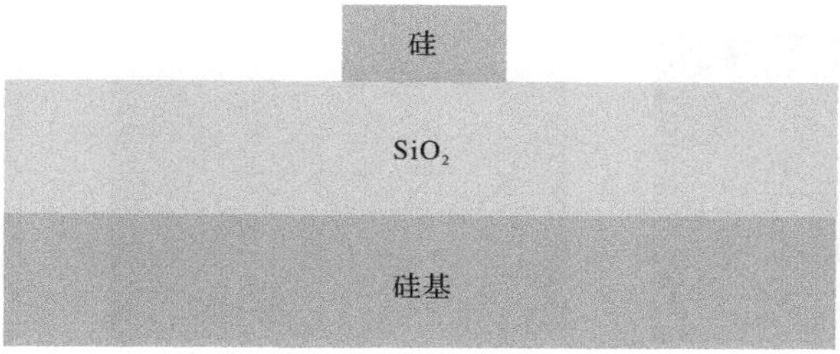

(a) 截面结构示意图

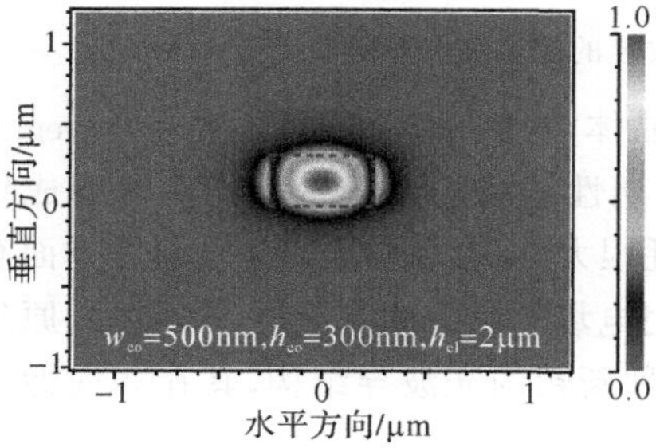

(b) TE 模场分布

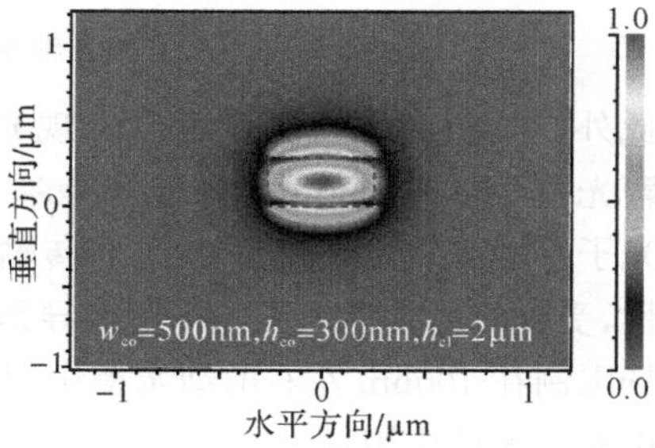

(c) TM 模场分布

图 4.13　SOI 纳米光波导

然而,以往的研究主要集中于大截面 SOI 脊形波导及其相关器件,却很少涉及硅纳米光波导的研究。这主要受到两个因素的制约:①由于硅纳米光波导尺寸很小(几百纳米),很难实现和普通单模光纤的高效率耦合;②早期的工艺水平达不到硅纳米光波导的工艺要求。例如,纳米光波导的制作需采用电子束直写或深紫外光刻技术。此外,对于硅纳米光波导,侧壁表面粗糙度引起的散射损耗非常显著,因此需要采用很高的制作工艺,才能保证获得很小的表面粗糙度[21]。

目前由于工艺方面的进步和更高集成度的需求,人们开始高度关注硅纳米光波导的发展,并加快对此深入研究的步伐[22～25],且已经取得了很大的进展,主要体现在以下几个方面:①通过二次高温氧化、化学抛光等后续工艺处理,大大降低了由于表面粗糙度引起的散射损耗,从而实现了低损耗 SOI 纳米光波导;②采用倒锥形波导、光栅耦合器等模式转换器,显著提高了 SOI 纳米光波导与光纤的耦合效率，降低了耦合损耗；③利用 SOI 纳米光波导的强限制，实现了多种非线性效应及其应用，如波长转换等；④实现了基于 SOI 光波导的各种有源器件，包括高速调制器等。图 4.14 给出一个基于 SOI 纳米光波导的超小型光子器件的范例[26]。

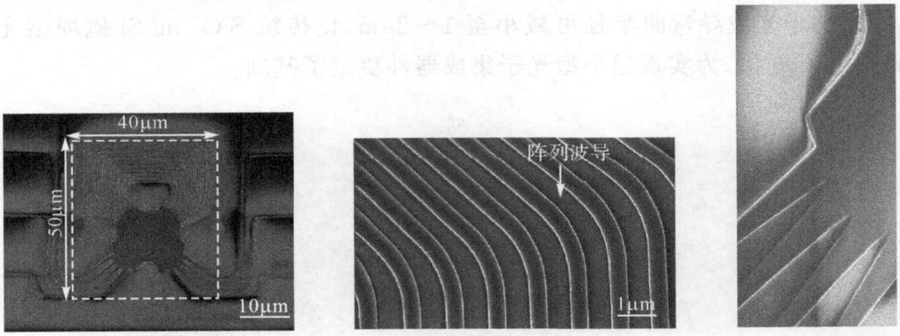

(a) SOI 纳米光波导阵列波导光栅图片　(b) 阵列波导部分放大图样　(c) 输入波导及自由传输区域放大图样

图 4.14　基于 SOI 纳米光波导的超小型光子器件

此外，利用 SOI 结构，还可以实现光子晶体波导、纳米槽波导(slot waveguide)等新颖光波导结构。光子晶体波导是基于周期性结构的光子带隙特性而形成导波的。光子晶体波导设计较为复杂，且传输损耗很大，但在慢波、高 Q 微腔等方面有其独特性，受到广泛关注。而纳米槽波导是利用电场垂直分量在边界不连续的原理而将光场限制在 100nm 左右的纳米槽中，是一种新颖的光波导结构，其在非线性光子器件中有很大的应用潜力。

4.1.7　光波导材料及结构小结

表 4.2 总结了以上几种光波导结构及材料在 1550nm 时的关键性能参数(1550nm 为最常用的光通信窗口之一)。

表 4.2　各种材料与结构光波导(@1550nm)

材料	波导截面示意图	折射率	损耗 /(dB/cm)
SiO_2	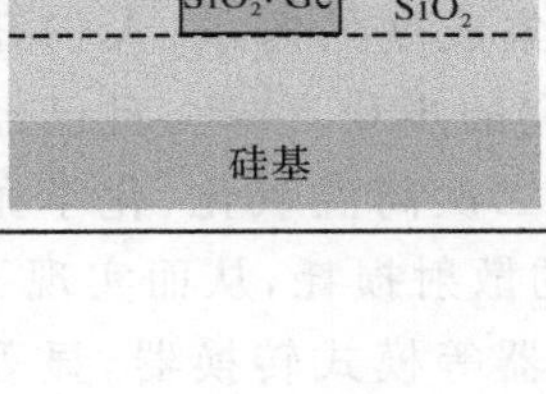	≈1.45	0.02

续表

材料	波导截面示意图	折射率	损耗/(dB/cm)
InP	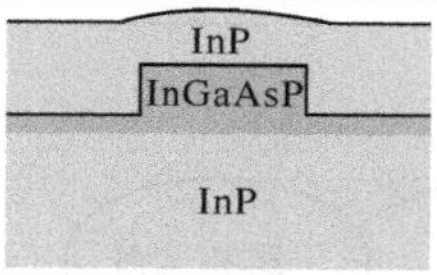 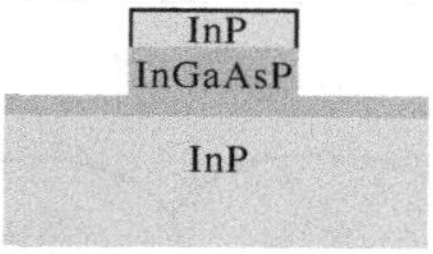	≈3.2	0.2
$LiNbO_3$	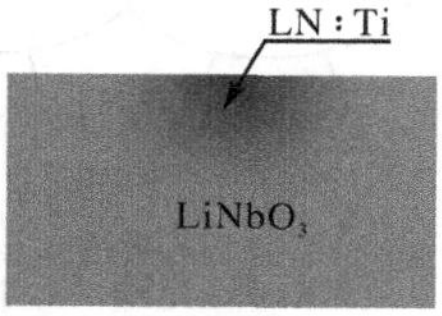	≈2.3	0.5
SOI	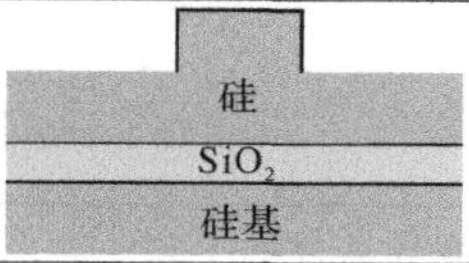	≈3.5	0.1
	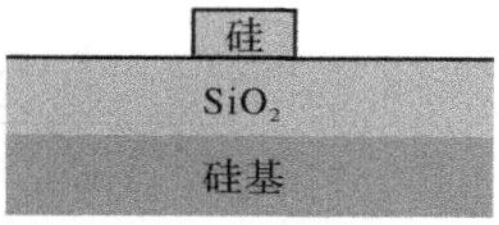		2
聚合物	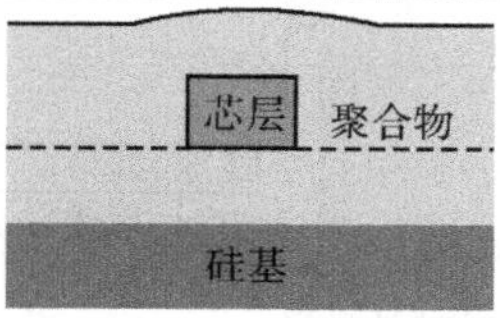	≈1.5	0.1
	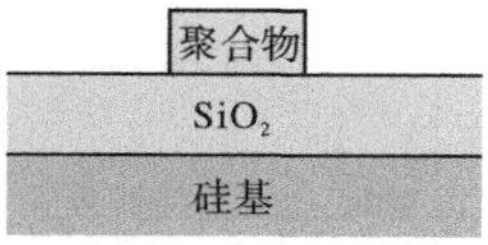		1

4.2　光波导器件的制作工艺

对于光波导集成器件而言，工艺误差将导致器件性能偏离理论设计值。工艺水平的高低直接影响了器件的性能，因此，工艺研究至关重要。对于不同结构与材料的波导，工艺流程不尽相同。

图 4.15 总结了集成光波导器件涉及的各种工艺，包括薄膜技术、光刻、扩散(掺杂)、组装和封装等。本章将着重介绍硅基光波导的制作工艺。硅基光波导主要包括两种：SiO_2-on-Si 掩埋型波导和 SOI 脊型波导。其制作工艺流程分为波导

层(包括芯层/下包层)生长、光刻、干法(湿法)刻蚀、覆盖层生长,如图 4.16 所示。集成光波导制作工艺流程环环相扣,每一步都非常关键。接下来各小节将对各道工艺进行详细阐述和讨论。

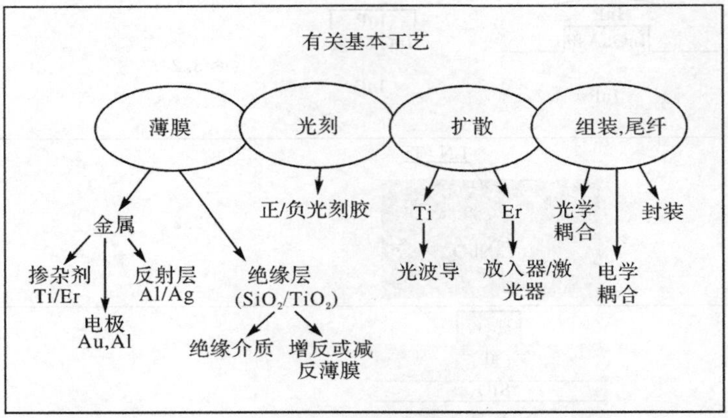

图 4.15 集成光波导器件的工艺

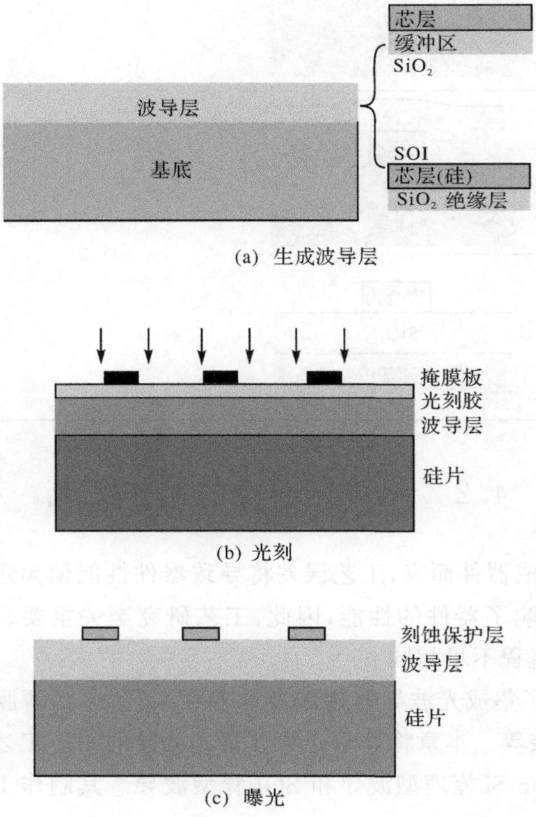

(a) 生成波导层

(b) 光刻

(c) 曝光

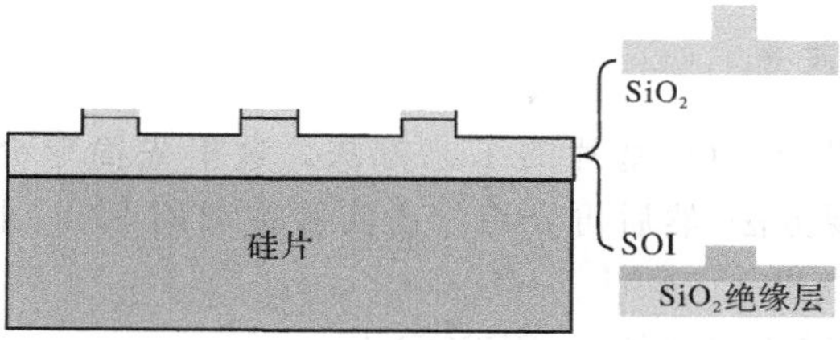

(d) 刻蚀

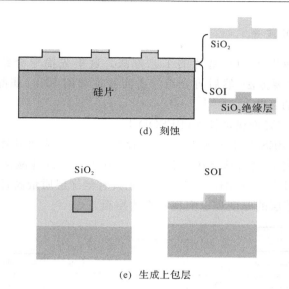

(e) 生成上包层

图 4.16　硅基光波导的制作工艺流程

4.2.1　波导层薄膜生长

4.2.1.1　SiO_2-on-Si 波导

由于 SiO_2 掩埋型波导中缓冲层厚度为 10μm 左右，且折射率要求精确控制，因此不适合用传统的高温热氧化生长工艺。目前有两种主流技术，如图 4.17 所示。一种为火焰水解沉积法(FHD)[27]，日本很多研究机构(如 NTT)采用这种工艺。另一种是等离子体增强型化学气相沉积法(PECVD)[28~31]，这种工艺被很多欧美实验室采用。

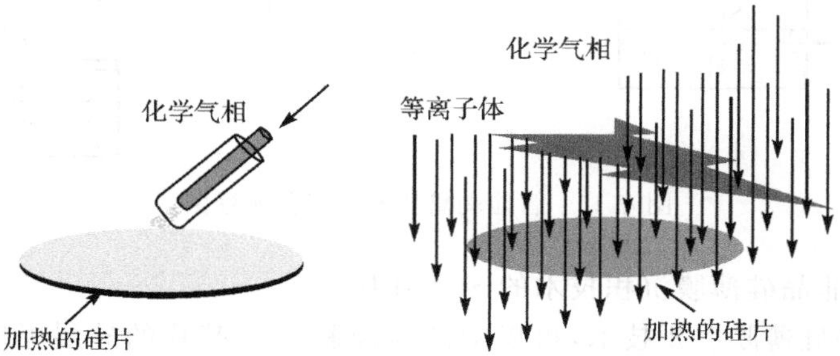

(a) FHD　　(b) PECVD

图 4.17　两种 SiO_2 薄膜生长技术

4.2.1.2 SOI 波导

目前已有多种生产 SOI 基片的工艺方法。这里先简单介绍一下工业生产 SOI 基片的两种主要方法,然后再介绍作者实验室利用 SiO_2、非晶硅薄膜沉积技术制备 SOI 基片的工艺。

1) 硅片键合与背面腐蚀技术(BESOI)[32]

图 4.18 给出 BESOI 工艺流程,其原理比较简单。首先将硅片进行热氧化,然后通过高温退火将氧化面黏合在一起,最后将其中一片硅片减薄到要求的厚度。到此已完成了 SOI 基片的制作。BESOI 工艺具有绝缘层质量高且均匀的优点,但不足之处在于硅芯层的厚度难以实现精确的控制。

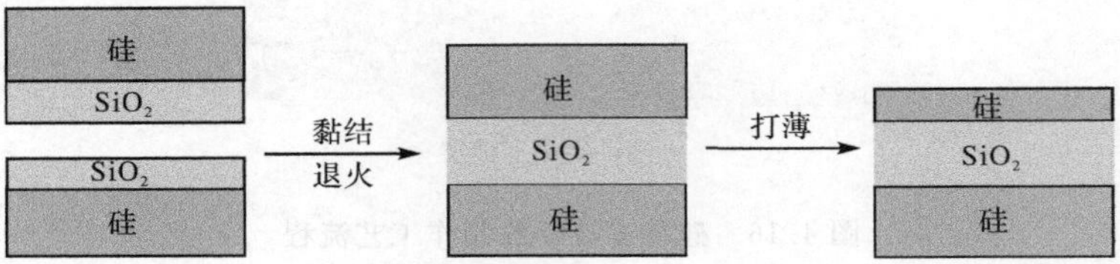

图 4.18 BESOI 工艺基本步骤

2) 智能剥离(smart-cut)技术

图 4.19 给出智能剥离技术的工艺流程图。首先对一个硅片进行氢离子注入,从而在硅表面产生气泡层。然后将此注氢硅片和另一块未注氢的硅片键合;接下来是进行热处理,使得注氢硅片在起泡层的位置脱离,形成硅薄膜,这就是 SOI 晶片的顶层硅;为了加强键合强度,可进行第二道高温热处理;最后对基片抛光,以提高表面平整度。

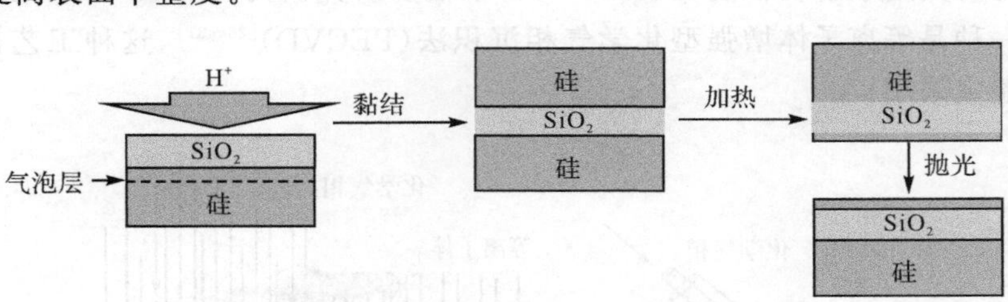

图 4.19 智能剥离技术的工艺流程图

3) 基于非晶硅薄膜沉积技术的 SOI 基片

采用非晶硅薄膜沉积技术,可以随意地控制 SOI 基片的硅层厚度,有利于提高器件设计的灵活性。其工艺过程是:首先采用 PECVD 技术沉积一层足够厚的 SiO_2 薄膜作为绝缘层,然后再根据需要沉积相应厚度的非晶硅层作为波导芯层。需要注意的是,利用 PECVD 制备的非晶硅薄膜质量(如均匀性方面)通常不如前面两种方法。这里主要用于制备厚度约为 300nm 的非晶硅薄膜，用于形成硅纳米光波导器件。图 4.20 所示为基于非晶硅薄膜的纳米光波导截面图，其中非晶硅薄膜厚度约为 250nm。

图 4.20　非晶硅纳米光波导

4.2.2　光刻工艺

光刻胶是一种通过紫外光或电子束等曝光源的照射或辐射后，在特定溶液(称为显影液)中溶解度发生显著变化的耐蚀刻聚合物材料。由于光刻胶具有光化学敏感性，可利用其进行光化学反应，经曝光、显影等过程，将所需要的微细图形从掩模母版转移至待加工的衬底上。

目前有三种光刻技术，即接触式、接近式和投影式，如图 4.21 所示。图 4.22 所示为接触式光刻机。

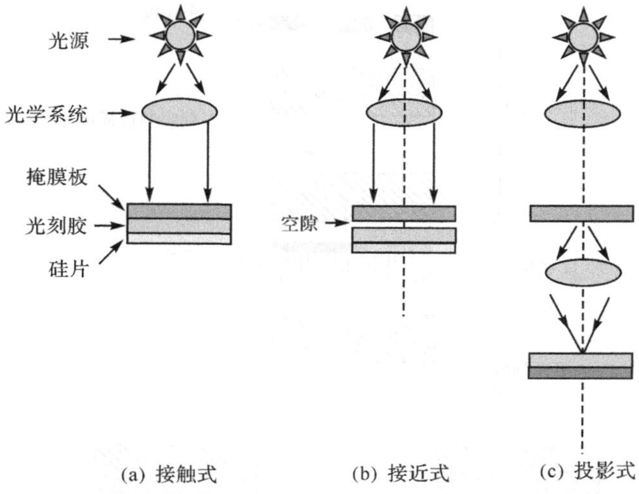

图 4.21　三种光刻技术

图 4.22 接触式光刻机实物图

光刻胶有正负之分，一般的光刻流程包括基片预处理、匀胶、前烘、对准曝光、显影、后烘，如图 4.23 所示。在刻蚀深度较浅时，可以直接采用光刻胶图形作为后续工序(如电荷感应耦合等离子刻蚀)的掩模。但对于深刻蚀的情况，倘若光刻胶与被刻蚀材料的刻蚀选择比不够大，则不适合直接用光刻胶做掩模进行刻蚀。本小节介绍一种用于制作金属掩模的剥离(lift-off)技术。

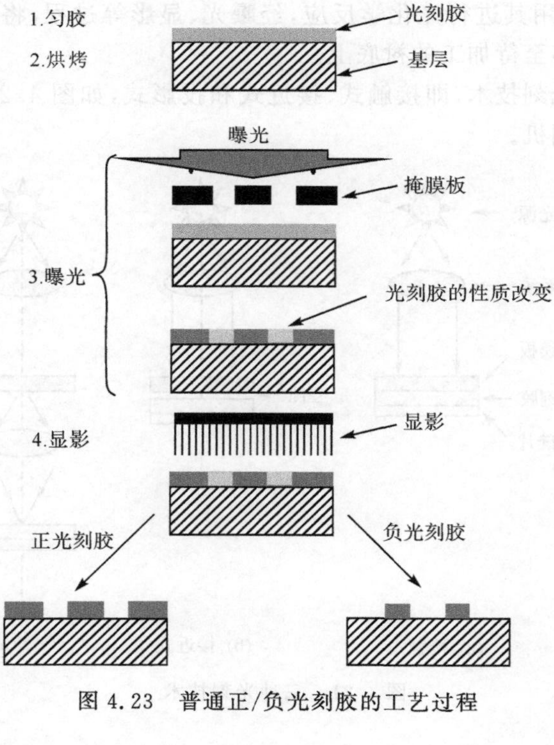

图 4.23 普通正/负光刻胶的工艺过程

为实现剥离技术,可选用特殊的光刻胶。下面以常用的 AZ5214E 为例进行说明。AZ5214E 是一种能实现图像反转的正性胶,既能用于正性工艺,也能用于有反转烘烤的负性工艺。它热稳定性比较好,能满足亚微米图形要求。AZ5214E 在曝光过程中有一种比较特殊的效应,即在曝光区域,消耗光敏剂的同时,产生一种催化剂。此时,若进行烘烤,这种催化剂能促使胶产生一种不溶于显影液的交联聚合物。然后再进行无掩模版的整片曝光,可使第一次曝光时被遮蔽区域的光刻胶溶于显影液,而第一次曝光的区域保留下来,由此形成图形。保留的光刻胶其截面能形成倒屋脊形状,有利于后面的金属剥离。和传统光刻工艺相比,此工艺多了一道反转烘烤(用于图像反转),且需要两次曝光,分别在反转烘烤前和后。剥离工艺流程详细说明如下:

1) 基片表面处理

对于一片新的硅片基底来说,为了增大胶的黏附力,硅片要经过热处理以去除湿气,而这点对于 AZ5214E 光刻胶尤其重要,否则显影时很容易造成脱胶现象。考虑到实验的安全性,可以采用简单的高温处理,而不必使用剧毒的 HMDS 试剂(黏附增强剂),实验参数如表 4.3 所示。

表 4.3　热处理条件

设备	温度/°C	时间/min
热板	＞150	＞10
烘箱	＞150(越高效果越佳)	＞60

2) 匀胶

光刻胶厚度和匀胶时的转速有关。转速越快,光刻胶越薄。图 4.24 为实验得到的光刻胶膜厚与匀胶转速的关系曲线。光刻胶不宜太薄,否则不利于后续的金属剥离。一般光刻胶厚度为 1.0～1.5μm,对应的转速为 7000～4000rpm。

3) 烘烤

两次烘烤分别为前烘和图像反转烘烤。前烘比较重要,对显影会造成一定影响,其作用是增加胶的黏附力、去除残余溶剂等。前烘的典型条件:烘箱 90°C/2～4min(或热板温度 100°C/60s)。图像反转烘烤很关键,其作用是促使不含光敏化合物的光刻胶形成交联聚合物。若温度低于 85°C,则很难形成交联聚合物;而温度太高则会使光刻胶变得不稳定。

4) 曝光

在反转烘烤前和后各需一次曝光。后一次为空曝(即不加掩模板)。曝光时间主要决定于曝光光源的强度以及光刻胶所需的辐射能量密度。除此之外,膜厚也是一个非常重要的因素。通常光刻机在敏感波长的辐射强度约为 $10mW/cm^2$,相应的曝光时间约为几十秒。

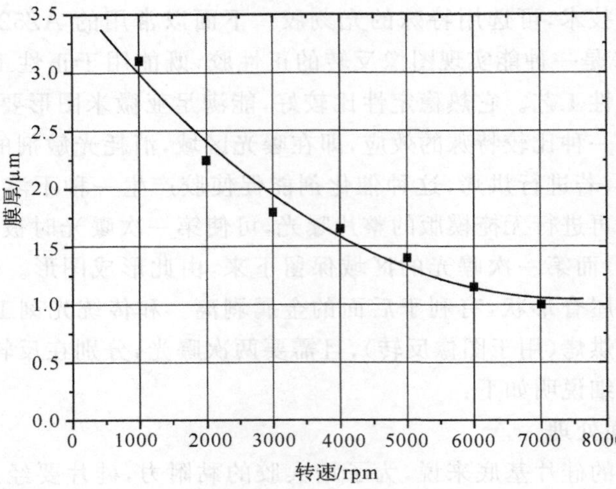

图 4.24　光刻胶厚度与匀胶转速的关系曲线

5）显影

对显影而言，温度和前烘尤为重要。前烘不够则不易控制，易造成脱胶；反之，很难显影干净。应使用配套的显影液。环境温度基本控制在 23°C，显影时间控制在 1min 左右。显影后马上用去离子水冲洗，并甩干。到此，光刻胶图形生成。

6）去除底胶

由于显影后可能会残留微量光刻胶，从而影响金属掩膜与基底黏合度。因此在溅射金属之前，增加一道去除底胶的工序。采用电荷感应耦合等离子刻蚀设备，以 O_2 作为反应气体，时间几十秒。

7）溅射

可采用磁控溅射设备来溅射所需金属薄膜。例如，选用镍作为掩膜材料。为了增加金属掩膜和 SiO_2（或硅）薄膜的黏合度，在溅射镍之前，先溅射一层钛金属薄膜（厚度约为 200～300Å）。根据镍与被刻蚀材料的刻蚀速率比（也称选择比）以及刻蚀深度要求确定金属镍薄膜的厚度。例如，SiO_2/Ni 的刻蚀选择比大于 40∶1。若刻蚀深度为 6μm，镍厚度需大于 0.15μm，但也不能太厚，否则不利于剥离。考虑一定余量，一般为 0.2～0.3μm。

下面对剥离工艺的详细流程进行总结，如图 4.25 所示。

对于硅纳米光波导来说，其线宽通常为几百纳米，已超出常规光刻技术的分辨率。因此，必须采用更为精细的非常规技术，如深紫外曝光和电子束直写技术。

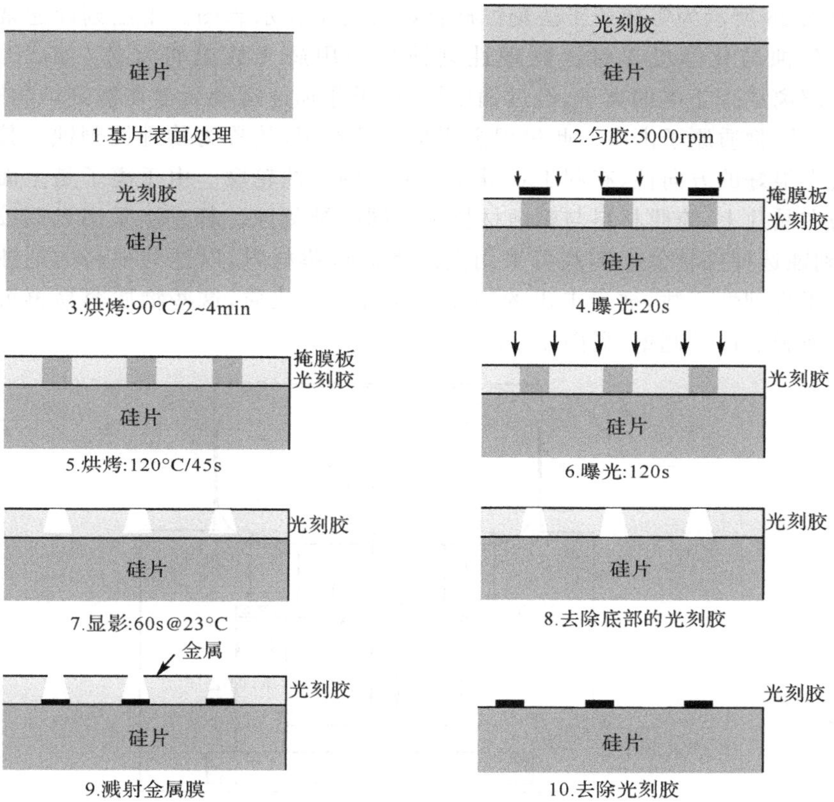

图 4.25 剥离技术工艺流程图

4.2.3 刻蚀技术

4.2.3.1 刻蚀技术概述

通常刻蚀技术分为湿法刻蚀和干法刻蚀两种。

湿法刻蚀是化学溶液与被刻蚀材料进行化学反应而去除被刻物质的方法。湿法刻蚀的特点是各向同性,会有侧向腐蚀而产生底切现象,从而导致线宽失真,因此不适合非常精细的图形。

干法刻蚀是利用辉光放电的方式产生包含有正负离子、电子、高度化学活性的中性原子及自由基在内的等离子体,结合物理轰击和化学反应,去除衬底材料上需刻蚀的部分。常用的干法刻蚀包括反应离子刻蚀和感应耦合等离子刻蚀。和传统的反应离子刻蚀相比,感应耦合等离子刻蚀的等离子密度高出约两个数量级,刻蚀速率高,自偏压可以独立控制,可降低对材料的损伤[27]。

图 4.26 所示为等离子干法刻蚀硅材料时的工作示意图。干法刻蚀通常包括物理性刻蚀与化学性刻蚀。物理性刻蚀是利用辉光放电将气体（如 $SF_6/O_2/C_3F_8$），解离成带正电的离子，经过偏压场，离子作加速运动轰击在被刻蚀物表面，而将被刻蚀物质原子击出。此过程主要是物理作用，故称为物理性刻蚀。其特点在于具有很好的方向性，有利于获得接近垂直的刻蚀轮廓。由于离子是全面均匀地轰击在晶片上，掩膜材料与刻蚀材料两者同时被刻蚀。若直接采用光刻胶做掩膜，则刻蚀选择性较低。实验可采用金属镍做掩膜材料，以达到很高的刻蚀选择比。对于物理性刻蚀，被轰击出的物质并非挥发性物质，这些物质容易再沉积在被刻蚀薄膜表面及侧壁（见图 4.26）。

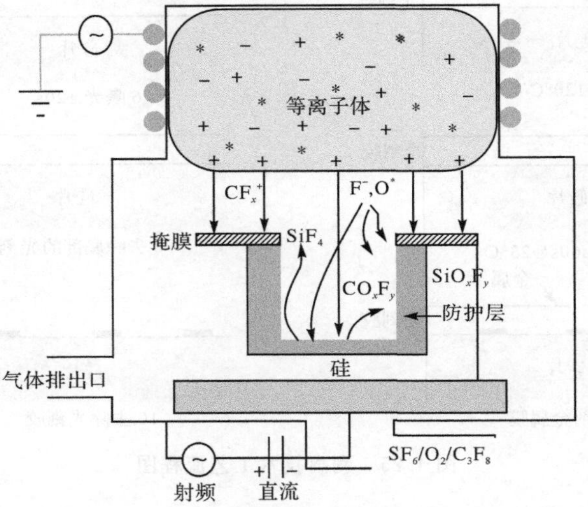

图 4.26　感应耦合等离子刻蚀结构示意图

当刻蚀气体解离产生带电离子、分子、电子及反应性很强的原子团之后，扩散到被刻蚀薄膜表面，并发生反应形成具有挥发性的生成物，被真空设备抽离反应腔，此过程表现为化学作用，故称为化学性刻蚀。此刻蚀方式与前面所述的湿法刻蚀类似，只是反应物的状态从液态变为气态，且以等离子来促进反应速度。所以化学性干法刻蚀有与湿法刻蚀类似的优缺点。在刻蚀过程中，既包括物理刻蚀，也包括化学刻蚀。

结合物理性的离子轰击与化学反应的刻蚀，兼具各向异性与高刻蚀选择比双重优点，刻蚀的进行主要由化学反应来完成，以获得高选择比。加入离子轰击的作用有两点：①将被刻蚀材质表面的原子键结破坏，以加速反应速度；②将再沉积于被刻蚀表面的产物或聚合物打掉，以便保证刻蚀表面与刻蚀气体接触。在表面的沉积物可被离子打掉，使刻蚀继续进行，而侧壁上的沉积物，因未受离子轰击而保留下来,阻隔了刻蚀表面与反应气体的接触,使侧壁不受刻蚀,而获得各向异性刻蚀。表 4.4 给出常用的刻蚀气体。

表 4.4　常用刻蚀气体

气体	被刻蚀材料
CHF_3/O_2	SiO_2,Si_3N_4,硅,聚合物
CF_4/O_2	SiO_2,Si_3N_4,硅,聚合物
C_2F_6/O_2	SiO_2
C_3F_8/O_2	SiO_2
CF_4/Cl_2	WSi_2,$TiSi_2$
SF_6	聚合物,TiW,钨
SF_6/Cl_2	聚合物,TiW,硅
SF_6/Br_2	聚合物
CF_3Br	硅
Cl_2/BCl_3	铝,铝合金,钛,TiN,聚合物,GaAs
$HBr/Cl_2/O_2$	聚合物,硅,铝
O_2	光刻胶

反应生成物也是必须考虑的重要因素之一,生成物沉积在表面会导致刻蚀速率降低。表 4.5 列出干法刻蚀反应及生成的反应物。一般而言,在干法刻蚀工艺中,有许多工艺控制参数制约这个工艺的好坏,使工艺有很大的发挥余地,也使干法刻蚀工艺比湿法复杂得多,各种影响因素包括感应功率、偏压功率、反应气体流量和比例以及反应室真空度(压强)。

表 4.5　干法刻蚀离子反应

硅材料	$Si(s)+F(g)\longrightarrow SiF_x(g)$ $Si(s)+CF_2(g)\longrightarrow SiF_x(g)+C(s)$ $Si(s)+Cl(g)\longrightarrow SiCl_x(g)$ $Si(s)+Br(g)\longrightarrow SiBr_x(g)$
SiO_2材料	$SiO_2(s)+F(g)\longrightarrow SiF_x(g)+O(g)$ $SiO_2(s)+CF_2(g)\longrightarrow SiF_x(g)+CO(g)$
光刻胶	光刻胶$+O(g)\longrightarrow CO_2(g)+H_2O(g)$

4.2.3.2　刻蚀工艺关键参数

1) 刻蚀速率

刻蚀速率是刻蚀工艺中的一个重要参数。通常为了提高生产效率,需要获得高刻蚀速率。然而,刻蚀速率过快会给刻蚀深度的精确控制带来困难。一般而言,硅的刻蚀速率约为 0.33μm/min,SiO_2 的刻蚀速率约为 0.1μm/min,聚合物的刻蚀速率约为 1.0μm/min。

2) 刻蚀表面粗糙度

对于光波导器件而言,制作低损耗的光波导非常关键。除了材料本身的吸收,光波导侧壁粗糙度是引起传输损耗的另一个主要因素。而感应耦合等离子刻蚀是引入波导表面粗糙度的重要原因。表面粗糙度造成的散射损耗与光波导折射率差、截面尺寸有关系,可用一些近似公式进行估算[33]。计算表明:①对于 SiO_2-on-Si 掩埋型方形光波导(6μm×6μm),应将表面粗糙度控制在 100nm 以内,以获得 0.05dB/cm(甚至更低)的散射损耗;②对于 SOI 脊型波导,取硅层总厚度 $H=5\mu m$,芯层、绝缘层折射率分别为 3.455、1.46。当刻蚀深度增大时,模场限制增强,损耗显著增大。当刻蚀深度 $h_{et}=2\mu m$,只要粗糙度小于 100nm,可获得小于 0.1dB/cm 的损耗;而当刻蚀深度 $h_{et}=4\mu m$,对于相同的要求,粗糙度须小于 20nm。

由于硅和 SiO_2 折射率差很大,因此有望实现纳米集成。而当波导尺寸小于波长时,表面粗糙度引入散射损耗迅速增大。这里考虑文献[33]中的硅矩形波导结构。当表面粗糙度为 10nm 时,散射损耗高达 160dB/cm。若要求散射损耗小于 1dB/cm,表面粗糙度须小于 1nm。这对工艺水平提出非常高的要求。

为了改善波导表面粗糙度,可以从两方面着手:首先是优化刻蚀工艺参数;其次是采用专门的工艺对刻蚀好的光波导进行后续表面处理[33]。例如,对 SOI 波导,可以采用表面高温氧化(1000°C)或化学抛光两种方法来提高表面质量。

3) 刻蚀形貌

良好的刻蚀形貌对于光波导器件也非常重要。通常人们通过调节刻蚀工艺的各个参数从而获得陡直的刻蚀侧壁。图 4.27 所示为硅纳米光波导的截面图。图4.28所示为 SiO_2 波导(上包层尚未生长)刻蚀截面图。

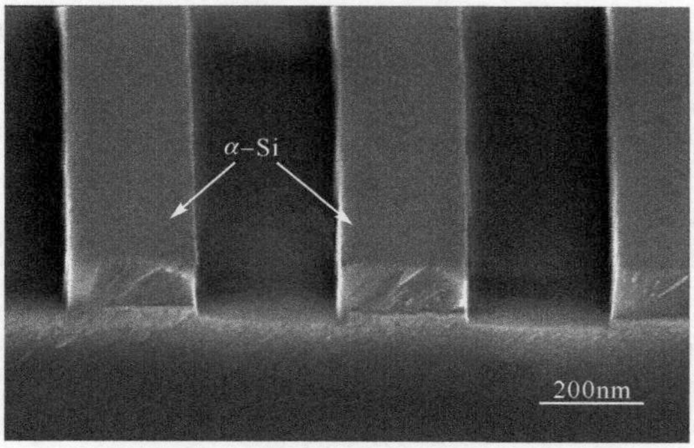

图 4.27　硅纳米光波导截面

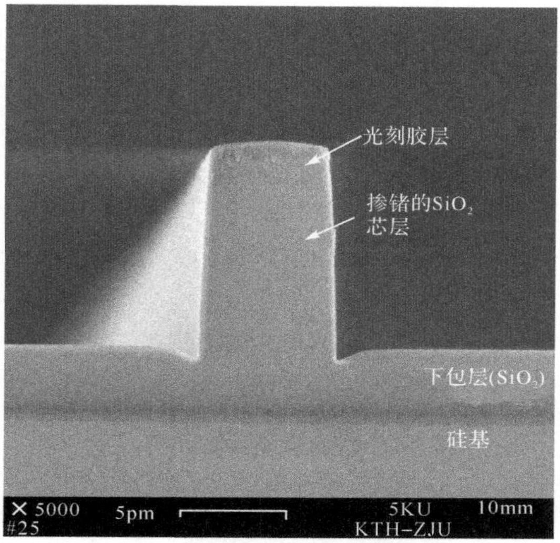

图 4.28　SiO_2 波导刻蚀截面

4.3　光波导器件的测试

经过一系列工艺流程（包括镀膜、光刻、刻蚀等）完成光波导集成器件的制作之后，需要对器件进行性能测试。根据测试结果，对器件性能进行评估，或改进设计，或改善工艺，从而进一步提高器件性能。

4.3.1　测试流程

由于工业生产流程中通常以整个基片作为单元（见图 4.29），而一个基片上包含许多个芯片。在对芯片测试之前，通常需要经过两个预处理过程。首先要进行的是划片，将整个基片按照布局分割成单个芯片，可以根据基片晶向进行自然解理。但这种方法靠手工操作，容易损坏芯片。在工业生产中一般采用另外一种方法——砂轮高速旋转切割，而砂轮切割之后的芯片端面非常粗糙。因此需要进行第二道工序——研磨抛光，其作用是使芯片端面光洁平整，减小端面散射。在这道工序中，最大的问题在于解决波导端面崩边的问题。通过沉积保护层的方法，可以比较好的解决这个问题。图 4.30 所示为切割好的阵列波导光栅芯片。完成划片、端面抛光这两步预处理之后，就可以对芯片进行对准通光。所谓对准通光，是指将激光通过光纤以最大耦合效率进入到芯片输入波导，并用光电探测器接收输出光。

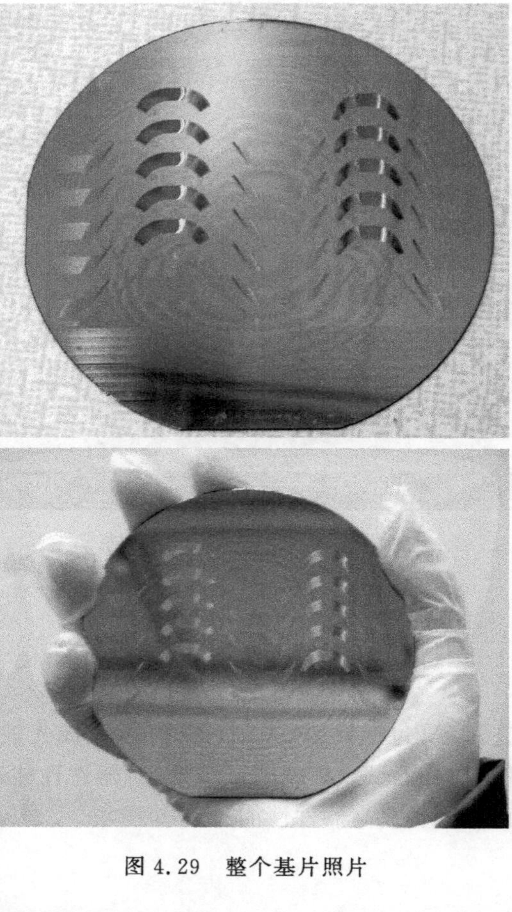

图 4.29　整个基片照片

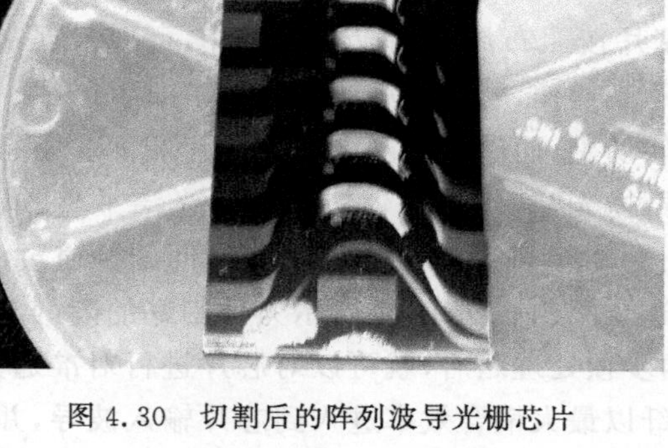

图 4.30　切割后的阵列波导光栅芯片

4.3.2　测试装置

由于集成光波导尺寸很小(微米量级),要使光纤和芯片光波导对准,需要精密的空间定位调节装置。在实验中采用压电陶瓷控制的三维调节架,调节精度可达 10nm,这是整个测试装置中最为重要的部分。除此之外,还需要光源、光电探测器等重要部件。整个测试装置原理图如图 4.31(a)所示[34],图 4.31(b)所示为实物图。由于在很多情况下需要测试器件的偏振相关特性,因此增加了一个偏振控制器以调节输入光偏振态。整个光路为:可调激光器输出由单模光纤导出,经过偏振控制器,耦合到芯片输入波导,然后从芯片输出波导输出。对于芯片的输出,可以直接用红外摄像头接收,也可以先耦合到单模光纤再接入光功率计(或光谱仪)。测试需要的相关仪器如表 4.6 所示。对于小尺寸光波导,为了提高耦合效率,通常采用透镜光纤。

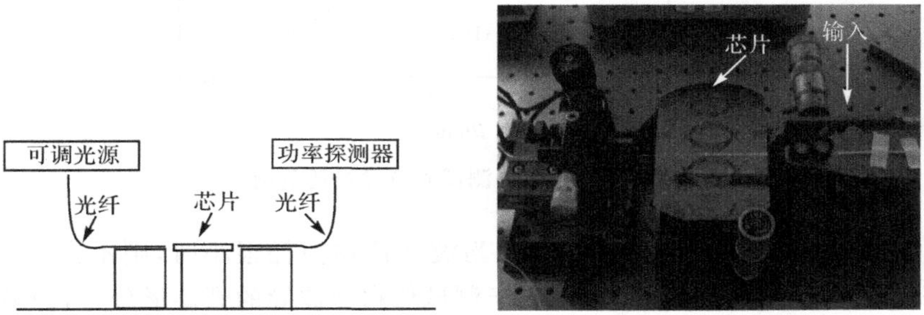

(a) 装置原理图　　(b) 装置实物图

图 4.31　集成光波导芯片测试装置图

表 4.6　相关仪器性能指标

仪器名称	性能指标
三维压电陶瓷精密调节架	精度:10nm
可调激光器	波长范围:1510～1590nm 功率范围:<10dBm
双通道功率计	最小可探测功率值:－60dBm
光谱分析仪	扫描间隔 RBW:0.06nm
光学隔震平台	

4.3.3　波导传输损耗测试方法

波导传输损耗测试方法有很多种,如棱镜耦合法[35]、散射光收集法[36]、截断(cutback)法[37]、FP 共振(Fabry-Perot resonance)法[38]等。本小节简单介绍其中两种常用的波导传输损耗测试方法,截断法[37]和 FP 共振法[38]。相比之下,截断法更适合用于波导损耗较大的情况,而 FP 共振法适合用于低损耗测试。

4.3.3.1　截断法

顾名思义,截断法就是截取波导不同长度,测试相应输出光功率[37]。设波导单位长度损耗为 α,则总损耗 L_{tol} 与波导长度 l 的关系为 $L_{tol}=2L_c+\alpha l$,其中 L_c 为光纤和波导的端面耦合损耗。画出 L_{tol} 随长度的变化曲线,其斜率即为单位长度的波导损耗率。图 4.32 给出用截断法测试直波导损耗的范例。由图可知,直波导损耗约为 0.1dB/mm,而端面耦合损耗 L_c 约为 3.66dB。

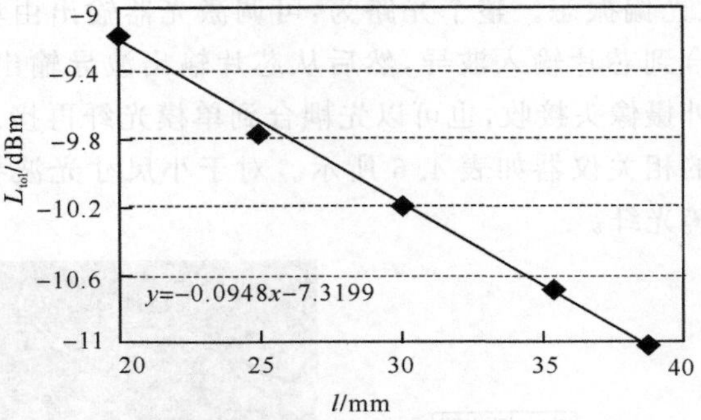

图 4.32　截断法测试光波导损耗范例

由于通常光波导长度仅为几厘米,当波导传输损耗很小时,则不太适合采用截断法进行测试。此时可设计专门用于测试低损耗波导的螺旋形分布,如图 4.33

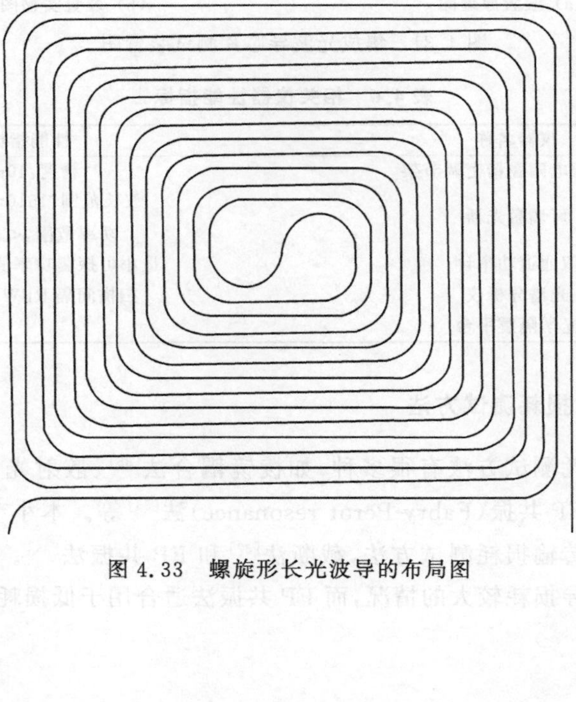

图 4.33　螺旋形长光波导的布局图

所示。在这种设计中,光波导长度可达 10m。因此,可以很精确的测试其传播损耗。这种方法的局限性在于测试结果受到端面对准耦合的影响。由于多次对准不可能完全相同,因此将影响测试结果的准确性,但仍然不失为一种简单有效的方法。

4.3.3.2　FP 共振法

和截断法相比,FP 共振法[38,39]可用来测试低损耗波导,图 4.34 所示为其测试示意图。FP 共振法的基本原理是:由波导端面构成 FP 共振腔,测试透射谱的对比度,根据对比度和损耗的关系即可计算得到波导损耗。

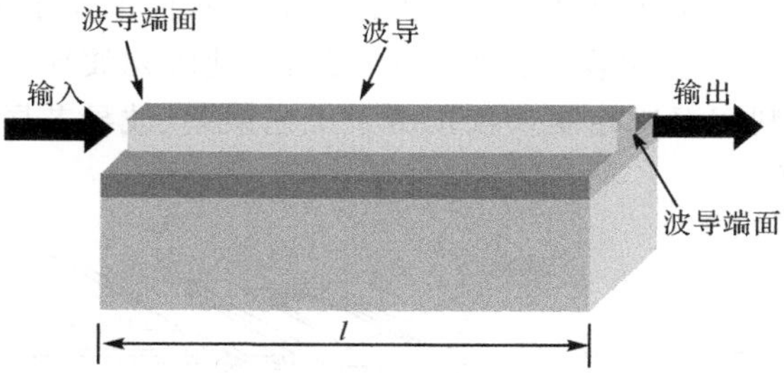

图 4.34　FP 共振法测试示意图

FP 腔透过谱表示为

$$I_t(\lambda)=I_i\frac{T_1T_2\exp(-\alpha l)}{1-2\sqrt{R_1R_2}\exp(-\alpha l)\cos(2n_{eff}k_0L)+R_1R_2\exp(-2\alpha l)} \tag{4.6}$$

式中,T_1、T_2分别为两个端面的透射率;R_1、R_2分别为两个端面的反射率;l 为波导长度;α 为损耗系数;n_{eff}为波导有效折射率;$k_0=2\pi/\lambda$。

其对比度定义为

$$K=\frac{I_t(\lambda)_{max}-I_t(\lambda)_{min}}{I_t(\lambda)_{max}+I_t(\lambda)_{min}}=\frac{2\sqrt{R_1R_2}\exp(-2\alpha l)}{1+R_1R_2\exp(-4\alpha l)} \tag{4.7}$$

根据测得的对比度 K_m,可得

$$\sqrt{R_1R_2}\exp(-\alpha l)=\frac{1}{K_m}\left(1-\sqrt{1-K_m^2}\right) \tag{4.8}$$

长度为 l 的波导损耗 L(dB)可表示为

$$L=-4.34\alpha l=10\lg\left[\frac{1}{\sqrt{R_1R_2}}\frac{1}{K_m}\left(1-\sqrt{1-K_m^2}\right)\right] \tag{4.9}$$

单位长度的波导损耗为 $L/l=-4.34\alpha$。由于端面反射率对频谱对比度产生重要影响,因此通常要经过研磨抛光的工序以获得良好的波导端面。此外透过谱的自由频谱范围 $\Delta\lambda_{FSR}=\lambda^2/(2n_{eff}l)$。考虑到可调激光器的最小波长变化一般为

2.5pm,而一个自由频谱范围内一般要包含10个采样点,因此$\Delta\lambda_{FSR}>0.025$nm,即波导长度须满足$l\leqslant\lambda^2/(2n_{eff}\Delta\lambda_{FSR})=1.4$cm。所以被测波导的长度要求比较短。

4.3.4　光波导器件的封装与测试

4.3.4.1　温控装置

光波导材料折射率会随温度而变化,即所谓“热光效应”。例如,SiO_2材料热光系数约为10^{-5}。以阵列波导光栅为例,温度每变化10°C,其中心波长漂移0.1nm。因此,很有必要采用温度控制装置使光波导器件工作于某一恒定温度(见图4.35[40])。采用温度控制装置有两方面作用:①使阵列波导光栅中心波长不随环境温度变化;②利用温度控制来校正由于工艺误差(波导芯层/包层折射率)引起的中心波长偏离。

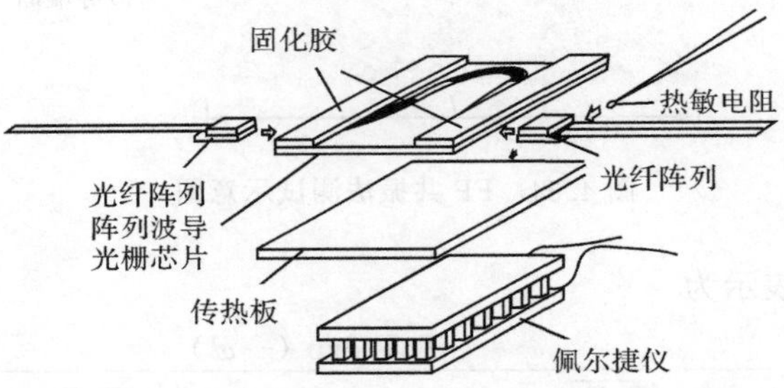

图4.35　阵列波导光栅模块温控示意图

通常根据佩尔捷效应(塞贝克效应)[41,42],利用热电器件来实现温度控制。这种器件可以同时实现制热和制冷功能,温控范围可以在几十至100°C,控制精度可达0.1°C。因此波长偏差可控制在0.001nm以内,符合实用要求。

4.3.4.2　光纤阵列

很多集成光波导器件,如耦合器/分波器、复用/解复用器等,都具有多个输入/输出端口。在工业生产中,为了提高封装效率,发展了一种光纤阵列技术,如图4.36(a)所示。光纤阵列结构很简单,可分为三层:底层是有着用于定位光纤的V型沟槽基板;中间层是定位于V型沟槽内的光纤;上层可以是另一块V型沟槽基板作四点定位,或者是一片平面基板作三点定位。目前主要有两种方法用以制作V型槽:一种是利用超精密研削加工技术在石英或陶瓷材料上直接加工;另一种是利用湿法腐蚀工艺。在市场上,V型槽的标准规格有1、4、8、16、32、40、48、64等,而槽之间的距离有250μm与127μm两种。例如,基于硅的各向异性腐蚀特性，采用湿法腐蚀工艺在硅片上制作一系列平行的 V 型槽，V 型槽支撑光纤的两个侧面为硅片的(111)晶面，而硅表面为(100)晶面。这两个晶面夹角为 54.74°。图 4.36 (b)所示为实验结果，实验中采用 SiO_2作掩膜，用 KOH 作腐蚀液。

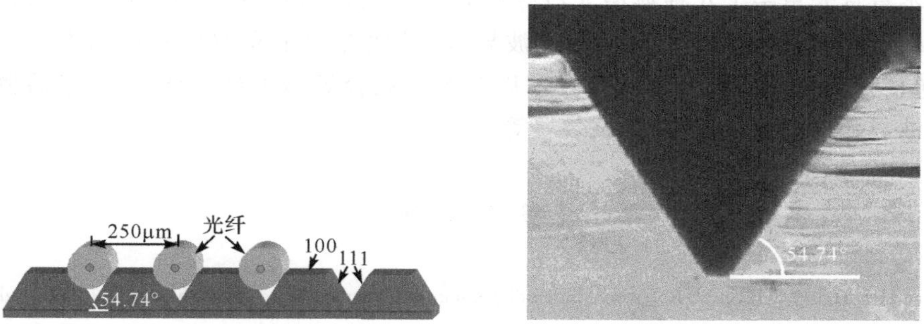

(a) 结构示意图　　(b) 实验结果

图 4.36　V 型槽

模块封装过程如下[43]：

(1) 首先用紫外固化胶将芯片和两个光纤阵列固定在一起；

(2) 将芯片连同光纤阵列固定在传热板上；

(3) 用一个热敏电阻以监控芯片温度。

对于实验室前期研究开发的测试，为了方便起见，通常不进行封装，而采用单根光纤进行对准测试。对光时，芯片位置固定，利用压电陶瓷微调光纤位置。通过端面的两维搜索，找到最佳位置，使得光纤和芯片耦合效率最高。由于设计波长 1550nm 为红外光，因此在对光时通常先采用氦氖激光器 632.8nm 红光作为光源。调整光纤与光波导的相对位置，直到可清晰地看到一条光路(见图 4.37)，由此可以实现光纤与光波导的初步对准。当芯片两个端面都对准以后，换成 1550nm 光源，并利用压电陶瓷装置进行微调，使之耦合效率最高。

图 4.37　光纤与芯片对准实验图

4.4 本章小结

本章首先总结了几种典型光波导材料与结构，包括 SiO_2、InP、$LiNbO_3$、聚合物材料、硅绝缘体材料、新型纳米光波导等；其次介绍了光波导器件制作工艺流程，包括光刻技术、PECVD 镀膜技术以及感应耦合等离子刻蚀技术等；最后概述了光波导器件的测试流程、测试装置等。

参考文献

[1] Lee H J, Henry C H, et al. Refractive index dispersion of phosphosilicate glass, thermal oxide, and silicon nitride films on silicon. Appl. Opt., 1988, 27: 4104.

[2] Ishii M, Hibino Y, et al. Packaging and environmental stability of thermally controlled arrayed-waveguide grating multiplexer module with thermoelectric device. J. Lightwave Technol., 1998, 16(2): 258－264.

[3] Wang F, Ma C S, et al. 32-channel arrayed-waveguide grating multiplexer using fluorinated polymers with high thermal stability. Microwave and Opt. Technol. Lett., 2004, 42(3): 192－196.

[4] Chao C Y, Guo J L. Biochemical sensors based on polymer microrings with sharp asymmetrical resonance. Appl. Phys. Lett., 2003, 83(8): 1527－1529.

[5] Yang J Y, Zhou Q J, et al. Polymide-waveguide-based thermal optical switch using total-internal-reflection effect. Appl. Phys. Lett., 2002, 81(16): 2947－2949.

[6] Hawkins G. Spectral Characterisation of Infrared Optical Materials and Filters [Ph. D. Thesis]. Reading: The University of Reading, 1998.

[7] Salzberg C, Villa J. Infrared refractive indexes of silicon. Journal of Optical Society of America, 1957, 47 (3): 244.

[8] Palik E. Handbook of Optical Constants of Solids. New York: Academic Press, 1985.

[9] Rickman A, Reed G T, Weiss B L, et al. Low-loss planar optical waveguides fabricated in SIMOX material. IEEE Photon. Technol. Lett., 1992, 4(6): 633－635.

[10] Lin Z L, Chen X L, et al. Design and fabrication of compact 3-dB coupler in silicon-on-insulator. Opt. Commun., 2004, 240(4-6): 269－274.

[11] Baby A, Singh B R. Improve design of 8-channel silicon-on-insulator (SOI) arrayed waveguide grating (AWG) multiplexer using tapered entry into the slab waveguides. Fiber and Integrated Optics, 2004, 23 (5): 365－373.

[12] Petermann K. Properties of optical rib-guides with large cross-section. Archiv für Elektronik und Überetragungstechnik, 1976, 30: 139－140.

[13] Soref R A, Schmidtchen H, et al. Large single-mode rib waveguides in GeSi-Si and Si-on-SiO_2. IEEE J. Quantum Electron., 1991, 27(8): 1971－1974.

[14] Dai D X, He S L. Analysis of the birefringence of a silicon-on-insulator rib waveguide. Appl. Opt., 2004, 43(5): 1156－1161.

[15] Rickman A G, Reed G T, et al. Silicon-on-insulator optical RIB waveguide loss and mode characteris-

tics. J. Lightwave Technol. ,1994,12(10): 1771—1776.

[16] Pogossian S P,Vescan L,et al. The single-mode condition for semiconductor rib waveguides with large cross section. J. Lightwave Technol. ,1998,16(10):1851—1853.

[17] Powell O. Single-mode condition for silicon rib waveguides. J. Lightwave Technol. ,2002,20(10):1851—1855.

[18] Http://w3. tue. nl/fileadmin/ele/TTE/OED/Files/Pubs_2005/Smit_PIC_IPRA_05_IWB1. pdf.

[19] Hibino Y. Recent advances in high-density and large-scale AWG multi/demultiplexers with higher index-contrast silica-based PLCs. IEEE J. Quantum Electron. ,2002,8(6):1090—1101.

[20] Fukazawa T,Ohno F,et al. Very compact arrayed-waveguide grating demultiplexer using Si photonic wire waveguides. Japanese Journal of Applied Physics,2004,43(5B):673—675.

[21] Grillot F,Vivien L,et al. Size influence on the propagation loss induced by sidewall roughness in ultrasmall SOI waveguides. IEEE Photon. Technol. Lett. ,2004,16(7):1661—1663.

[22] Tsuchizawa T,Yamada K,et al. Microphotonics devices based on silicon microfabrication technology. IEEE J. Quantum Electron. ,2005,11(1):232—240.

[23] Grillot F,Vivien L,et al. Propagation loss in single-mode ultrasmall square silicon-on-insulator optical waveguides. J. Lightwave Technol. ,2006,24:891—896.

[24] Vlasor Y A,Mcnab S J. Losses in single-mode silicon-on-insulator strip waveguides and bends. Opt. Exp. ,2004,12:1622—1631.

[25] Bogaerts W,Baets R,et al. Nanophotonic waveguides in silicon-on-insulator fabricated with CMOS technology. J. Lightwave Technol. ,2005,23(1):401—412.

[26] Dai D X,Liu L,et al. Design and fabrication of ultra-small overlapped AWG demultiplexer based on alpha-Si nanowire waveguides. Electron. Lett. ,2006,42(7):400—402.

[27] Kilian A,Kirchhof J,et al. Birefringence free planar optical waveguide made by flame hydrolysis deposition (FHD) through tailoring of the overcladding. J. Lightwave Technol. ,2000,18(2):193—198.

[28] Martinua L,Poitras D. Plasma deposition of optical films and coatings: A review. J. Vac. Sci. Technol. A,2000,18(6):2619—2645.

[29] Pereyra I,Alayo M I. High quality low temperature DPECVD silicon dioxide. Journal of Non-Crystalline Solids,1997,121: 225—231.

[30] Bruno F,del Guidice M,et al. Plasma-enhanced chemical vapor deposition of low-loss SiON optical waveguides at 1. 5-μm wavelengh. Appl. Opt. ,1991,30(31):4560—4564.

[31] Grand G,Jadot J P,et al. Low loss PECVD silica channel waveguides for optical communications. Electron. Lett. ,1990,26(25):2135—2137.

[32] Maszara W P,Goetz G,et al. Silicon-on-insulator by wafer bonding and etch-back. SOS/SOI Technology Workshop,1988:15.

[33] Grillot F,Vivien L,et al. Size influence on the propagation loss induced by sidewall roughness in ultrasmall SOI waveguides. IEEE Photon. Technol. Lett. ,2004,16(7):1661—1663.

[34] Bogaerts W. Nanophotonic Waveguide and Photonic Crystals in Silion-on-Insulator [Ph. D. Thesis]. Gent:Gent University,2004:187.

[35] Naden J M,Reed G T,et al. Analysis of prism-waveguide coupling in anisotropic media. J. Lightwave Technol. ,1986,4(2):156—159.

[36] Okamura Y,Yoshinaka S,et al. Observation of wave propgation in integrated optical circuits. Appl. Opt. ,1986,25(18):3405—3408.

[37] Hunsperger R G. Integrated Optics: Theory and Technology. 3rd Edition. New York: Springer-Verlag, 1991.

[38] Fuchter T, Thirstrup C. High precision planar waveguide propagation loss measurement technique using a Fabry-Perot cavity. IEEE Photon. Technol. Lett., 1994, 6(10): 1244－1247.

[39] Walker R G. Simple and accurate loss measurement technique for semiconductor optical waveguide. Electron. Lett., 1985, 21(13): 581－583.

[40] Saito T, Ota T, et al. 16-ch arrayed waveguide grating module with 100-GHz spacing. Furukawa Review, 2000, 19: 47－52.

[41] Ishii M, Hibino Y, et al. Packaging and environmental stability of thermally controlled arrayed-waveguide grating multiplexer module with thermoelectric device. J. Lightwave Technol., 1998, 16(2): 258－264.

[42] Kato K. Packaging technologies for large-scale integrated-optic planar lightwave circuits. Electronic Components and Technology Conference, 1997, 18-21: 37－45.

[43] Ishii M, Hibino Y, et al. Multiple 320-fiber array connection to silica waveguides on Si. IEEE Photon. Technol. Lett., 1996, 8(3): 387－389.

第 5 章　光波导耦合器

在经历了 21 世纪初的光纤通信泡沫而沉寂多年后，光通信近年来呈现出新一轮的发展态势。不同于以往的盲目扩张，这次的迅速发展动力来自于实际的市场需求，也就是“带宽”。随着交互式网络电视（internet protocol television，IPTV）、网络游戏等高带宽业务的出现，人们对带宽的需求急剧增加，光纤从光网络的干线网络、城域网络向接入网延伸[1,2]。作为“最后一千米”的解决方法，光纤到户（fiber to the home，FTTH）以及无源光网络（passive optical network，PON）近年来在全球范围内大面积的铺开，增加了对集成光器件的需求，极大地推动了相关集成光子器件的研究[3]。

本章介绍的是光通信网络中重要的无源器件之一——光耦合器（coupler），特别是基于平面光波导（planar lightwave circuit，PLC）工艺的集成型器件，重点介绍了 Y 分支功分器、多模干涉（multimode interference，MMI）耦合器和定向耦合器三种典型的光耦合器。

5.1　光耦合器概述及分类

所谓光耦合器就是一类能使传输中的光信号在特殊结构的耦合区发生耦合，再进行分配的器件[4,5]。早期它多用于从传输干路提取出一定的光功率，用于监控光信号的传输（见 5.3.4 节中的具体介绍）。近年来，随着光纤 IPTV、FTTH 等的迅猛发展，光耦合器的需求越来越大，应用也越来越广泛。

目前，光耦合器已经形成了一个具有多功能、多用途的丰富的产品系列。从功能上看，它可分为光功率分配器（简称功分器，splitter）和光波长分配（合/分波）耦合器（也称为波分复用器件，wavelength division multiplexer，WDM）；从端口形式上看，它可分为 X 形（2×2）耦合器、Y 形（1×2）耦合器、星形（$N\times N$，$N>2$）耦合器以及树形（$1\times N$，$N>2$）耦合器等；从工作带宽的角度上看，它可分为单工作窗口的窄带耦合器（standard coupler）、单工作窗口的宽带耦合器（也称为平坦化的耦合器，wavelength flattened coupler，WFC）和双工作窗口的宽带耦合器（wavelength independent coupler，WIC）等。另外，由于传导光模式的不同，又有多模耦合器和单模耦合器之分[4]。

典型的波分复用器件有阵列波导光栅（arrayed waveguide grating，AWG）和刻蚀衍射光栅（etched diffraction grating，EDG），这些将在第 6 章介绍。本章介绍的主要是各种光功率分配器。

从制作方法来划分，光功率分配器主要有三大类，包括分立光学元件组合型、全光纤型和平面光波导型。

最早的功分器是采用透镜、反射镜、棱镜等分立光学元件组装而成。这种功分器耦合机理简单、直观，可由一般的几何光学描述。但是该种器件存在损耗大、难以与光纤耦合、环境稳定性较差等缺点。

后来逐渐发展到全光纤器件，即在两根或多根光纤之间直接形成某种形式的耦合。最初采用由 Sheem 和 Giallorenzi 发明的刻蚀法：将两根光纤扭绞在一起，浸入氢氟酸，腐蚀掉光纤四周的包层和涂覆层，使得光纤纤芯相互接触从而实现耦合。这种方法工艺简单，但是不耐用且器件对环境的变化很敏感，因而缺乏实用价值。后来，Bergh 等发明了光纤研磨抛光的工艺，使得光功分器的性能有所提升，且实用性也明显增强。不过，此方法仍然存在制作困难、成品率低、环境特性不理想的缺点。直到 20 世纪 80 年代初，人们开始用光纤熔融拉锥法制作单模光纤器件。熔融拉锥法就是将两根裸光纤靠在一起，在高温火焰中加热使之溶化，同时在光纤两端拉伸光纤，使光纤熔融区成为锥形过渡段，从而构成耦合器。如今，已经形成了比较完善的工艺和理论模型。这种技术具有很大的优势，事实上已成为当前制作全光纤型功分器的主要方法。熔融拉锥型光纤器件也已广泛应用于光纤通信及光纤传感系统。

随着集成光学的提出，平面波导型光功分器备受关注。所谓集成光学，是由美国贝尔实验室的 Miller 博士在 1969 年提出的概念[6]：采用类似于半导体集成电路的方法，把光学元件集成到同一块芯片上的集成光路。目前日本是世界上最大的光功分器的生产基地和应用市场，平面波导型功分器已成为其发展的主流。与全光纤型器件相比，平面波导集成器件有着明显的优点，符合未来光子器件的发展趋势。具体表现为：

(1) 体积小、重量轻、集成度高。单个光波导器件的尺寸一般为毫米量级，比相应光纤型器件小一个数量级以上。而且，光波导器件制作工艺与集成电路工艺相兼容，可以方便与其他光电子集成器件集成于一个衬底上，实现单片集成的目的。

(2) 机械性能以及环境稳定性好。对于熔融拉锥型光纤功分器而言，光纤熔融部分往往需要有机械套管等特殊保护措施，使之能够满足大部分实际使用的要求。但总体上讲，平面波导器件具有更好的机械强度以及环境稳定性，能满足一些特殊情况下的使用要求。

(3) 耦合分光比容易精确控制。由于采用与集成电路相似的工艺，平面光波导器件具有易于精确控制分光比的优势。同时，平面波导功分器还具有通道数大、带宽大、通道均匀性好等优点。

(4) 成本低。虽然平面波导型光功分器的起点较高,前期投入较大,但是在工艺成熟后很容易大批量生产,从而可以大大降低单个器件的成本。

总之,平面波导型功分器符合光器件集成化的发展趋势,具备传统分立器件无法比拟的独特优势,在性能、成本方面也满足 FTTH 等光通信系统对器件的要求。因此,随着平面光波导技术的成熟,平面波导型功分器将成为市场的主流。

5.2　光耦合器的一般技术参数

表征功分器性能的指标、参数有很多,其中跟其他光无源器件类似的有插入损耗、方向性、偏振相关损耗、波长相关损耗、隔离度等。而功分器所特有的参数则包括附加损耗、分光比、均匀性等[4]。

1) 插入损耗(insertion loss,IL)

插入损耗定义为某指定输出端口的光功率相对于全部输入光功率的减少值,用分贝来表示。其数学表达式为

$$IL_i = -10\lg \frac{P_{\text{out}_i}}{P_{\text{in}}}(\text{dB}) \tag{5.1}$$

式中, IL_i 是第 i 个输出端口的插入损耗; P_{out_i} 是从第 i 个输出端口输出的光功率值; P_{in} 是从输入端口输入的光功率值。

插入损耗还可以分为两种,即典型插入损耗和最大插入损耗。其中典型插入损耗指功分器的某一输出端在中心波长处的插入损耗平均值;最大插入损耗指的是功分器某一输出端在整个工作波长范围内插入损耗的最大值。

2) 附加损耗(excess loss,EL)

附加损耗定义为所有输出端口的光功率总和相对于全部输入光功率的减少值,用分贝来表示。其数学表达式为

$$EL = -10\lg \frac{\sum_i P_{\text{out}_i}}{P_{\text{in}}}(\text{dB}) \tag{5.2}$$

对于功分器来说,附加损耗是体现器件制造工艺水平高低的核心指标,反映器件制造过程中引入的固有系统性损耗,反映了器件的整体水平。而插入损耗表示的是各个输出端口的功率输出情况,里面不仅仅包括了固有损耗的因素,还包括了分光比的因素。因此,插入损耗的大小并不能反映器件制作水平,这是光功率分配器与其他光无源器件的重要区别。

3) 分光比(coupling ratio,CR)

分光比是光功分器特有的技术参数,定义为光功分器各个输出端口之间的输

出功率的比值，可以用某个输出端口的功率与输出总功率的百分比，其数学表达式如下：

$$CR = \frac{P_{\text{out}_i}}{\sum_i P_{\text{out}_i}} \times 100\% \tag{5.3}$$

例如，以典型的 1×2 的 Y 分支功分器为例，分光比 1∶1 或 50%∶50%代表两个输出端口的输出功率相同，也称为"3dB 功分器"。实际应用中，若需要获得不同分光比，可通过设计器件结构等方法来得到(如非对称的 Y 分支)；而若需要获得可调谐分光比，则可采用热光、电光等效应(见 5.3.3 节中的具体介绍)。

4) 方向性(directivity,D)

方向性是衡量器件定向传输特性的一个参数，是衡量功分器不同输入端之间抗干扰能力的指标。以典型的 2×2 的定向耦合器为例(见图 5.1)，方向性定义为在功分器正常工作时，输入一侧非注入光的一端(见图 5.1 中波导 4)的输出光功率(一般由于波导内部反射产生)与另一端(见图 5.1 中波导 1)全部注入光功率的比值，以分贝来表示。其数学表达式为

$$D = -10\lg \frac{P_{\text{out}_4}}{P_{\text{in}_1}}(\text{dB}) \tag{5.4}$$

式中，P_{in_1} 代表输入端口的注入光功率；P_{out_4} 代表输入一侧非注入光端口的输出光功率。

5) 回波损耗(return loss,RL)

与方向性不同的是，回波损耗是指器件本身的反射对同一输入端的影响。其定义为光从某一输入端入射时，从该输入端出射的反射光与全部注入光功率的比值，以分贝来表示。其数学表达式为

$$RL = -10\lg \frac{P_{\text{out}_1}}{P_{\text{in}_1}}(\text{dB}) \tag{5.5}$$

式中，P_{in_1} 代表输入端口的注入光功率；P_{out_1} 代表从输入端口输出的反射光功率。

6) 均匀性(uniformity,U)

对于要求多个输出端口均匀分光的光功率分配器，由于实际制作时工艺的限制，不可能做到绝对的功率均分。均匀性就是衡量均分器各个输出端口光功率不均匀程度的参数。它的定义是在器件的工作带宽范围内，各个输出端口光功率的最大变化量，用分贝来表示，其数学表达式为

$$U = -10\lg \frac{\min(P_{\text{out}})}{\max(P_{\text{out}})}(\text{dB}) \tag{5.6}$$

注意：非均分型的功分器则不具有该指标。

7) 偏振相关损耗(polarization dependent loss,PDL)

偏振相关损耗是衡量器件性能对于光信号偏振态敏感程度的技术指标。它

是指当传输光信号的偏振态在 360°范围内发生旋转时，输出端光功率的最大变化量，用数学公式表示为

$$PDL_i = -10\lg \frac{\min(P_{out_i})}{\max(P_{out_i})}(\text{dB}) \tag{5.7}$$

式中，PDL_i 表示第 i 个 输出端口的偏振相关损耗。

在实际应用中，光信号的偏振态经常会发生变化，因此要求器件的偏振相关损耗尽可能小，否则会影响器件在实际使用中的性能。

8） 隔离度(isolation，I)

隔离度是指功分器的某一光路对其他光路中的光信号的隔离能力。隔离度越高，也就意味线路之间的串扰(crosstalk)越小，其数学表达式为

$$I = -10\lg \frac{P_t}{P_{in}}(\text{dB}) \tag{5.8}$$

式中，P_t 是某一光路输出端检测到的其他光路信号的功率值；P_{in} 是被检测光信号的输入功率值。

图 5.1 以一个 2×2 光耦合器为例，表征了光耦合器的几个重要参数。

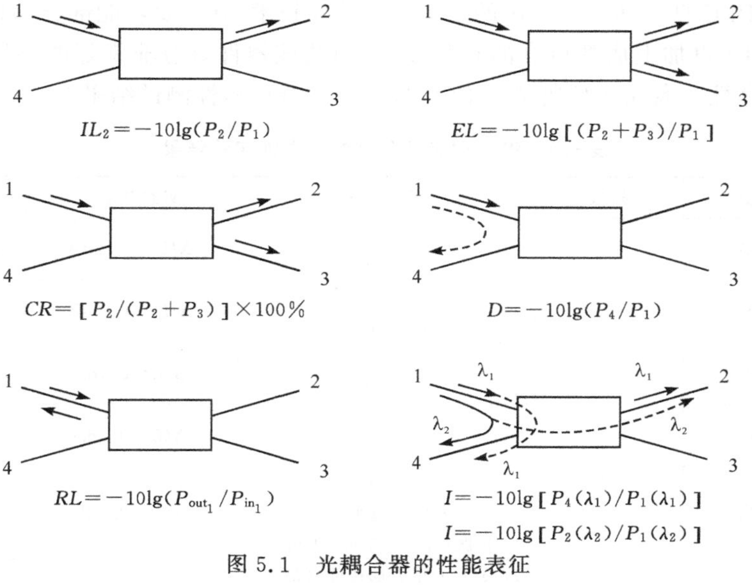

图 5.1　光耦合器的性能表征

根据国际通信联盟 ITU-T G. 983. 1 标准[7]规定，所有用于 FTTH 系统中的光功分器，必须能在至少三个波长范围内工作：1310nm(用于数据/声音信号的上传)、1490nm(用于数据/声音信号的下载)、1550nm(用于视频信号的下载)。表 5. 1是由光讯公司提供的 PLC 型功分器的性能参数[8]。

表 5.1　PLC 型光功率分配器的典型性能参数

参数		单位	参数值			
			1×4	1×8	1×16	1×32
插入损耗	典型值	dB	7.1	10.0	13.5	16.6
	最大值		7.4	10.3	13.8	17.0
通道均匀性			≤0.8	≤1.0	≤1.5	≤1.9
偏振相关损耗			≤0.3	≤0.3	≤0.3	≤0.3
回波损耗			≥55	≥55	≥55	≥55
方向性			≥60	≥60	≥60	≥60
波长范围		nm	1260～1600			
封装尺寸 $L\times W\times H$		mm×mm×mm	38×4×4	46×5×4	50×7×4	60×7×4
工作温度		℃	－40～85			
储存温度			－40～85			

在光通信系统中，对于光器件的环境稳定性与长期可靠性还有着特别的要求。由于 PLC 型光功分器采用的是平面光波导技术，其主要功能部分都集成在同一个衬底上，再加上成熟可靠的封装技术，因此该器件具有非常好的环境稳定性与长期可靠性。表 5.2 是典型的 PLC 型光功分器可靠性测试结果[8]。

表 5.2　PLC 型光功分器的可靠性实验结果

实验类型	样品数量	实验条件	实验结果*	结论
高温高湿	11	85℃ 85%RH 2000h	$\Delta IL<0.12$dB	全部通过
温度循环		－40～85℃ 100 次循环	$\Delta IL<0.13$dB	全部通过
干热试验		85℃ 2000h	$\Delta IL<0.1$dB	全部通过
低温储存		－65℃ 2000h	$\Delta IL<0.1$dB	全部通过
机械冲击		500g(g 为重力加速度) 5 次/片　6 方向　1 ms	$\Delta IL<0.1$dB	全部通过
变频振动		20 g(g 为重力加速度)(最大) 20～20000 Hz　4min(周期) 4 循环/轴	$\Delta IL<0.08$dB	全部通过
光缆(强度)保持力		0.45kgf**(900μm 光纤)	$\Delta IL<0.18$dB	全部通过
侧张力		0.23kgf(900μm 光纤)	$\Delta IL<0.07$dB	全部通过

* ΔIL 为插入损耗的最大变化值。

** 1kgf＝9.80665N，下同。

5.3　Y 分支概述

Y 分支是集成光路中最常用的一种光波导耦合器或功分器。以一个典型的 1×2的 Y 分支为例，通常用以将输入光分成两路；或者反之，将两路波导的光合成到一个输出波导。

5.3.1　Y 分支的基本原理

Y 分支功分器包括输入波导、锥形波导和输出波导三个部分，其基本结构如图 5.2 所示。在分支区域之前的锥形部分（过渡区）平滑地将单模直波导展宽，从而增大光波导本征模式的宽度以减小和输出波导之间的耦合损耗。对称型 Y 分支功分器的两个分支臂采用相同的材料结构和相同的波导宽度，因此具有相同的光传输特性。当光从输入端输入，功率将在两输出端均分输出，此时的 Y 分支为 3dB 功分器。

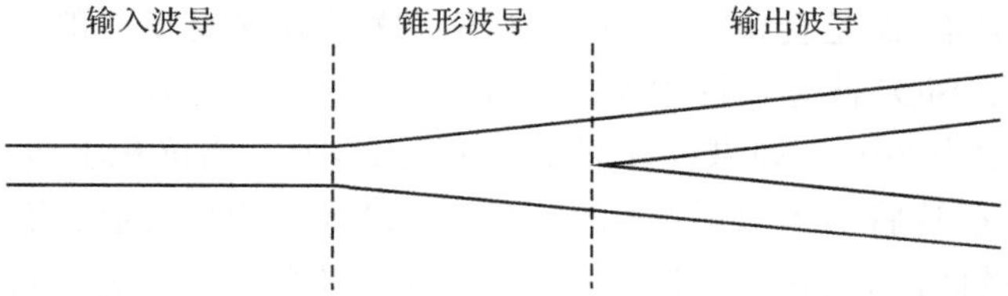

图 5.2　Y 分支功分器的示意图

考虑到和光纤阵列的连接并消除输出波导之间互相耦合的影响，Y 分支功分器的输出波导间距（D）一般为 125μm 或 250 μm。因此，需要在锥形波导和输出波导之间引入弯曲波导部分，如图 5.3 所示。弯曲波导部分可以是 S 型、cos 型或 sin 型。图 5.3 所示为 S 型弯曲。弯曲波导部分会引入损耗，因此需采用足够大的弯曲半径（R）以保证 90°弯曲损耗小于 0.1dB。以波导截

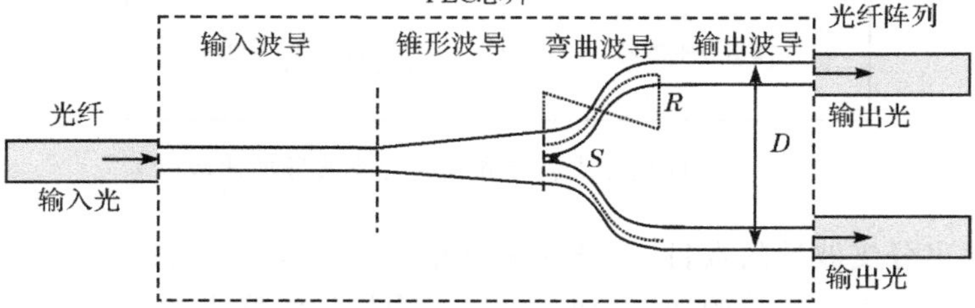

图 5.3　PLC 型 Y 分支功分器示例图

面为 $6\mu m \times 6\mu m$ 的 SiO_2 掩埋型波导为例，其弯曲半径一般需要大于 $5000\mu m$。制作好的 Y 分支功分器芯片通过切片、端面抛光，然后和光纤阵列耦合，封装后便形成了性能可靠的 PLC 型光功率分配器模块。图 5.4 所示为一个封装好的 PLC 型光功分器模块实物图。

图 5.4　PLC 型 Y 分支功分器实物图

在实际制作过程中，由于工艺水平的限制，两条输出波导之间的分支角不可能做成完全的尖角，而是会留下一段空隙(S)，这段分支间距一般为 $1\sim2\mu m$。这种现象在掩埋型 SiO_2 波导器件中尤为明显，对于芯层厚度为 $6\mu m$ 的波导而言，其最小的波导间距为 $2\mu m$。如果设计间距小于 $2\mu m$，那么当沉积上包层后在分支顶端将会存在空气(这将引入散射损耗)。因此在设计过程中，通常直接在分支顶端留有一定宽度的间距，而这段空隙是 Y 分支功分器损耗的主要来源，如图 5.5 所示。这里的损耗指的是除了由于功率分配到各个输出分支波导而引入的本征损耗以外的附加损耗。

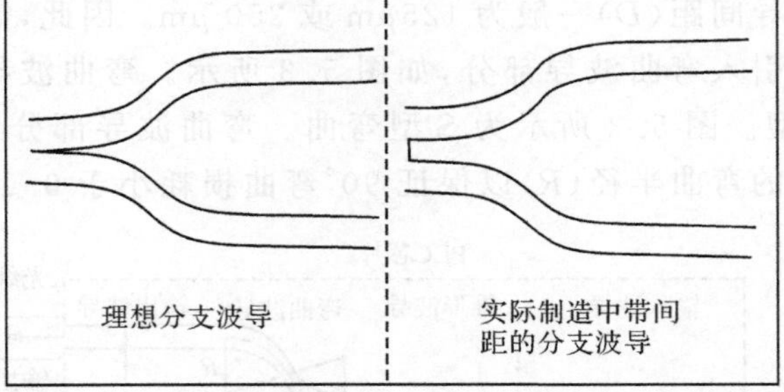

图 5.5　理想分支波导和实际分支波导的比较

按照输出分支波导的数目，Y 分支功分器可以分为 1×2、1×4 等类型。为了实现 1×4、1×8、1×16 等的功率分配，可以采用树形级联方式，将多个 1×2 功分器串联，如图 5.6(a)所示。另一种级联是所谓“Sparkler 方式”：每一级的输出波导不再保持水平方向，下一级 Y 分支的输入波导与上一级的输出波导平行连接，即两者的切线互相重合。在器件的最下级输出端，用圆弧将波导调整至水平方向。这种级联方式在和树形级联方式输出波导间距相同的情况下，可以有效地减小器件的尺寸。随着输出端口数目的增加，Sparkler 级联方式小型化的优势更为明显。

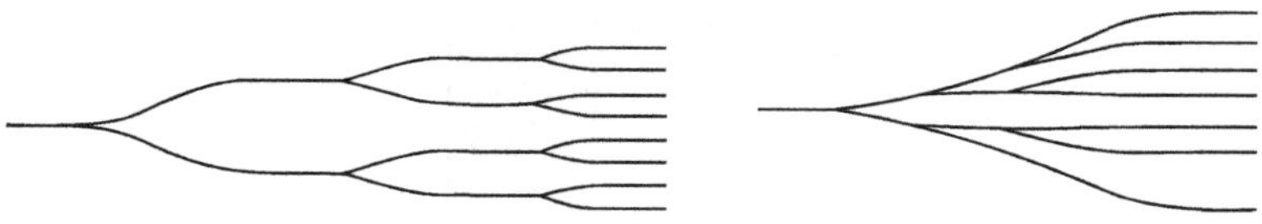

(a) 树形级联方式　　(b) Sparkler 方式

图 5.6　级联方式

5.3.2　Y 分支的设计举例

根据上述内容，以一个 1×2 的功率均分的 Y 分支功分器为例来具体说明 Y 分支的设计过程。第一步是选择波导的材料以及波导结构，需要考虑到波导的单模条件。这里采用的是 6μm×6μm 的掩埋型 SiO_2 波导，具体设计参数如表 5.3 所示。

第二步是确定 Y 分支的具体结构参数。首先选择 Y 分支弯曲部分的结构，需要考虑到波导的最小弯曲半径。接着需要根据工艺条件，确定分支间距。这里采用的是 S 型弯曲，其他设计参数如表 5.4 所示。

表 5.3　Y 分支功分器的参数

中心波长/nm	波导宽度/μm	波导高度/μm	包层折射率	芯层折射率
1550	6	6	1.455	1.465

表 5.4　Y 分支功分器的结构参数

输入波导长度/μm	锥形过渡区域长度/μm	弯曲波导长度/μm	输出波导长度/μm	分支间距/μm	输出波导间距/μm	弯曲半径/μm
1000	2000	2000	1000	2	250	8294

这里取较大的弯曲半径，从而将弯曲损耗降到最小。最终得到的 Y 分支功分器的器件大小为 0.26mm×6mm。采用三维半矢量 BPM 对设计好的器件进行了数值模拟。输入光信号为单模光纤的基模。考虑中心波长 1550nm，得到如图 5.7 所示的模拟结果。由图可见，在两个分支臂传播的光功率值基本相同。下面对 Y 分支功分器在整个工作波长范围(1260～1600nm)内的分光特性进行模拟，得到频谱图如图 5.8 所示。

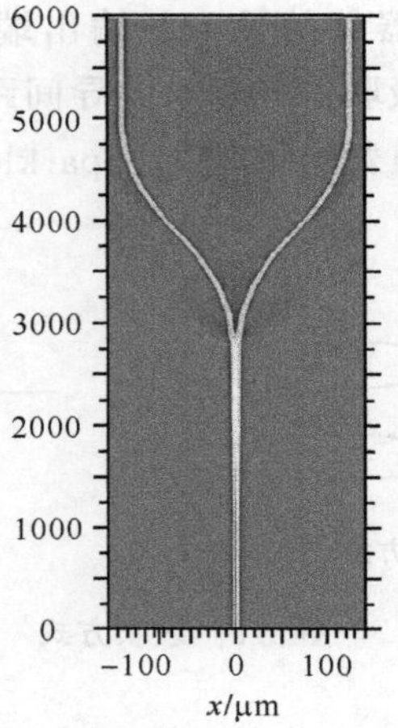

图 5.7　用三维 BPM 方法模拟得到的光波在 Y 分支中传输的情况

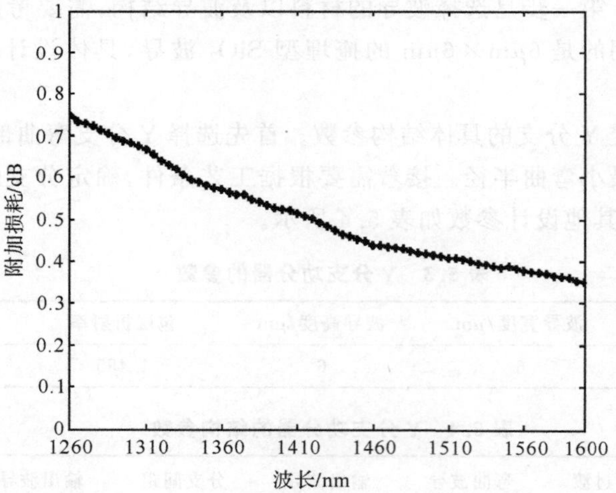

图 5.8　Y 分支功分器的频谱图

此外,还模拟了分支间距 S 为零(即理想情况)时的情况。在中心波长 1550nm 下,Y 分支功分器的附加损耗值小于 0.1dB。而当分支间距为符合实际工艺条件的 2μm 时,Y 分支功分器的附加损耗值为 0.34dB。这表明 Y 分支的分支间距确实是其附加损耗的主要来源。对于这个问题,人们已提出很多方法来解决[9~11]。

以上设计的 Y 分支除了附加损耗较大外,在整个工作波长范围内的损耗变化也很大。特别是在短波长范围内,由于 Y 分支弯曲波导部分产生了多模,导致了相当大的损耗。因此,还需要对该 Y 分支功分器进行频谱平坦化的工作,以使其在整个工作波长范围内都具有较小的附加损耗。特别是针对 FTTH 系统的应用，需要在一个相当大的波长范围内（1.2～1.7μm）保持附加损耗小于一定值（例如 0.2dB）。对于这个问题，国内外也已经做了许多的工作[12,13]。

5.3.3　可调谐 Y 分支

目前商用的 Y 分支功分器，无论是光纤型或波导型，大部分只能提供固定的分光比。这样不利于光功率资源的有效分配。同时，随着通信业务的发展，需要采用分光比可调的光功率分配器的场合越来越多。面对多变的光通信市场，特别是 FTTH 系统，可调谐的功分器可以通过改变自身的功率分配因数，动态地分配各用户端设备所得到的光功率。这样就能提高网络配置的灵活性，充分利用光功率资源，提高网络的可靠性，节约能源。

根据模式分离原则，当 Y 分支的两分支臂波导中光的有效折射率存在一定的差异时，从输入端输入的光波将更多传向有效折射率大的分支臂，并从与此臂相连的输出端输出，这时的 Y 分支称为非对称 Y 分支[14,15]。非对称的两臂有效折射率可以通过波导尺寸的不同而实现，也可以通过波导材料折射率的不同而实现。如在对称型 Y 分支的两臂上（或附近）放置加热电极，利用有机聚合物材料的（负）热光效应，使得相应的 Y 分支臂处的温度上升，波导的有效折射率下降，从输入端输入的光波能量将偏向另一分支臂输出。因此，通过控制 Y 分支的两个臂上（或附近）的加热器，就可以控制光在两个输出端的输出，实现可调谐光功率分配器。从原理上说，这样的器件只适合分光比可调范围较小的情况。

5.3.4　Y 分支的应用

在早期的光通信网络中，Y 分支的主要应用是从传输干路取出一定的功率，用于信道监控。例如，可以利用一个 5%：95%的 Y 分支从光信号传输干路分出少量的光（5%）作为监控信号，用光探测器接收，并随时监测功率的变化，作为评判干路正常工作或故障的依据。一旦发现光功率出现异常情况，就立即采用光时域反射模块（optical time domain reflectometer，OTDR）进行故障定位。

在 FTTH 系统中，1×N 的功分器是必不可少的核心器件。FTTH 市场潜在的大规模应用，将会给平面波导型功分器的发展带来强劲的动力。对于 1×2 和 2×2的功分器，熔融拉锥技术成本较低并具有足够的性能。但是，当更复杂的 FTTH 结构要求多路功分器（N>4）时，基于熔融拉锥技术的器件的性能降低、成本增高，同时会增加器件的封装体积。此时，采用平面波导型功分器则具有很大的优势。日本是目前世界上最大的光功分器的生产基地和应用市场，波导型功分器已成为其发展的主流。日本每月约有 4 万左右的光功分器用于 FTTH，并且大部分功分器都采用平面波导技术。在FTTH系统中，光功分器的主要功能是将光信号从光纤线路终端（optical line terminal，OLT）分配到各光网络单元（optical network unit，ONU），如图5.9所示[16]。其中，单纤三向复用器件用于1310nm、1490nm和1550nm这三个波长的复用/解复用。

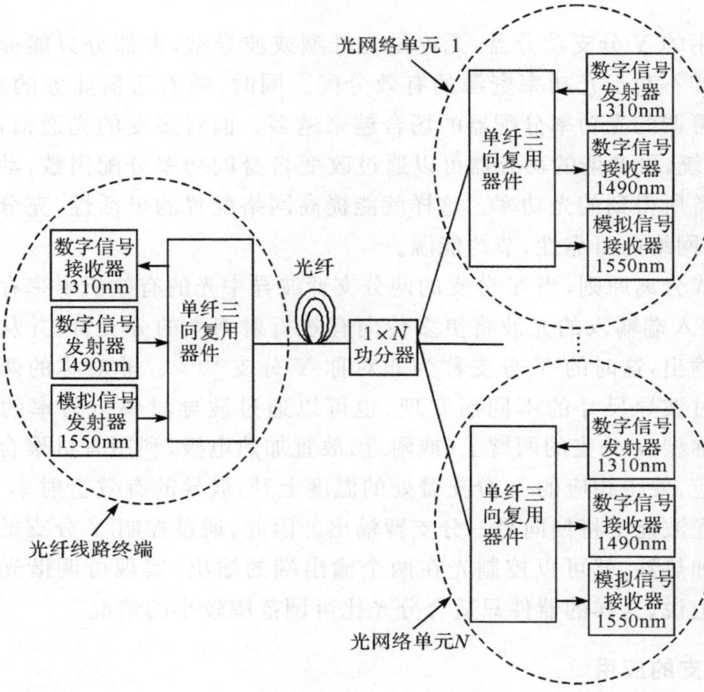

图5.9　1×N功分器在FTTH系统中的应用

5.4　MMI耦合器

MMI耦合器利用的是光的自映像(SI)原理[17]。MMI耦合器根据端口数量区分，主要有1×N型和N×N型两种。目前对MMI耦合器的研究主要集中在研究多模波导的结构，减小器件尺寸，以及提高功分器性能（减小损耗，提高均匀性等）。例如，为了获得较小尺寸的器件，研究人员在多模干涉区部分引入合适的锥形结构，可减小所需的干涉长度[18]。另外，为了获得任意数值的分光比，可以设计蝶形多模波导结构[19]、角形MMI耦合器[20]等。

5.4.1　MMI耦合器基本原理

MMI耦合器的基本原理是多模波导中各阶模的干涉而形成的自映像效应。

在多模波导中，多个导模互相干涉，沿着波导的传播方向，在周期性的间隔处会出现输入场的一个或多个复制的映像，这就是所谓的“自映像现象”。利用自映像原理，可以将输入光分配到多个输出波导输出，即形成功分器；而改变输入光场的位相关系，可以将光场从某个特定的输出波导输出，从而实现光开关[21]；或利用输入光场的不同位相关系，使输入光场的功率按特定的分光比输出到各个输出波导中，实现分光比可调的分束器等。目前应用最广泛的还是基于 MMI 耦合器的功分器。

1×N 的 MMI 功分器由输入单模波导、多模干涉区以及输出单模波导三部分组成，如图 5.10 所示。模式传输分析法(modal propagation analysis，MPA)[22]较好地反映了 MMI 模式干涉的物理本质，从多模波导区被激发的模式出发，通过分析各个模式的传播情况(包括振幅和位相)，进而获得不同位置处的光场分布。整个 MMI 耦合器的尺寸主要由多模干涉区决定，它的长度与宽度成近似平方关系。

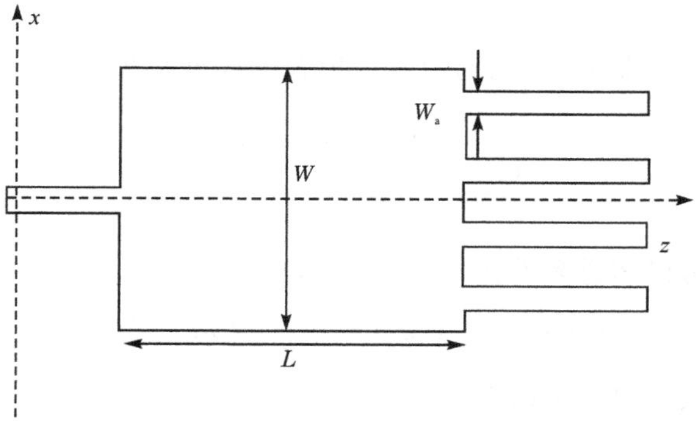

图 5.10　1×4 MMI 耦合器的结构示意图

设多模干涉区宽度为 W_{MMI}，长度为 L_{MMI}，自由空间下的工作波长为 λ。首先用 EIM(见第 1 章)将三维 MMI 功分器等效为如图 5.10 所示的二维结构。等效后波导芯层的有效折射率为 n_{r}，波导包层的有效折射率是 n_{c}。根据波导的色散方程可以得到第 v 个导模的纵向传播常数 β_v 与横向传播常数 k_{xv} 的关系。

$$k_{xv}^2 + \beta_v^2 = k_0^2 n_{\mathrm{r}}^2 \tag{5.9}$$

式中，k_0 为真空中的波矢；$k_{xv} = \dfrac{(v+1)\pi}{W_{ev}}$，其中 W_{ev} 为考虑古斯-汉森位移后多模干涉区第 v 个模式的有效宽度。各导模的有效宽度可用基模的有效宽度来近似，即

$$W_{ev} \approx W_{\mathrm{e}} = W_{\mathrm{MMI}} + \frac{\lambda}{\pi}\left(\frac{n_{\mathrm{c}}}{n_{\mathrm{r}}}\right)^{2\sigma}(n_{\mathrm{r}}^2 - n_{\mathrm{c}}^2)^{-\frac{1}{2}} \tag{5.10}$$

式中,对于 TE 模,$\sigma = 0$;对于 TM 模,$\sigma = 1$。

由式(5.9)和式(5.10)可以得到

$$\beta_v = k_0 n_r \left\{1 - \left[\frac{\lambda(v+1)}{2n_r W_e}\right]^2\right\}^{\frac{1}{2}} \approx k_0 n_r - \frac{(v+1)^2 \pi\lambda}{4n_r W_e^2} \tag{5.11}$$

定义 L_π 为基模和一阶导模的拍长,即

$$L_\pi = \frac{\pi}{\beta_0 - \beta_1} \approx \frac{4n_r W_e^2}{3\lambda} \tag{5.12}$$

同时各阶导模的传播常数间隔可以写成

$$\beta_0 - \beta_v \approx \frac{v(v+2)\pi}{3L_\pi} \tag{5.13}$$

假设入射光波导的光场分布为 $f_{in}(x,0)$,则输入光波场进入到多模干涉区时,可以展开为多模波导本征模式的叠加(多模波导的辐射模在计算过程中可以予以忽略),即

$$f_{in}(x,0) = \sum_v c\,\varphi_v \tag{5.14}$$

式中,φ_v 为 v 阶本征模式;c_v 为对应本征模式的权重系数。

$$c_v = \frac{\int f(x,0)\varphi_v(x)\mathrm{d}x}{\int \varphi_v^2(x)\mathrm{d}x} \tag{5.15}$$

由模式传输分析可以知道多模波导 z 处的光场分布为

$$f(x,z) = \sum_v c_v \varphi_v(x) \exp\left[\mathrm{i}(\omega t - \beta_v z)\right] \tag{5.16}$$

把式(5.13)代入式(5.16)可以得到

$$f(x,z) = \sum_v c_v \varphi_v(x) \exp\left[-\mathrm{i}\frac{v(v+2)\pi}{3L_\pi}z\right] \tag{5.17}$$

从式(5.17)可以看出,各个模式的权重系数 c_v 及位相因子 $\frac{v(v+2)\pi}{3L_\pi}$ 将决定成像位置。而多模干涉区 v 阶导模的激发比例跟输入场相关,即输入波导相对于多模干涉区中心的位置。

当输入波导的输入位置没有任何限制时[普通干涉(general interference)模式],多模区所有模式均被激发,在传播方向 $z = \frac{3L_\pi}{N}$ 处,可以得到N个输入光场的像。这N个像的成像位置及位相为

$$\begin{cases} x_i = p(2i - N)\dfrac{W_e}{N} \\ \varphi_i = p(N - i)\dfrac{\pi}{N} \end{cases} \tag{5.18}$$

式中，$i = 1,2,\cdots,N$ 。

当输入波导的输入位置相对多模干涉区的中心偏移 $\pm W_{\mathrm{MMI}}/6$ 时[限制干涉(restricted interference)模式]，阶数为 $v = 2,5,8,\cdots$ 的模式将不被激发，被激发的模式满足 $\mathrm{mod}_3[v(v+2)] = 0$ ，因此成像位置将减小 1/3，即在传播方向 $z = \frac{L_\pi}{N}$ 处，可以得到N个输入光场的像。需要注意的是，在这种情况下，输入/输出波导必须位于 $\pm W_{\mathrm{MMI}}/6$ 处，因而这种情况下，只能实现 2×2 的 MMI 耦合器。

当输入波导从多模干涉区的中心输入时[对称干涉(symmetric interference)模式]，根据模式对称性，所有奇模的权重系数 $c_v = 0$ ，即奇模将不被激发，只有偶数阶模被激发，从而有 $\mathrm{mod}_4[v(v+2)] = 0$ ，因此成像位置将减小 1/4，即在传播方向 $z = \frac{3L_\pi}{4N}$ 处，可以得到N个输入光场的像。

图 5.11 给出 BPM 模拟得到的在不同激励方式下光场在 MMI 耦合器中的传播情况。从模拟结果来看，其成像规律与前文基于 MPA 方法的分析结果一致。

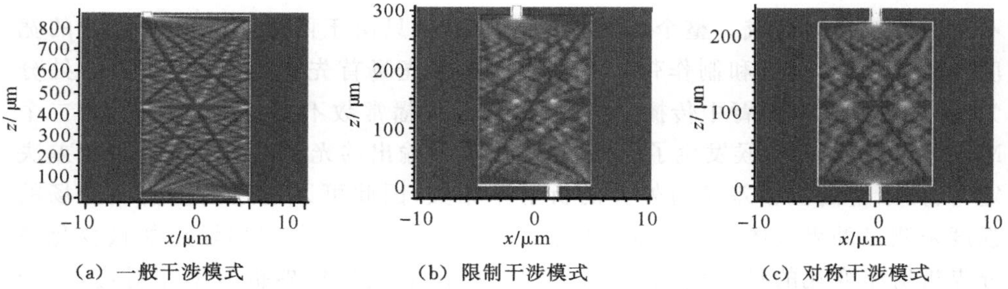

图 5.11 BPM 模拟不同输入条件下光场在 MMI 耦合器中的传播情况

5.4.2 MMI 耦合器的应用

MMI 耦合器有着优越的性能，例如偏振不敏感、结构简单且工艺容差较大等，因而在光通信中得到了广泛的研究和应用，例如分波、合波以及路由等。由 MMI 耦合器构成的具体器件有功分器、马赫-曾德尔干涉仪、波分复用/解复用器件[23]等。

图 5.12 给出一个利用 BPM 模拟得到的基于 MMI 耦合器的 1×4 功分器的场分布。与基于 Y 分支的功分器相比，MMI 具有工艺简单、容差大、无需制作 Y 分支的尖角等优势。

随着现代测量、控制和自动化技术的发展，传感器在各个领域中的作用日益显著。传感器主要是将各种非电量(包括物理量、化学量、生物量等)转换成便于处理和传输的另一种物理量的装置。集成光波导传感器有利于多功能集成、紧凑封装和批量生产,并且拥有小型轻量、稳定可靠、低耗高效等无法比拟的优势,在环境保护、生命科学、航天航空等领域得到广泛应用。

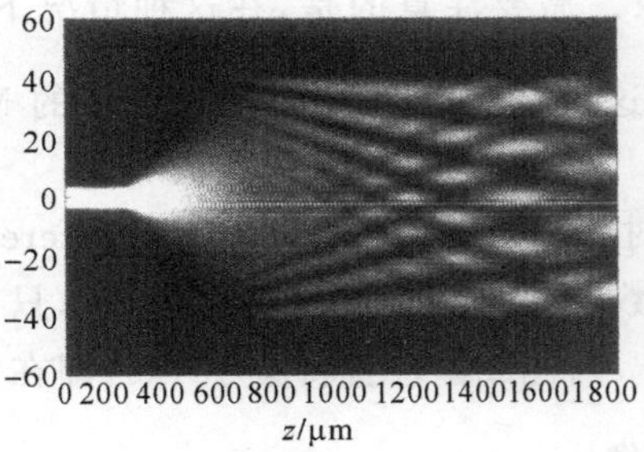

(a) 面 $y=0$

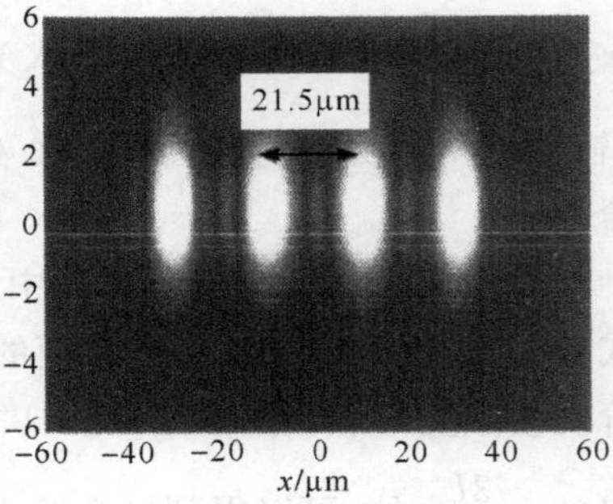

(b) 面 $z=L_{MMI}$

图 5.12　1×4 基于 SiO_2 波导的 MMI 功分器在特定面上的场分布

这里介绍一个基于马赫-曾德尔干涉仪的传感器。图 5.13 所示为传感器的结构示意图,其中的马赫-曾德尔干涉仪由两个基于 MMI 的 3dB 耦合器和两个不对称的波导臂构成。整个传感器的位相变化只由于两个不对称波导臂的宽度变化引入,给设计和制作带来了便利。输入光场首先在 MMI 光功分器处分为两路,分别在两个臂中传播,由于两个臂的传播常数不同,当光场到达第二个 MMI 光功分器的时候发生了干涉,从输出波导输出的光场由两个臂的位相差决定,而两个臂的位相差又与外界的折射率相关,因此可以通过测量输出光场的强度来测量外界液体的折射率变化。图 5.14 所示为该传感器输出能量变化随外界折射率变化的模拟结果。可以看出,输出能量与外界折射率相对应,整个结构实现了传感器的功能。

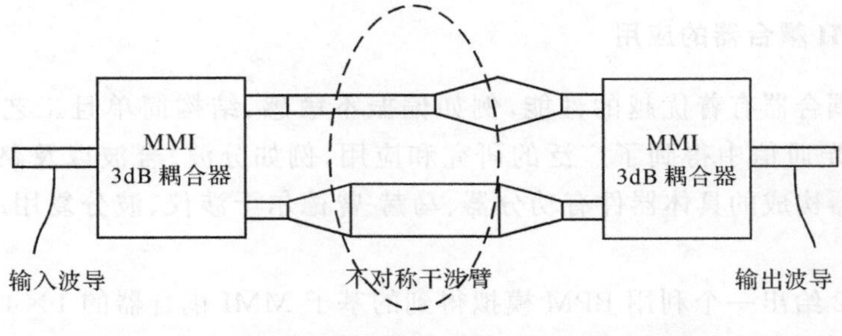

图 5.13　基于非对称干涉臂马赫-曾德尔干涉仪的传感器示意图

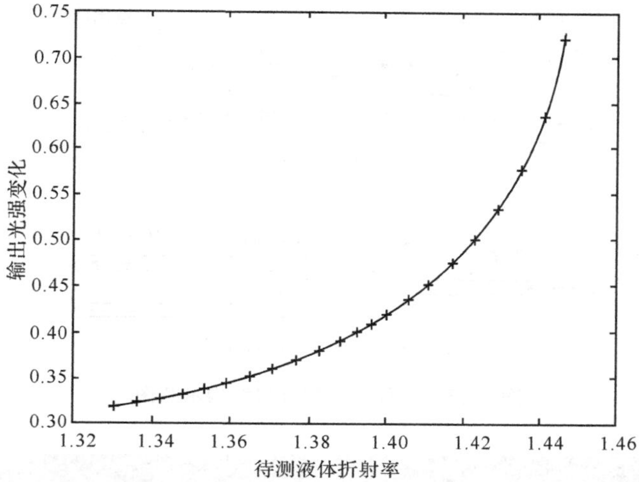

图 5.14　传感器输出能量随外界液体折射率变化的模拟结果

5.5　定向耦合器

定向耦合器是构成光功率分配器的另一种重要结构，其典型结构如图 5.15所示。其中，图 5.15(a)所示为常见的由两条邻近的单模波导构成的定向耦合器。定向耦合器也可以采用图 5.15(b)所示的形式，其耦合部分是可以支持两个模式传输的双模波导。图 5.15(c)所示为由平行的三根单模波导构成的定向耦合器。耦合部分的长度为 l_c。定向耦合器的分光比是通过耦合区的长度来调整的。不管采用哪种结构，产生 100%功率转移的耦合长度 L 取决于奇模与偶模之间的传播常数之差。假设耦合部分的长度 $l_c=L/2$，那么在输出端就会出现 $P_1=P_2$，也就是功率平均分配的 3dB 耦合器，如图 5.16 所示。需要注意的是，定向耦合器的耦合系数、耦合长度与波长有关，因而其工作带宽有限。这种波长限制不仅仅针对功率分配器，而是对所有使用这些定向耦合器构成的器件都适用。

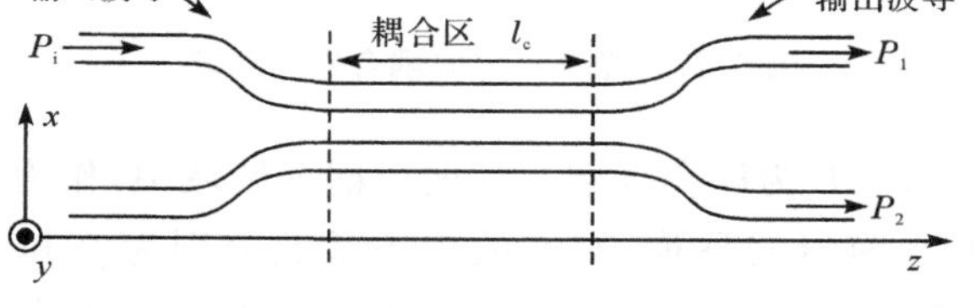

(a) 定向耦合器

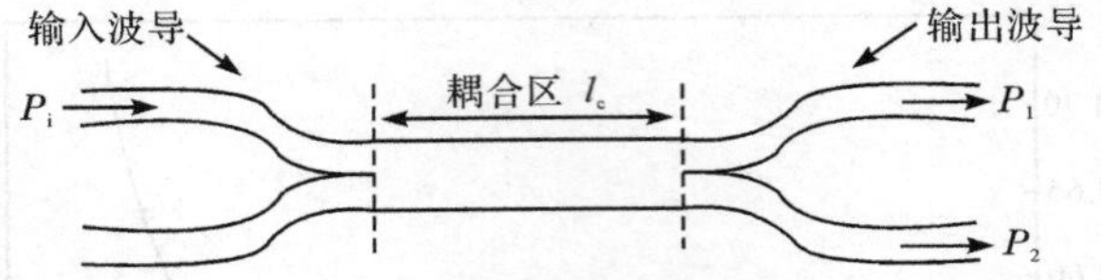

(b) 双模波导耦合器

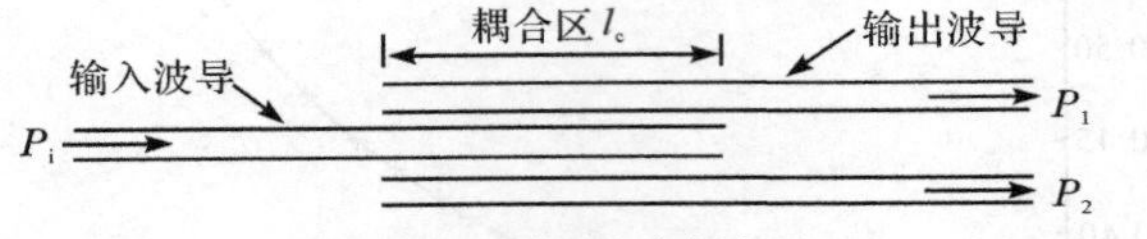

(c) 平行三波导定向耦合器

图 5.15　三种定向耦合器结构示意图

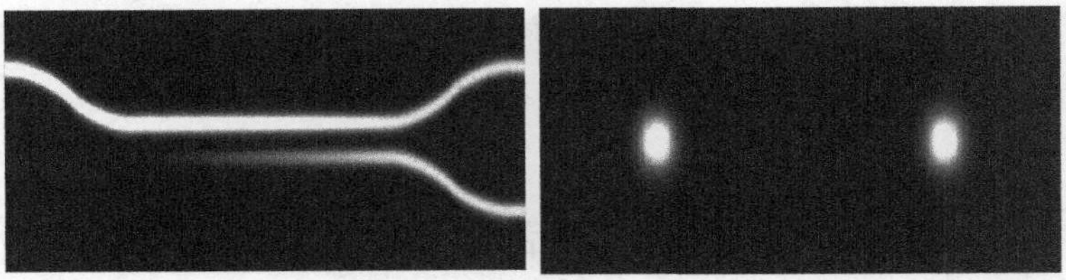

图 5.16　3dB 定向耦合器中光场传输模拟结果及其输出端光场强度分布图

两个单模波导的距离相互靠近，其间隔达到波长量级时，就构成了光波导定向耦合器(见图 5.17)。从原理上讲，光定向耦合器中的两条波导之间可以进行无损耗的光功率传输。为了便于理解这种光波导定向耦合器的工作原理，这里给出一个简单的例子。首先考虑在非耦合区域中的两条光波导，导模的传播常数 β_1 和 β_2 相等的情况。

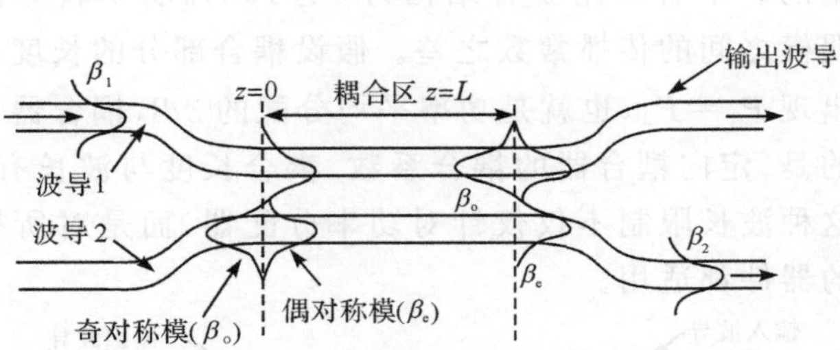

图 5.17　光波导定向耦合器的原理

图 5.17 中，$0\leqslant z\leqslant L$ 为耦合区域。在这个耦合区域中，作为相互正交的基准模，既有偶对称模，也有奇对称模，它们的传播常数分别为 β_e 和 β_o。当在输入端 $z=0$ 处，由波导 1 输入光波，在这一点会激励起电场振幅相等、位相相同的偶对称模和奇对称模。随着这两种模在耦合区域的传播，两个模之间产生位相差(β_e-

$\beta_o)z$。其位相差为 π 时的传输距离为 $L_\pi=\pi/(\beta_e-\beta_o)$。

由于 $z=L_\pi$ 处由偶对称模与奇对称模合成的总电场分布，与波导 2 基模分布一致，因此在耦合区域中全部的光功率都从波导 2 输出。也就是说，如果耦合区域的长度设定为 L_π，那么它可以让全部的光功率 100% 地从波导 1 转移到波导 2 输出。因此称此时的耦合区域长度 L_π 为全耦合长度(coupling length)。这样通过对耦合区域里偶对称模和奇对称模的考察，就很容易理解光波导定向耦合器的工作原理。

根据耦合模理论[24,25]，定向耦合器(见图 5.17)输入、输出光场可以表示为

$$\begin{cases} E_i(x,y,z)=A_{i1}(z)E_{01}(x,y,z)+A_{i2}(z)E_{02}(x,y,z) \\ E_o(x,y,z)=A_{o1}(z)E_{01}(x,y,z)+A_{o2}(z)E_{02}(x,y,z) \end{cases} \tag{5.19}$$

式中，$E_i(x,y,z)$ 是输入光场；$E_o(x,y,z)$ 是输出光场；$E_{01}(x,y,z)$ 和 $E_{02}(x,y,z)$ 分别是两波导的本征模式；$A_{i1}(z)$ 、$A_{i2}(z)$ 、$A_{o1}(z)$ 和 $A_{o2}(z)$ 分别是输入/输出场两本征模的振幅(含位相)。

对于如图 5.17 所示的定向耦合器存在传输矩阵为

$$\begin{bmatrix} A_{o1}(L) \\ A_{o2}(L) \end{bmatrix}=\begin{bmatrix} \cos\varphi_t & -\mathrm{j}\sin\varphi_t \\ -\mathrm{j}\sin\varphi_t & \cos\varphi_t \end{bmatrix}\begin{bmatrix} A_{i1}(0) \\ A_{i2}(0) \end{bmatrix} \tag{5.20}$$

式中，$\varphi_t=\varphi_{in}+\varphi_c+\varphi_{out}$，其中 φ_{in} 、φ_c 和 φ_{out} 分别是输入波导区、耦合区和输出波导区的传输位相。

对于单从波导 1 输入光的情况，即 $A_{i1}(0)=1$，$A_{i2}(0)=0$，则有 $A_{o1}(L)=\cos\varphi_t$，$A_{o2}(L)=-\mathrm{j}\sin\varphi_t$，相应的输出光场可以表示为

$$E_o(x,y,L)=\cos\varphi_t E_{01}(x,y,L)-\mathrm{j}\sin\varphi_t E_{02}(x,y,L) \tag{5.21}$$

该输出光场耦合到波导 1 之后输出的能量为 $\cos^2\varphi_t$，耦合到波导 2 之后输出的能量为 $\sin^2\varphi_t$。特别地，当 $\varphi_t=\pi/4$ 时，从两条输出光波导中输出光场位相差为 π/2，其分光比为 50%：50%(即对应于 3dB 耦合器)。

由于工艺误差等原因，可能会出现定向耦合器的耦合区长度 $l_c\neq L_\pi/2$ 的情况。这个时候只要改变耦合区的长度，就能改变输出波导分配到的光功率，从而改变分光比。目前，通常采用的方法是通过在耦合区加电极，以调整耦合区的折射率，从而调整最终的功率分配。另外，也可以对该定向耦合器的耦合区施加应力，使耦合区产生伸缩变化，即可改变耦合区的长度，进而获得分光比的变化。

5.6　本章小结

本章主要介绍了基于 PLC 工艺的集成型光耦合器，尤其是 Y 分支功分器、MMI 耦合器和定向耦合器等三种典型的光耦合器，包括基本工作原理、相关设计公式等。

参考文献

[1] 韦乐平. 光纤通信技术的发展与展望. 电信技术,2006,11:13－17.

[2] Huang A,Shan L,et al. Solutions to challenges of FTTH deployment in China. IEEE Globecom Workshops,2007:1－3.

[3] 万助军. 全球 FTTH 大发展下的国内 PLC 产业现状. 光纤在线网,2008. http://www.c-fol.net/news/content/21/20080128112731.htm.

[4] 林学煌. 光无源器件. 北京:人民邮电出版社,2007.

[5] 赵策洲,高勇. 半导体硅基材料及其光波导. 北京:电子工业出版社,2007.

[6] Miller S E. Integrated optics:An introduction. J. Bell Syst. Tech.,1969,48:2059－2068.

[7] ITU-T Study Group. Broadband optical access systems based on passive optical network. ITU-T Recommendation G.983.1,1998.

[8] 王文敏,杨涛,王忠建. FTTH 用关键无源光器件——PLC 型光功率分配器. 光纤通信技术,2005,1: 3－5.

[9] Chaudhari C,Patil D S,et al. A new technique for the reduction of the power loss in the Y-branch optical power splitter. Opt. Commun.,2001,193:121－125.

[10] Yabu T,Geshiro M,Sawa S. New design method for low-loss Y-branch waveguides. J. Lightwave Technol.,2001,19:1376－1384.

[11] Wang Q,He S,et al. A low loss Y-branch with a multimode waveguide transition section. IEEE Photon. Technol. Lett.,2002,14:112－1126.

[12] Sakamaki Y,Saida T,et al. Low-loss Y-branch waveguides designed by wavefront matching method and their application to a compact 1×32 splitter. Electron. Lett.,2007,43:217－219.

[13] Gamet J,Praud G. Ultralow-loss 1×8 splitter based on field matching Y junction. IEEE Photon. Technol. Lett.,2004,16:2060－2062.

[14] Suzuki S,Kitoh T,et al. Integrated optic Y-branching waveguides with an asymmetric branching ratio. Electron. Lett.,1996,32:735－736.

[15] Lin H B,Su J Y,et al. Novel optical single-mode asymmetric Y-branches for variable power splitting. IEEE J. Quantum Electron.,1999,35:1092－1096.

[16] Lang T,He J J,et al. Cross-order arrayed waveguide grating design for triplexers in fiber access networks. IEEE Photon. Technol. Lett.,2006,18:232－234.

[17] Soldano L B,Pennings E C M. Optical multi-mode interference devices based on self-imaging:Principles and applications. J. Lightwave Technol.,1995,13:615－627.

[18] Rasmussen T,Bjarklev A,et al. Length requirements for power splitter in optical communication system. Electron. Lett.,1994,30:583－584.

[19] Besse P A,Gini E,et al. New 2×2 and 1×3 multimode interference couplers with free selection of power splitting ratios. J. Lightwave Technol.,1996,14:2286－2293.

[20] Lai Q,Bachmann M,et al. Arbitrary ratio power splitters using angled silica on silicon multimode interference couplers. Electron. Lett.,1996,32:1576－1577.

[21] Wang F,Yang J,et al. Optical switch based on multimode interference coupler. IEEE Photon. Technol. Lett.,2006,18:421－423.

[22] Shi Y,Dai D,et al. Improved performance of a silicon-on-insulator based multimode interference coupler

by using taper structures. Opt. Commun. ,2005,253:276－282.

[23] Shi Y,Anand S,et al. A polarization insensitive 1310/1550nm demultiplexer based on sandwiched multimode interference waveguides. IEEE Photon. Technol. Lett. ,2007,19:1789－1791.

[24] 马春生,刘式墉. 光波导模式理论. 长春:吉林大学出版社,2007.

[25] 西原浩,春名正光,栖原敏民. 集成光路. 梁瑞林译. 北京:科学出版社,2007.

第6章 波分复用器

6.1 波分复用技术

自从进入20世纪90年代，随着网络技术的出现与成熟，人类社会对信息容量的要求与日俱增。1990～1997年，信息容量都是以指数关系增长[1]，尤其近些年，不仅语音、传真、数据等传统业务量不断扩大，而且视频通信、高清晰数字电视等新兴业务也被提上推广日程。因此，人们迫切需要能适应时代发展的网络传输技术。

相比同轴电缆传输，光纤由于具有高速、大容量、低串扰等诸多优势，在近些年的网络架构中扮演越来越重要的角色。依赖光纤为主要载体的通信业务也逐渐成为信息时代的主流[2]。

为了在已经铺设的光纤光缆基础上进一步提升通信容量，人们陆续提出了光时分复用(OTDM)[3]、光码分复用(OCDM)[4]及波分复用(WDM)[5]等信息复用技术。相比前面两项技术，波分复用技术是这些年来受到关注最多、发展最为成熟的光纤通信复用技术。所谓波分复用技术，简单地说就是将每个目标用户分配一个波长，并将相应信息调制到该波长载波上，多个波长的信号光经过复用后在一根光纤上进行传输，复用信号到达目的地之后再进行解复用。经过多年的研究，在波分复用方面已拥有一些成熟的技术储备，也已经出现一些成功的商用系统。

典型的波分复用系统如图6.1所示，不同波长的光信号经过一个波分复用器被耦合到同一根光纤内进行传输，在传输一定距离后使用掺铒光纤放大器(EDFA)对信号进行放大。此外，对波分复用系统，特别是对较高调制速率的系统(超过10Gb/s)，信号质量受色散、非线性影响严重，因此需要进行色散补偿(dispersion compensation module，DCM)，及其他非线性管理。传输过程中，中间网络节点需要上载/下载信息，可以通过光插分复用器(OADM)来实现。最后在接收端，信号再次经过放大、增益平坦、色散补偿等操作后，用解复用器将复用的多路信号解复用，各自分开进行后续处理。

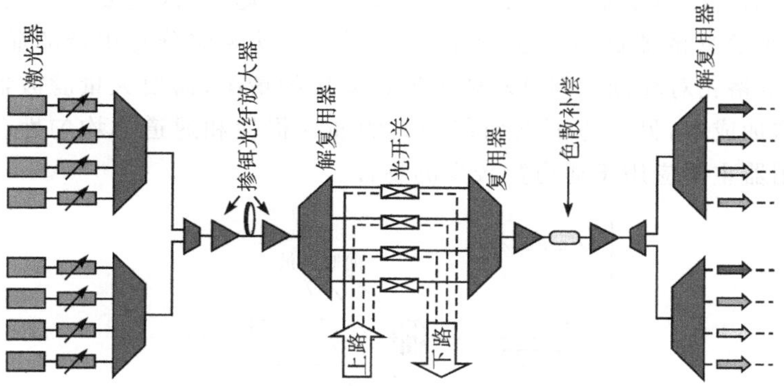

图 6.1　波分复用系统结构示意图

6.2　波分复用器件

对一个波分复用网络,如何有效地将多波长信号复用到一根光纤上进行传输,并在接收前将多个波长信号分开,是一个非常关键的步骤。这类功能器件被称为波分复用器/解复用器。根据光路可逆原理,一个复用器反向使用则是一个解复用器,因此通常以解复用器为例,来说明器件设计规则。

现有的波分复用器种类很多,如薄膜波分复用器[6]、光纤布拉格光栅(FBG)波分复用器[7]、体光栅波分复用器[8]和平面波导集成波分复用器等。下面逐一进行介绍。

1）薄膜波分复用器

薄膜波分复用器是基于介质薄膜(DTF)[6]的。薄膜波分复用器的基本结构是法布里-珀罗(FP)腔,由腔和反射镜构成,可作为带通滤波器(见图 6.2)。通带的中心波长由 FP 腔谐振长确定,且必须精确地控制到 ITU 标准波长。窄带薄膜干涉滤波器谐振由两个以上的 FP 腔构成,所以也称为多腔薄膜干涉滤波器,其腔之间通过介质反射层隔离,每个腔包括 50 层以上的多层结构。

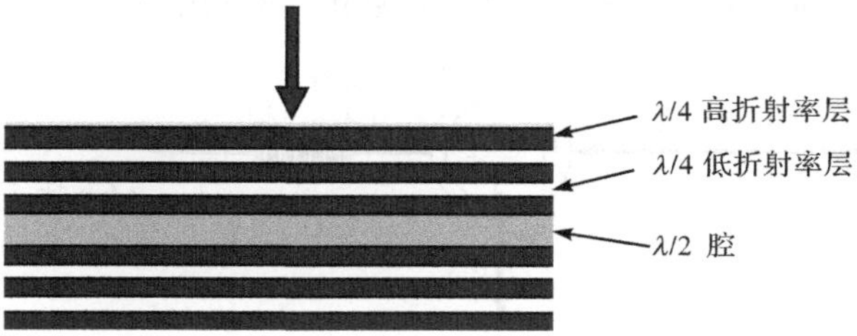

图 6.2　薄膜滤波器结构示意图

对一个确定的薄膜滤波器只能对一个波长进行滤波,因此要实现波分复用应用,需要多个这样的滤波器级联,如图 6.3 所示。薄膜波分复用器的显著优势是结构简单,价格相对较低。但是对较多通道复用的情况,需要大量滤波器的级联,一方面会增加成本,另一方面会引起较大的插入损耗和通道非均匀性。因此,薄膜波分复用器主要应用于通道数较少的场合。

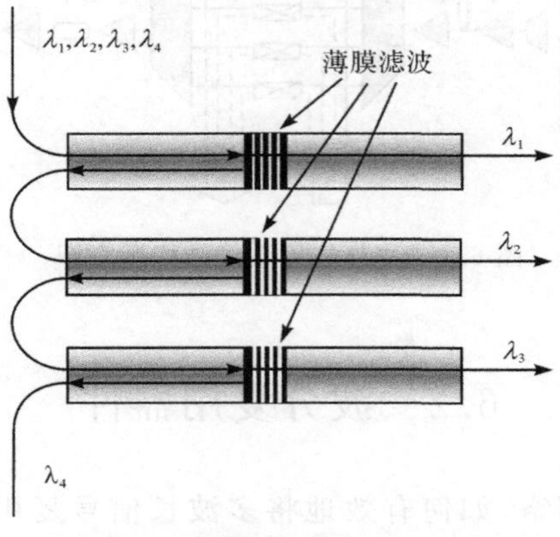

图 6.3　薄膜波分复用器示意图

2) 基于 FBG 的波分复用器件

FBG[7] 是一种很重要的光通信器件。工艺上是利用光纤的光敏特性,通过用紫外(UV)激光照射掺杂 GeO_2 的玻璃光纤芯,使得单模光纤中折射率短周期变化,其折射率的变化周期为 1/2 波长,约为 0.5μm。FBG 利用布拉格衍射的原理,将光纤中满足布拉格共振的波长由正向模传播耦合成反向模传播。通过调节 FBG 折射率变化的范围或变化量可控制通带宽度。

用于波分复用系统的 FBG 滤波器有两种典型结构。其中一种是将单个 FBG 与一个环路器相结合,被反射的布拉格波长通过环路器被下载,如图 6.4 所示。另一种是在马赫-曾德尔干涉仪的两个臂中插入两个 FBG 构成两个光纤耦合器(见图 6.5)。FBG 滤波器可作为具有低损耗和宽平坦顶部通带的 OADM 滤波器。通过将这种单元结构进行级联,可构建复用/解复用器。

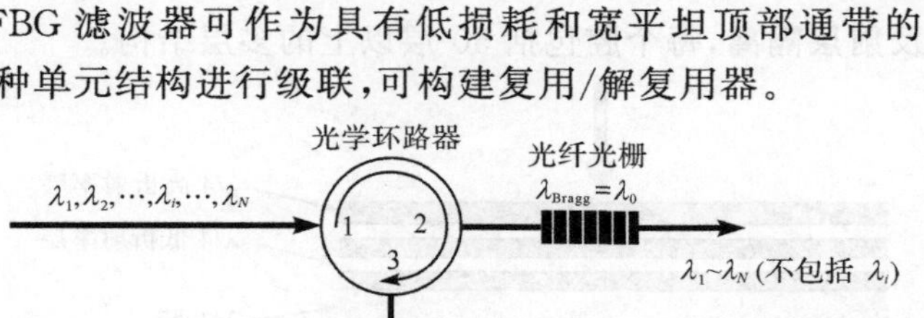

图 6.4　基于环路器的 FBG 波分复用结构图

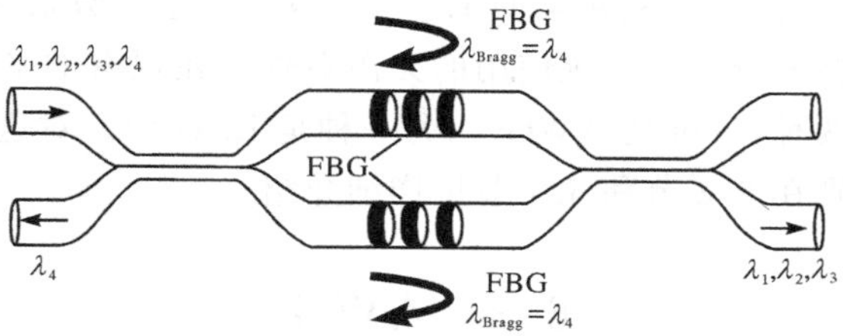

图 6.5　基于马赫-曾德尔干涉仪结构的 FBG 解复用器

利用 FBG 的解复用器的显著优势是低的损耗(0.1dB)、低的偏振相关损耗和低成本封装特性。但和薄膜滤波器一样,一个 FBG 只能对一特定波长进行滤波。当波分复用网络通道数较多的时候,将使得器件结构变得庞大复杂,且不稳定性增加。

3) 体光栅波分复用器件

体光栅一般是一种空间上的全息光栅,和 FBG 类似,也是通过曝光将布拉格光栅写入介质当中。但 FBG 是一个一维结构的光栅,一个光栅只能对一个特定的波长进行滤波,而体光栅是指将多个布拉格光栅写入同一个空间介质里,而每一个布拉格光栅对应一个特定的波长滤波,靠这样的方法实现对多个波长的解复用,其工作原理如图 6.6 所示。

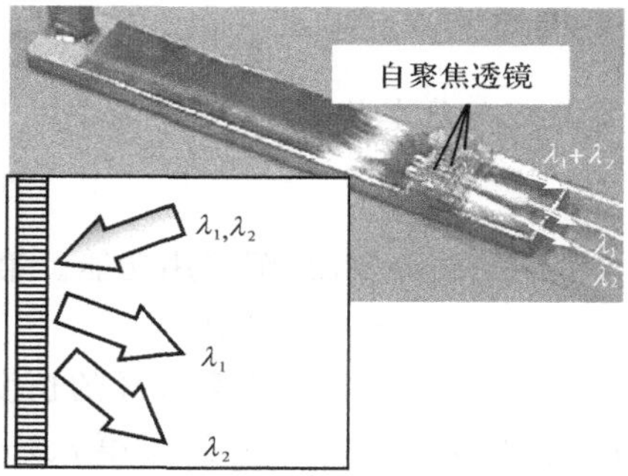

图 6.6　体光栅波分复用器结构

比起通常的解复用器,由于体光栅解复用器每个波长使用不同的布拉格光栅,而不是不同波长使用同一个衍射谱,因此器件具有很好的波长稳定性和通道均匀性,各波长衍射的峰值强度几乎在同一水平线上。此外该类器件还具有衍射效率高、偏振不敏感等特性。但这样的器件不利于批量化加工,器件尺寸也较大,且一般使用光学晶体为介质,成本也不低[8]。

4) 平面集成波分复用器件

所谓平面集成波分复用器,顾名思义,是基于半导体集成工艺设计制作的一些波分复用器件。平面波导复用器具有波长间隔小、通路数量多、通带平坦等特点，是非常适合密级波分复用系统使用的无源器件。在现有的平面集成波分复用器中，最典型的有两种，一种是 AWG[9]，另一种是 EDG[10]。对这两种平面集成波分复用器件，将分别在 6.3 节和 6.4 节里详细介绍。

6.3 AWG

1988 年，Smit 提出一种新型集成光波导型滤波器——AWG[11]。经过多年的发展，AWG 器件的性能日臻完善。目前，尽管 AWG 器件已经商用，但国外(尤其是日本)对 AWG 的研究仍十分活跃。本节将着重介绍 AWG 的结构设计与数值模拟。

6.3.1 AWG 原理和几何设计

$N\times N$ 波导光栅复用器[12,13]，由 N 条输入波导、N 条输出波导、两个聚焦平板波导(自由传输区)和波导阵列等部分组成。这些结构都集成在同一基底上。输入/输出端展开呈辐射状的目的是减小耦合串扰和便于器件封装，而各输入/输出波导连接自由传输区的一端以一定的中心间距均匀地排列在一个罗兰圆的圆周上(见图 6.7)。阵列中的每条波导正对中心输入/输出波导，均匀地排列在以中心输入/输出波导为圆心的圆周上。

6.3.1.1 AWG 工作原理与基本特性

1) AWG 的光栅方程

从光程的角度分析 AWG 的波分复用/解复用功能。第 l 条阵列波导长度为

$$L_l = L_0 + l\Delta L \tag{6.1}$$

式中，L_0 为最短阵列波导的长度；ΔL 为相邻阵列波导的长度差。

对某一波长 λ_c，从同一输入波导输入(x_i)，经过第 l、$l-1$ 条阵列波导，到达像面上某一点(x_o)。若要在该点干涉加强，则这两条路径的光程差为波长 λ 的 m(m 为衍射级)倍，即[14]

$$n_s(\lambda)\left(L_{\mathrm{FPRi}}+\frac{d_g^i}{2}\sin\theta_i\right)+n_g(\lambda)\left[L_0+(l-1)\Delta L\right]+n_s(\lambda)\left(L_{\mathrm{FPRo}}+\frac{d_g^o}{2}\sin\theta_i\right)$$
$$=n_s(\lambda)\left(L_{\mathrm{FPRi}}-\frac{d_g^i}{2}\sin\theta_i\right)+n_g(\lambda)(L_0+l\Delta L)+n_s(\lambda)\left(L_{\mathrm{FPRo}}-\frac{d_g^o}{2}\sin\theta_o\right)-m\lambda \tag{6.2}$$

式中，$\sin\theta_i=\dfrac{x_i}{L_{\mathrm{FPRi}}}$，$\sin\theta_o=\dfrac{x_o}{L_{\mathrm{FPRo}}}$；$n_g(\lambda)$和 $n_s(\lambda)$分别为阵列波导和平板波导的

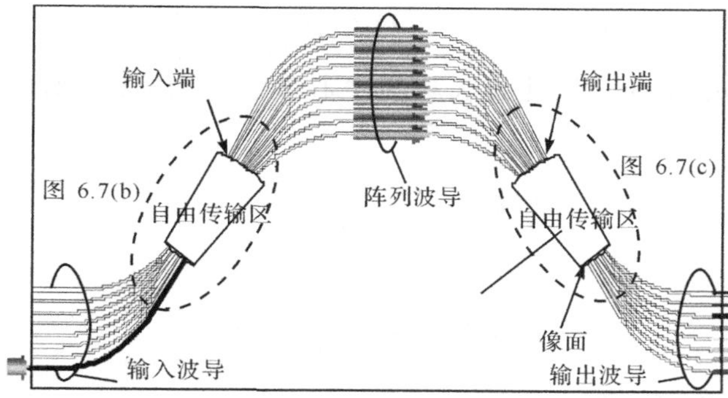

(a) AWG 整个结构

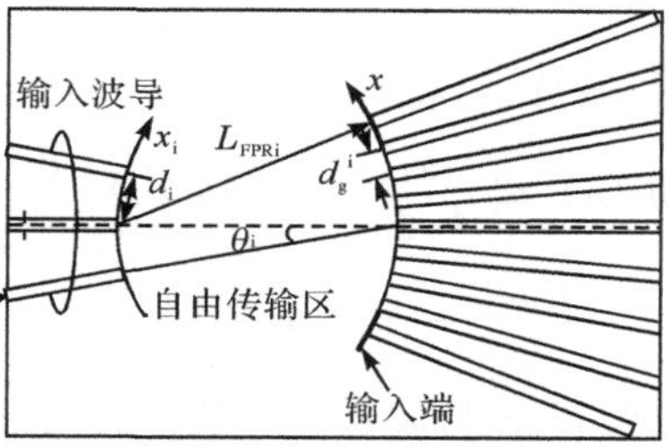

(b) 第一个自由传输区局部结构

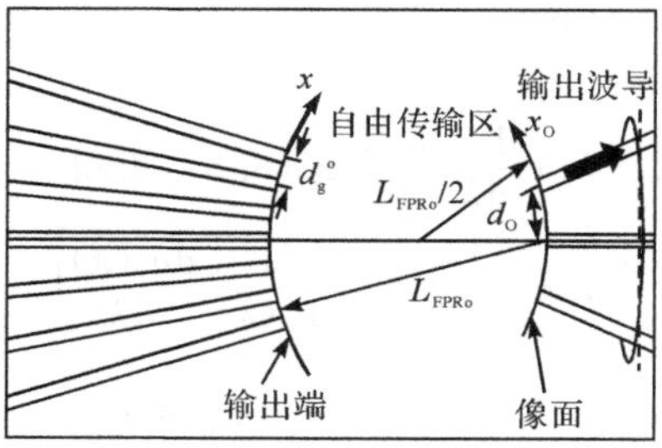

(c) 第二个自由传输区局部结构

图 6.7　AWG 结构原理图

有效折射率；L_{FPRi} 和 L_{FPRo} 分别为 FPR_1 和 FPR_2 的长度。

由式(6.2)可得

$$n_g(\lambda)\Delta L - n_s(\lambda)d_g^i \frac{x_i}{L_{FPRi}} - n_s(\lambda)d_g^o \frac{x_o}{L_{FPRo}} = m\lambda \tag{6.3}$$

此为 AWG 的基本方程。作为解复用器，仅考虑一条中心波导，即 $x_i=0$，则式(6.3)可以进一步化简为

$$n_g(\lambda)\Delta L - n_s(\lambda)d_g^o \frac{x_o}{L_{FPRo}} = m\lambda$$

当波长 $\lambda = n_g\Delta L/m$ 时，此波长称为中心波长，记作 λ_0。对于中心波长，式(6.3)可化简成

$$\frac{d_g^i}{L_{FPRi}}x_i(\lambda_0) = -\frac{d_g^o}{L_{FPRo}}x_o(\lambda_0) \tag{6.4}$$

即

$$x_o(\lambda_0) = -\frac{R_o}{R_i}\frac{d_g^i}{d_g^o}x_i(\lambda_0) \tag{6.5}$$

2）AWG 的色散特性

对于非中心波长，聚焦位置可以用线色散来表示。

$$x_o = x_o(\lambda_0) + (\lambda - \lambda_0)\frac{dx_o}{d\lambda} = -\frac{L_{FPRo}}{L_{FPRi}}\frac{d_g^i}{d_g^o}x_i(\lambda_0) + (\lambda - \lambda_0)\frac{dx_o}{d\lambda} \tag{6.6}$$

将式(6.3)两边对波长微分，可得

$$\frac{d}{d\lambda}[n_g(\lambda)]\Delta L - \frac{d}{d\lambda}[n_s(\lambda)]d_g^i\frac{x_i}{L_{FPRi}} - n_s(\lambda)\frac{d_g^i}{L_{FPRi}}\frac{dx_i}{d\lambda} - \frac{d}{d\lambda}[n_s(\lambda)]d_g^o\frac{x_o}{L_{FPRo}} - n_s(\lambda)\frac{d_g^o}{L_{FPRo}}\frac{dx_o}{d\lambda} = m \tag{6.7}$$

为考察像面上聚焦点位置 x_o 与波长 λ 的色散关系 $dx_o/d\lambda$，设输入点位置固定（即 $dx_i/d\lambda=0$），有

$$\frac{dx_o}{d\lambda} = -\frac{1}{n_s(\lambda)}\frac{dn_s(\lambda)}{d\lambda}\left[x_i\frac{L_{FPRo}d_g^i}{L_{FPRi}d_g^o} + x_o\right] - \left\{n_g(\lambda_0) - \lambda_0\frac{d}{d\lambda}[n_g(\lambda)]\right\}\frac{\Delta L}{\lambda_0}\frac{L_{FPRo}}{n_s(\lambda)d_g^o} \tag{6.8}$$

将 $x_o = x_o(\lambda_0) + (\lambda - \lambda_0)\frac{dx_o}{d\lambda}$ 代入式(6.8)，可得

$$\frac{dx_o}{d\lambda}\left[1 + \frac{1}{n_s(\lambda)}\frac{dn_s(\lambda)}{d\lambda}(\lambda - \lambda_0)\right] = -\frac{1}{n_s(\lambda)}\frac{dn_s(\lambda)}{d\lambda}\left[x_i\frac{L_{FPRo}d_g^i}{L_{FPRi}d_g^o} + x_o(\lambda_0)\right] - \frac{1}{n_s(\lambda)}\left\{n_g(\lambda_0) - \lambda_0\frac{d}{d\lambda}[n_g(\lambda)]\right\}\frac{\Delta L}{\lambda_0}\frac{L_{FPRo}}{d_g^o} \tag{6.9}$$

忽略小量，式(6.9)可近似为

$$\frac{dx_o}{d\lambda} = \frac{N_g(\lambda)\Delta L}{\lambda_0}\frac{L_{FPRo}}{n_s(\lambda)d_g^o} \tag{6.10}$$

同理，可得对应于输入波导的线色散为

$$\frac{dx_i}{d\lambda} = -\frac{N_g(\lambda)\Delta L}{\lambda_0}\frac{L_{FPRi}}{n_s(\lambda)d_g^i} \tag{6.11}$$

式中，$N_g(\lambda) = n_g(\lambda_0) - \lambda_0\frac{d}{d\lambda}[n_g(\lambda)]$，$N_g(\lambda)$ 称为群折射率。

设波分复用通道间隔为 $\Delta\lambda_{ch}$，则相邻输出波导间距 d_o 满足

$$\frac{d_\text{o}}{\Delta\lambda_\text{ch}}=\frac{N_\text{g}(\lambda)\Delta L}{\lambda_0}\frac{L_\text{FPRo}}{n_\text{s}(\lambda)d_\text{g}^\text{o}}=\frac{N_\text{g}(\lambda)}{n_\text{g}(\lambda_0)}\frac{L_\text{FPRo}m}{n_\text{s}(\lambda)d_\text{g}^\text{o}} \tag{6.12}$$

同理，相邻输入波导间距 d_i 满足

$$\frac{d_\text{i}}{\Delta\lambda_\text{ch}}=\frac{N_\text{g}(\lambda)\Delta L}{\lambda_0}\frac{L_\text{FPRi}}{n_\text{s}(\lambda)d_\text{g}^\text{i}}=\frac{N_\text{g}(\lambda)}{n_\text{g}(\lambda_0)}\frac{L_\text{FPRo}}{n_\text{s}(\lambda)d_\text{g}^\text{i}} \tag{6.13}$$

这里定义色散系数 $D_\text{o}=\dfrac{d_\text{o}}{\Delta\lambda_\text{ch}}$，$D_\text{i}=\dfrac{d_\text{i}}{\Delta\lambda_\text{ch}}$。

若 λ 的第 m 阶衍射级位置和 $\lambda+\Delta\lambda$ 的第 $m-1$ 阶衍射级位置重合，则称 $\Delta\lambda$ 为自由频谱范围，记为 $\Delta\lambda_\text{FSR}$。从方程(6.2)出发，得

$$\begin{cases}n_\text{g}(\lambda)\Delta L-n_s(\lambda)d_\text{g}^\text{i}\dfrac{x_\text{i}}{L_\text{FPRi}}-n_\text{s}(\lambda)d_\text{g}^\text{o}\dfrac{x_\text{o}}{L_\text{FPRo}}=m\lambda\\ n_\text{g}(\lambda+\Delta\lambda_\text{FSR})\Delta L-n_\text{s}(\lambda+\Delta\lambda_\text{FSR})d_\text{g}^\text{i}\dfrac{x_\text{i}}{L_\text{FPRi}}-n_\text{s}(\lambda+\Delta\lambda_\text{FSR})d_\text{g}^\text{o}\dfrac{x_\text{o}}{L_\text{FPRo}}\\ \quad=(m-1)(\lambda+\Delta\lambda_\text{FSR})\end{cases} \tag{6.14}$$

由此可得

$$\lambda+\left[\Delta L\frac{\text{d}n_\text{g}(\lambda)}{\text{d}\lambda}-d_\text{g}^\text{i}\frac{x_\text{i}}{L_\text{FPRi}}\frac{\text{d}n_\text{s}(\lambda)}{\text{d}\lambda}-d_\text{g}^\text{o}\frac{x_\text{o}}{L_\text{FPRo}}\frac{\text{d}n_\text{s}(\lambda)}{\text{d}\lambda}\right]\Delta\lambda_\text{FSR}=(m-1)\Delta\lambda_\text{FSR} \tag{6.15}$$

忽略 $-d_\text{g}^\text{i}\dfrac{x_\text{i}}{L_\text{FPRi}}\dfrac{\text{d}n_\text{s}(\lambda)}{\text{d}\lambda}-d_\text{g}^\text{o}\dfrac{x_\text{o}}{L_\text{FPRo}}\dfrac{\text{d}n_\text{s}(\lambda)}{\text{d}\lambda}$，化简得

$$\Delta\lambda_\text{FSR}=\frac{\lambda}{m\dfrac{N_\text{g}(\lambda)}{n_\text{g}(\lambda_0)}-1}\approx\frac{\lambda}{m-1} \tag{6.16}$$

除了自由频谱范围 $\Delta\lambda_\text{FSR}$ 以外，还有一个常用的类似的物理量——自由空间范围(free spatial range)ΔX_FSR，表示的是同一波长相邻衍射级的空间距离。

同理，从方程(6.2)出发，得

$$\begin{cases}n_\text{g}(\lambda)\Delta L-n_\text{s}(\lambda)d_\text{g}^\text{i}\dfrac{x_\text{i}}{L_\text{FPRi}}-n_\text{s}(\lambda)d_\text{g}^\text{o}\dfrac{x_\text{o}}{L_\text{FPRo}}=m\lambda\\ n_\text{g}(\lambda)\Delta L-n_\text{s}(\lambda)d_\text{g}^\text{i}\dfrac{x_\text{i}}{L_\text{FPRi}}-n_\text{s}(\lambda)d_\text{g}^\text{o}\dfrac{x_\text{o}+\Delta X_\text{FSR}}{L_\text{FPRo}}=(m-1)\lambda\end{cases} \tag{6.17}$$

由此可得

$$\Delta X_\text{FSR}=\frac{\lambda L_\text{FPRo}}{n_\text{s}(\lambda)d_\text{g}^\text{o}} \tag{6.18}$$

自由频谱范围 $\Delta\lambda_\text{FSR}$ 是一个很重要的指标，它决定了可用的最大通道总数，即

$$N_\text{max}=\frac{\Delta\lambda_\text{FSR}}{\Delta\lambda_\text{ch}} \tag{6.19}$$

最大衍射级次 M 为

$$M=\frac{\lambda}{N_{\max}\Delta\lambda_{\mathrm{ch}}} \tag{6.20}$$

6.3.1.2　AWG 基本性能指标

1）性能指标定义

作为滤波器，AWG 的性能皆由其频谱响应决定，其各项性能指标的定义如表 6.1 所示。

表 6.1　AWG 各性能指标的定义

参数符号	相关定义	
通道间隔	ITU 定义的通道波长间隔	
ITU 带通 PB	以 ITU 波长为中心的对称带宽； 该带宽与通道间隔相关(如对于通道间隔 100GHz，取 25GHz)； 可作为器件可用带宽来考虑	
偏振平均损耗 $L(\lambda)$	对于某一特定波长，所有偏振态透过率(对数)的平均值	$L(\lambda)=\mathrm{avg}_{\mathrm{pol}}[L(\lambda,\mathrm{pol})]$ $L(\lambda,\mathrm{pol})=\mathrm{avg}\{-10\lg[T(\lambda,\mathrm{pol})]\}$
峰值波长 $\lambda_{\max,j}$	带通范围内透过率峰值对应波长 $\lambda_{\max,j}=\lambda\{\min_{PBj}[L(\lambda)]\}$	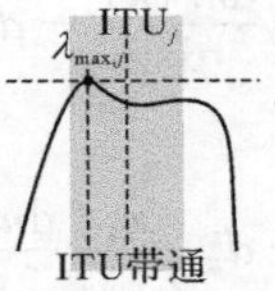
插入损耗 IL	各通道的最小损耗的最大值 $IL=\max_j(IL_j)$ $IL_j=IL(\lambda_{\max,j})$	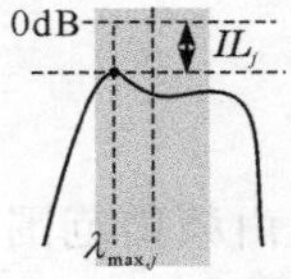
插入损耗均匀性 ILU	各通道损耗的最大差值	$ILU=\max_j(IL_j)-\min_j(IL_j)$
纹波 R	ITU 带通内损耗最大变化量 $R=\max_j(R_j)$ $R_j=\max_{PBj}[IL_j-L(\lambda)]$	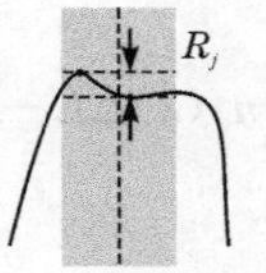
中心波长 $\lambda_{\mathrm{C},j}$	从峰值下降 3dB 处两波长的平均值 $\lambda_{\mathrm{C},j}=\frac{\lambda_j^{\mathrm{b,3dB}}+\lambda_j^{\mathrm{a,3dB}}}{2}$	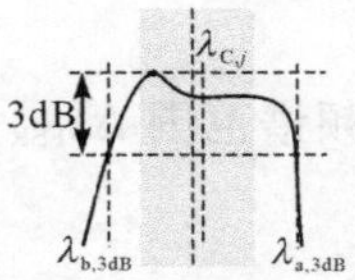

续表

参数符号	相关定义	
中心波长精度 CWA	各通道中心波长偏离 ITU 波长的最大值 $CWA=\max(\lvert\lambda_{C,j}-\lambda_{ITUj}\rvert)$	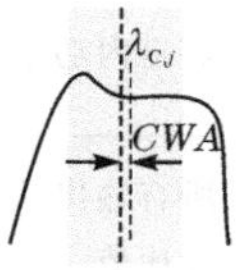
1dB、3dB 带宽 BW_{dB}	从频谱峰值下降 1dB(或 3dB)对应的波长间隔绝对值 $BW_{dB}=\min(BW_{dB,j})$ $BW_{dB,j}=\lvert\lambda_j^{b,dB}-\lambda_j^{a,dB}\rvert$	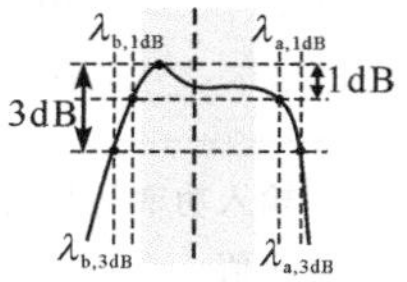
偏振相关损耗 PDL	ITU 带通内所有偏振态的透过率的最大比值 $PDL=\max(PDL_j)$ $PDL_j=\max_{PBj}[L_{max}(\lambda)-L_{min}(\lambda)]$ $L_{max}(\lambda)=\max_{pol}[L(\lambda,pol)]$ $L_{max}(\lambda)=\min_{pol}[L(\lambda,pol)]$	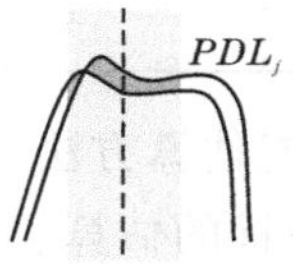
相邻通道隔离度 ACI	相邻 ITU 带通内最大透过率的最大比值 $ACI=\min(ACI_j)$ $ACIj=\min(\Delta L_{j-1},\Delta L_{j+1})$	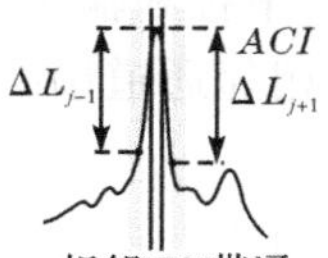 相邻ITU带通
相邻通道串扰 AXT	透过率峰值与相邻 ITU 带通内功率和的比值 $AXT=\min_j(AXT_j)$ $AXT_j=10\lg[10^{(\Delta L_{j-1}/10)}+10^{(\Delta L_{j+1}/10)}]$	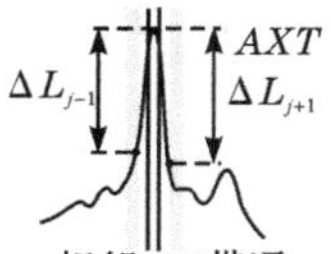 相邻ITU带通
非相邻隔离度 NAI	带通范围内透过率峰值与非相邻 ITU 带通内最大透过率的比值 $NAI=\min_j(NAI_j)$ $NAI_j=IL_j-\min_j(\Delta L_j)$ for $\lvert i-j\rvert>1$	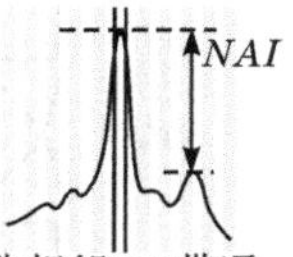 非相邻ITU带通
非相邻通道串扰 NXT	带通范围内信号功率峰值与非相邻 ITU 带通内功率和的比值 $NXT=\min_j(NXT_j)$ $NXT_j=10\lg[\sum_i 10^{(\Delta L_i/10)}]$ for $\lvert i-j\rvert>1$	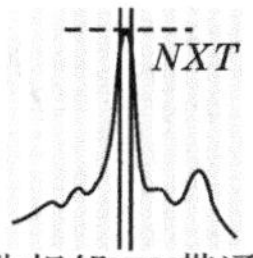 非相邻ITU带通

续表

参数符号	相关定义	
总串扰 TXT	通道内功率与所有其他通道功率和的比值	$TXT=\min_j(TXT_j)$ $TXT_j=10\lg[10^{(AXT_j/10)}+10^{(NXT_j/10)}]$
回损 RL	所有输出状态下输入功率与反射内功率的最大比值 $RL=\max_j(RL_j)$ $RL_j=(P_{\mathrm{BACK}j}-P_{\mathrm{IN}j})$	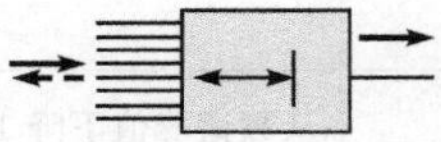
方向性 D	输入功率与其他输入口的反射内功率的最大比值 $D=\max_j(DL_j)$ $D_j=(D_{\mathrm{BACK}j}-D_{\mathrm{IN},j})\ i\neq j$	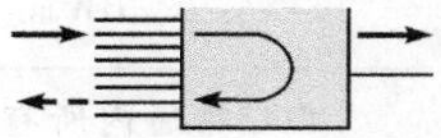

2）性能估算方法与公式

(1) 串扰的估算。

对于 AWG,串扰的一个主要来源是输出波导之间的耦合。利用叠加积分方法可以估算串扰和输出波导间距的关系(见图 6.8)。假设输入波导和输出波导结构相同,则相邻通道串扰近似表示为

$$AXT = 10\lg \mid \eta_c \mid^2 \tag{6-21}$$

式中,$\eta_c=\dfrac{\int_{-\infty}^{\infty}E_o(x)E_o(x-d_o)\mathrm{d}x}{\int_{-\infty}^{\infty}E_o(x)E_o^*(x)\mathrm{d}x}$,其中 $E_o(x)$ 为输出波导本征模式。

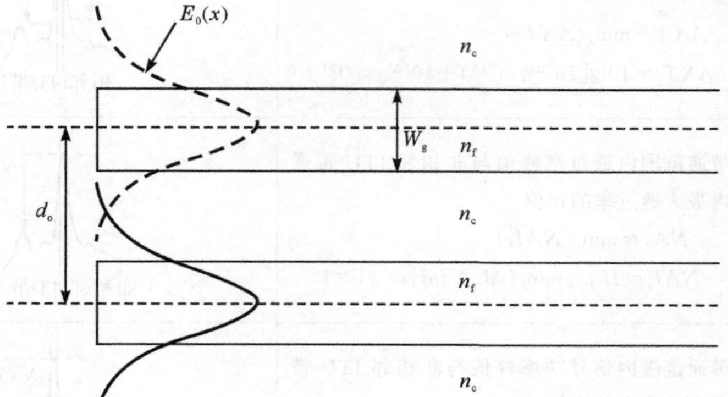

图 6.8　输出波导之间的耦合计算

很显然,波导间距增大,输出波导之间的耦合减小,从而串扰减小。因此,在

设计过程中，应使得输出波导间距足够大以满足串扰要求。

(2) 频谱的 LdB 带宽[14]。

$$\Delta\lambda_L = 0.77\,\frac{w_e}{d_o}\Delta\lambda_{ch}\sqrt{L} \tag{6.22}$$

式中，w_e为高斯场的等效宽度。通常考虑 1dB(或 3dB)带宽。

由式(6.22)可知，LdB 带宽和输出波导间距成反比。为减小温度等因素造成的中心波长漂移的影响，1dB(或 3dB)带宽越大越好。这一点和低串扰要求是相矛盾的，需要在设计时折中考虑。

(3) 插入损耗均匀性。

AWG 像面上场分布是由各阵列波导出射光场的衍射远场干涉形成的，可以用多缝干涉的概念来理解，即各波长聚焦场的包络为单根阵列波导的衍射远场，而该衍射远场为高斯型，因此中心通道的插入损耗比边缘通道小。插损均匀性正是表征这一差异的物理量，指的是边缘通道和中心通道强度比。用高斯分布近似阵列波导本征模场，则在单根阵列波导的衍射远场能量分布可写成

$$I(\theta) = I_0\exp\left(-2\theta^2/\theta_0^2\right) \tag{6.23}$$

式中，$\theta_0 = \dfrac{\lambda}{n_s}\dfrac{1}{w_e\sqrt{2\pi}} = \dfrac{1}{\pi}\dfrac{\lambda}{n_s w_0}$。

插入损耗均匀性可用下式估算[14]：

$$L_u = -10\lg\left[\exp\left(-2\theta_{omax}^2/\theta_0^2\right)\right] \approx 8.68\theta_{omax}^2/\theta_0^2 \tag{6.24}$$

式中，$\theta_{omax} = \dfrac{d_o N_{ch}}{2L_{FPRo}}$，$\theta_{omax}$为最边缘输出波导对应的倾角。

若要求插损均匀性小于 $L_{u\max}$，则有

$$L_{FPRo}\frac{d_o N_{ch}}{2R_o} = \theta_{omax} < \sqrt{\frac{L_{umax}}{8.68}}\theta_0 \tag{6.25}$$

即

$$\frac{L_{FPRo}}{d_o N_{ch}} > \frac{1}{2}\frac{1}{\theta_0}\sqrt{\frac{8.68}{L_{umax}}} = \frac{\pi}{2}\frac{w_0}{\frac{\lambda}{n_s}}\sqrt{\frac{8.68}{L_{umax}}} \tag{6.26}$$

若取 $\mathrm{L}_{u\max} = 0.5$dB，则有

$$\frac{L_{FPRo}}{d_o N_{ch}} > \frac{2.08}{\theta_0} = 6.53\,\frac{w_0}{\frac{\lambda}{n_s}} \tag{6.27}$$

根据选取的波导结构、通道数以及输出波导间距，即可确定自由传输区的最小长度。

(4) 中心通道损耗。

对于中心通道，相邻衍射级次的能量是产生损耗的重要原因。此能量可用下

式估算：

$$I_{m\pm1} = I(\theta_{FSR}) = I_0 \exp\left(-2\theta_{FSR}^2/\theta_0^2\right) \tag{6.28}$$

其中

$$\theta_{FSR} = \frac{D_o \Delta\lambda_{FSR}}{L_{FPRo}}$$

则中心通道损耗可近似表示为

$$L_0 = -10\lg \frac{I_0 - 2(I_{m+1} + I_{m-1})}{I_0} + L_p \approx 17\exp\left(-4\pi w_e^2/d_g^2\right) + L_p \tag{6.29}$$

式中，L_p表示除相邻衍射级次以外的损耗，如弯曲损耗、耦合损耗等。根据设计指标，并考虑到一定余量，由式(6.29)可算出阵列波导的中心间距d_g。

(5) 阵列波导孔径泄漏损耗。

输入波导的远场分布为高斯分布，由于阵列波导孔径有限，将有一部分能量泄漏出去。根据输入波导的远场分布[同式(6.23)]，确定阵列波导孔径的张角$2\theta_{max}$，通常取$\theta_{max}=1.5\theta_0$。由此可以确定阵列波导数为

$$N_{WG} = 2\theta_{max}/\Delta\theta \tag{6.30}$$

式中，$\Delta\theta = d_g{}^{i}/R_i$，$\Delta\theta$为阵列波导角间距。

6.3.1.3 AWG设计流程

从AWG的几何布局上看，最常见的类型有常规型和改进型两种。

1) 常规型[14]

图6.9(a)所示即为常规型AWG的结构示意图。在这种结构中，阵列波导对称的一半由两段直波导和一段与之相切连接的弯曲波导组成。从图中可以得到第l条阵列波导的长度表达式为

$$L_l = 2(S_{1l} + S_{2l} + R_l\theta_l), \quad l = 0,1,\cdots,N_{WG}-1 \tag{6.31}$$

式中，S_{1l}、S_{2l}分别为直波导部分的长度；R_l为弯曲波导的曲率半径；θ_l为对应的圆心角。通常取$L_{FPRi}=L_{FPRo}=L_{FPR}$，则输入/输出自由传输区顶点$\overline{OO'}$间距$L_s$为

$$L_s/2 = (L_{FPR} + S_{1l})\cos\theta_l + R_l\sin\theta_l + S_{2l}, \quad l = 0, N_{WG}-1 \tag{6.32}$$

根据AWG的原理，相邻波导长度差为ΔL，即

$$L_{l+1} = L_l + \Delta L, \quad l = 0,1,\cdots,N_{WG}-1 \tag{6.33}$$

为了唯一确定各阵列波导的参数，增加一个限制条件，即阵列波导第二段直波导S_{2l}间距为常数ΔH，即

$$H_{l+1} = H_l + \Delta H \tag{6.34}$$

其中

$$H_l = (S_{1l} + L_{FPR})\sin\theta_l + R_l(1-\cos\theta_l) \tag{6.35}$$

从式(6.31)～(6.35)可得如下迭代关系：

$$R_l = \frac{\frac{1}{2}L_0 + l\frac{m\lambda_c}{2n_g} - H_l \tan\frac{\theta_l}{2} - \frac{1}{2}L_s + L_{FPR}}{\theta_l - 2\tan\frac{\theta_l}{2}} \tag{6.36}$$

$$S_{1l} = \frac{H_l}{\sin\theta_l} - L_{FPR} - R_l \tan\frac{\theta_l}{2} \tag{6.37}$$

$$S_{2l} = \frac{1}{2}L_s - (S_{1l} + L_{FPR})\cos\theta_l - R_l \sin\theta_l \tag{6.38}$$

在设定初始值 S_{10}、S_{20}、R_0、θ_0 后，利用以上迭代关系，可以计算出各阵列波导所有参数 S_{1l}、S_{2l}、R_l、θ_l。

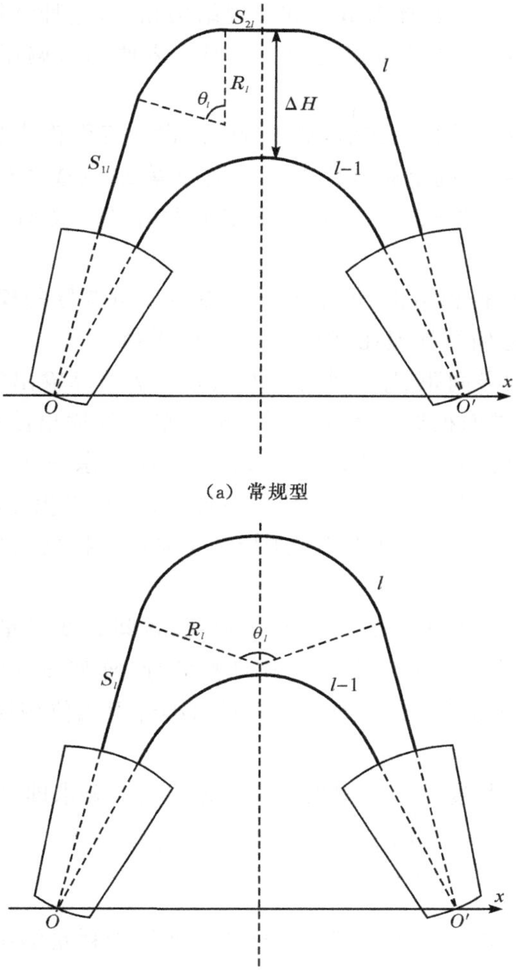

(b) 改进型

图 6.9　两种常见阵列波导布局

常规型 AWG 结构的优点是可以很方便地在顶部的直波导区域刻槽插入一些特殊结构,如插入半波片调整偏振色散、淀积非晶硅膜调节位相误差或插入温度系数相反的材料实现温度不敏感性。这里的设计都采用的是常规型。

2) 改进型[14]

改进型的阵列波导由一段直波导和一段弯曲波导组成对称的一半,如图 6.9(b)所示。由图中几何关系得

$$\begin{cases} L_l = 2(S_l + R_l\theta_l) \\ L_{l+1} = L_l + \Delta L \end{cases} \tag{6.39}$$

然后根据具体设计中的一些约束条件(如弯曲波导最小曲率半径、波导间距足够大)等,可以解出各波导的具体参数。和常规结构相比,这种结构中由于直波导和弯曲波导的连接减少,弯曲连接损耗减小。但不方便插入偏振补偿、温度补偿的特殊结构。

根据以上特性分析及相关文献,对 AWG 的设计流程总结如下:

(1) 根据使用要求,确定通道数 N_{ch}、通道间隔 $\Delta\lambda_{ch}$(或 Δf_{ch}),并根据 ITU 标准选择中心波长 λ_c。根据式(6.20)可以确定最大衍射级次 $M=\lambda/(N_{max}\ \Delta\lambda_{ch})$,取 $m<M$。

(2) 选择波导材料和结构(见第 4 章),然后分析波导的模式特性,确定单模波导参数 W。计算弯曲波导损耗,确定最小弯曲半径。

(3) 确定输出波导间距 d_o。利用叠加积分方法估算输出波导之间由于耦合引起的串扰 AXT。进而根据串扰要求可以确定最小的输出波导间距。考虑到实用性要求,串扰通常要小于−30dB。作为设计,还应考虑−10dB 左右的余量。另一方面,为使 1dB 带宽尽量大,该间距应尽可能小,这和串扰要求存在矛盾。为了解决这一矛盾,专门发展了频谱平坦化技术(也称频谱扩展),这将在后面的章节详细介绍。

(4) 确定阵列波导间距 d_g。为了减小损耗,该间距要尽量小,但由于工艺上的限制,此间距不能太小。如对于 SiO_2 掩埋型波导,阵列波导之间的空隙通常要求不小于 2μm。此外为了避免阵列波导之间的耦合引入位相误差,此间距需要足够大。

(5) 自由传输区长度 L_{FPR}。根据通道插损均匀性要求即可确定。

$$\frac{L_{FPRo}}{d_o N_{ch}} > \frac{2.08}{\theta_0} = 6.53\,\frac{w_0}{\frac{\lambda}{n_s}}$$

(6) 阵列波导数 N_{WG}。为了使得光栅能量泄漏损耗足够小,阵列波导所包括的孔径要足够大。可以用式(6.31)~(6.35)来确定。

(7) 以上各步骤确定的都是各参数的取值范围。最后需要统筹兼顾,微调各

参数，使得各参数满足

$$\frac{d_o}{\Delta\lambda_{ch}}=\frac{N_g(\lambda)\Delta L}{\lambda_0}\frac{L_{FPRo}}{n_s(\lambda)d_g^o}=\frac{N_g(\lambda)}{n_g(\lambda_0)}\frac{L_{FPRo}m}{n_s(\lambda)d_g^o}$$

最终可确定各参数。

6.3.1.4　设计实例

(1) 通道数 $N_{ch}=8$，通道间隔 $\Delta\lambda_{ch}=0.8$nm，中心波长 $\lambda_0=1555.75$nm，$m<M=121$。

(2) 选择 SiO_2 掩埋型波导，芯层、包层折射率分别为 $n_f=1.47$，$n_c=1.46$，芯层尺寸 6μm ×6μm。等效为二维平板波导以后，芯层、包层折射率分别为 $n_{f\_eff}=1.4675$，$n_{c\_eff}=1.46$。等效高斯场的束腰半径 $w_0=3.99\mu m(\theta_0=0.0848rad)$。根据弯曲波导损耗要求(<0.1dB/90°)确定最小弯曲半径 $R=5$mm。

(3) 用叠加积分方法估算串扰如图 6.10 所示，取输出波导间距为14.5μm。

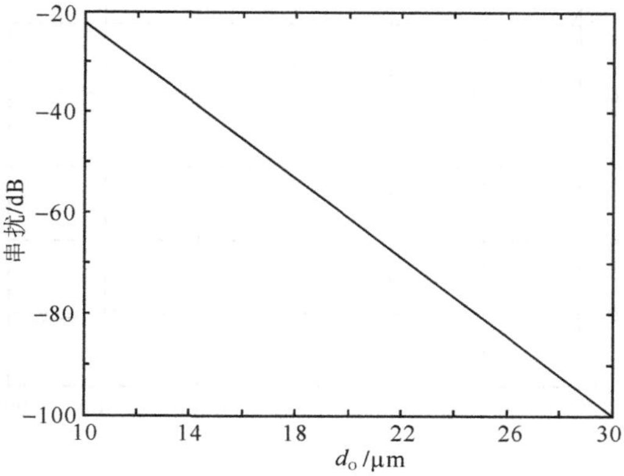

图 6.10　串扰与输出波导间距的关系

(4) 阵列波导间距 $d_g^i=d_g^o=10\mu m$，波导之间的空隙为 4μm。

(5) 自由传输区长度 L_{FPRo}。图 6.11(a)所示为不同插损均匀性要求情况下，最小 L_{FPRo}与 $N_{ch}d_o$的关系。在此例中，$N_{ch}d_o=116\mu m$。若按照插损均匀性小于 0.5dB 的要求，$L_{FPRo}>3000\mu m$ 即可。考虑一定余量，这里取 $L_{FPRo}=3600\mu m$。图 6.11(b)所示为插损均匀性随 L_{FPRo}的变化关系。当 $L_{FPRo}=3600\mu m$ 时，插损均匀性约为0.3dB。

(6) 阵列波导数。取 $\theta_{max}=1.5\theta_0=0.1272rad$，则 $N_{WG}=2\theta_{max}/\Delta\theta=114.48$。这里取 $N_{WG}=96$。

(7) 衍射级次。根据式(6.16)计算得 $m=73.8845$。这里，取 $m=74$(满足自由频谱范围要求)。利用公式反推一次得 $d_o=14.52\mu m$。根据 $\lambda_0=n_g\Delta L/m$ 求得

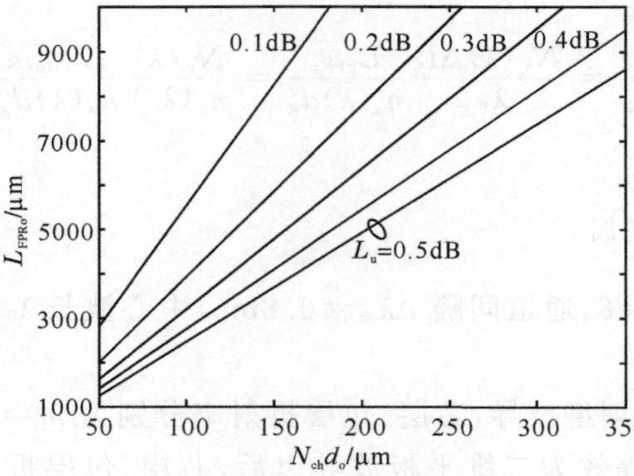

(a) 不同插损均匀性要求情况下，最小 L_{FPRo}与 $N_{ch}d_o$的关系

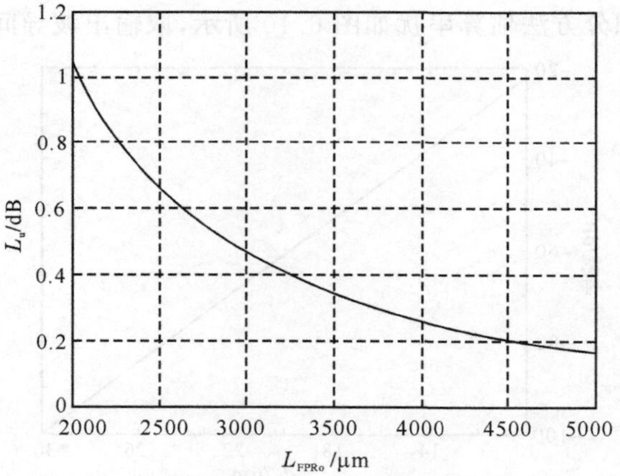

(b) 插损均匀性 L_u随着 L_{FPRo}的变化关系

图 6.11　通道均匀性

阵列波导长度差 $\Delta L=78.6\mu$m。

至此，AWG 的重要参数已经基本确定。接下来是根据以上参数确定 AWG 几何结构。这里选取常规性布局[见图 6.9(a)]。图 6.12(a)～(c)分别给出各条阵列波导中直波导长度 S_{1l}、S_{2l}与弯曲半径 R_l。要注意的是最小弯曲半径必须足够大使得弯曲损耗足够小。在本例中，弯曲半径大于 5000μm 即可。另外，需要注意的是，在选择 AWG 参数时，应使各阵列波导弯曲半径尽可能接近，从而在一定程度上减小器件尺寸。图 6.13 所示为 AWG 布局图，整个器件尺寸约为3.06 cm×1.25cm。

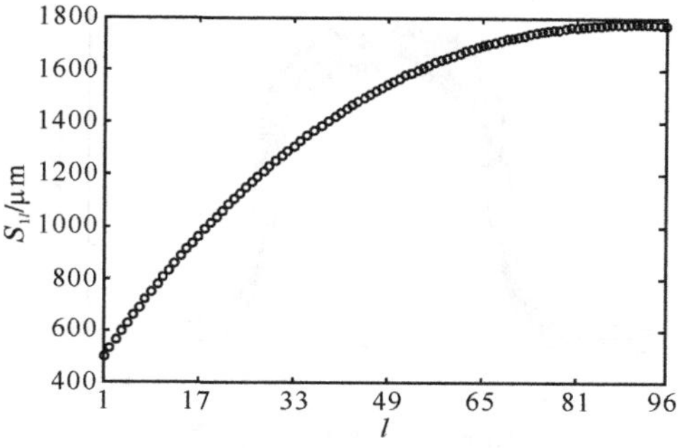

(a) 直波导长度 S_{1l}

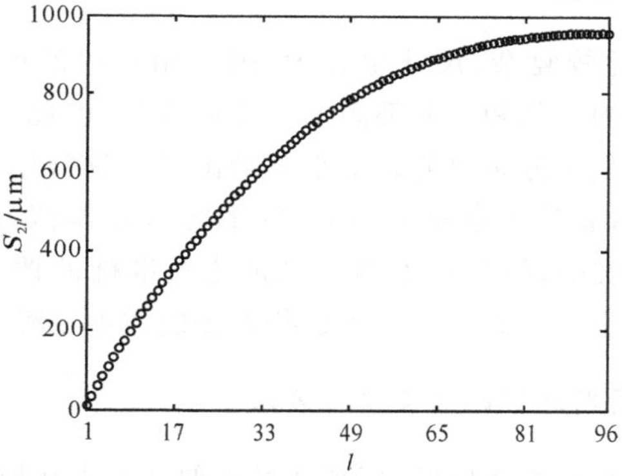

(b) 直波导长度 S_{2l}

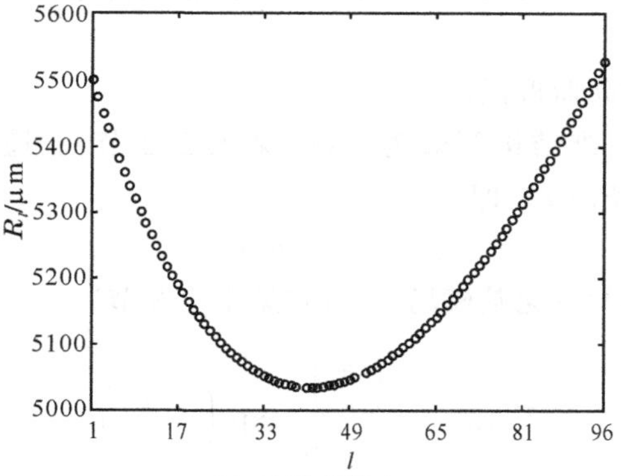

(c) 弯曲半径 R_l

图 6.12　阵列波导几何参数

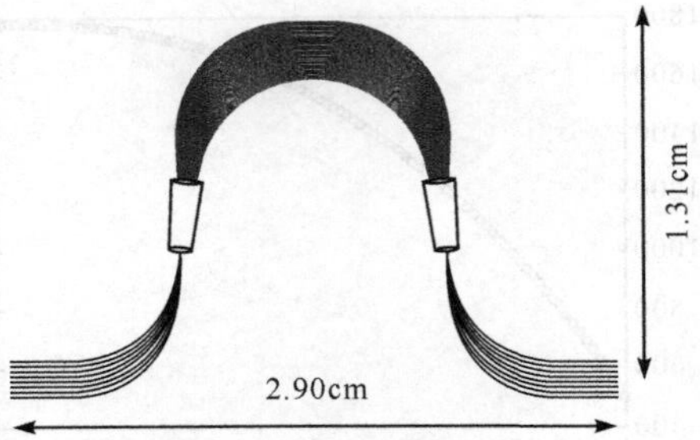

图 6.13　AWG 布局图

6.3.2　AWG 的理论建模

AWG 器件结构比较复杂，尺寸也较大，因此用一般的模拟方法存在一定困难。然而其结构参数的优化和性能都离不开全局模拟，因此寻求一种方便、可靠、快速的模拟计算方法是十分必要的。本小节给出了两种常用的模拟方法：①基于高斯近似的模拟方法；②基于直角坐标 BPM 的分区域模拟方法。这些模拟方法能够对 AWG 进行准确的模拟，从而对其性能进行准确的评估，并有助于优化器件设计与分析实验结果。下面依次给出这些方法的详细过程。

6.3.2.1　基于高斯近似的简便模拟方法

这里从 AWG 的基本原理出发，用高斯场近似波导本征模场，实现了 AWG 全局模拟。这种方法可以快速得到入射光在 AWG 入口端面上的远场分布，大大简化了模拟的复杂性，提高了计算效率，具有方便快速的特点。

1）模拟流程

（1）入射光场的高斯近似。

首先用 EIM 将三维结构等效为二维（见 1.2.2 节）。通常将输入波导基模 $E_0(x)$ 作为入射光场 $E_{in}(x)$，即

$$E_{in}(x) = E_0(x) \tag{6.40}$$

并用如下高斯场近似归一化基模场 $E_0(x)$（见 1.1.3 节）

$$E_0(x) = \frac{\left(\dfrac{2}{\pi}\right)^{\frac{1}{4}}}{\sqrt{w_0}} \exp\left(-\frac{x^2}{w_0^2}\right) \tag{6.41}$$

式中，束腰 w_0 用式(1.39)求得。

（2）高斯光束在自由传输区中的传输。

AWG 中自由传输区为平板波导，用 EIM 将其等效为折射率为 n_{FPR} 的自由空间。因此，高斯光束在 FPR_1 中的传输可表示如下（z 为传输方向）：

$$E_{\text{far}}(x,z)=\frac{\left(\frac{2}{\pi}\right)^{\frac{1}{4}}}{\sqrt{w_z}}\exp\left(-\frac{x^2}{w_z^2}-\frac{\mathrm{i}\beta x^2}{2R}\right)\exp\left(-\mathrm{i}\beta z+\mathrm{i}\varphi\right)\tag{6.42}$$

式中，$R=z[1+(z_0/z)^2]$，$w_z=w_0[1+(z_0/z)^2]^{1/2}$，$\varphi=\arctan(z/z_0)$，$\beta=n_{\text{FPR}}2\pi/\lambda_0$，其中 $z_0=\pi n_{\text{FPR}}w_0^2/\lambda_0$，$\lambda_0$为真空中的光波长。

波导阵列入口 S 点坐标用极坐标表示为$(\theta_S,L_{\text{FPR}})$，该点光场分布为

$$E_{\text{IAP}}(\theta_S)=E_{\text{far}}(x_S,z_S)$$

式中，$x_S=L_{\text{FPR}}\sin\theta_S$，$z_S=L_{\text{FPR}}\cos\theta_S$。

(3) 从 FPR_1 耦合到阵列波导的耦合系数。

根据叠加积分原理，第 l 条阵列波导对应的耦合系数 η_l 可表示为

$$\eta_l=\int E_{\text{IAP}}\left(\frac{x}{L_{\text{FPR}}}\right)E_{\text{AW}}^*(x-x_l)\mathrm{d}x\tag{6.43}$$

式中，$E_{\text{AW}}(x-x_l)$为第 l 条波导的归一化基模场(x_l为第 l 条阵列波导相对于中心阵列波导的偏移量)，* 表示共轭；耦合系数 η_l 表示光从 FPR_1 耦合到第 l 条阵列波导的场的大小，$|\eta_l|^2$ 则表征了耦合能量。

(4) 光在阵列波导中的传输。

在模拟过程中，忽略阵列波导之间的耦合，即假定光耦合到阵列波导后独立传输。根据 AWG 原理，各阵列波导将引入不同的位相 φ_l，即

$$\varphi_l=\frac{(L_0+l\Delta L)}{\lambda}2\pi n_{\mathrm{g}}\tag{6.44}$$

式中，L_0为第 0 根阵列波导(即长度最短的阵列波导)的长度；n_{g}为阵列波导的有效折射率；λ 为计算波长。相邻两条波导引入的位相差 $\Delta\varphi$ 表示为 $2\pi n_{\mathrm{g}}\Delta L/\lambda$。由于决定 AWG 色散性能的是 $\Delta\varphi$，因此模拟计算时可令 $L_0=0$，则

$$\varphi_l=l\Delta\varphi\tag{6.45}$$

(5) 在 FPR_2 的聚焦成像。

每条阵列波导都相当于一个子光源。从每个子光源发出的光经 FPR_2 衍射后在像面上产生的激励场相互叠加，得到像面上总的场分布。分别计算不同的波长，就可以得到不同波长对应的像面场分布和聚焦位置。因此首先要求出各阵列波导在像面上的衍射场。为方便起见，针对第 l 条阵列波导作相应的坐标变换，即 x-z 变换到 x'-z'，如图 6.14 所示。其中坐标变化关系如下：

$$\begin{cases}x'=(x-x_l)\cos\theta_l+(z-z_l)\sin\theta_l\\ z'=-(x-x_l)\sin\theta_l+(z-z_l)\cos\theta_l\end{cases}\tag{6.46}$$

式中，θ_l为第 l 条阵列波导对应的倾角；(x_l,z_l)为第 l 条阵列波导中心位置，其中 $x_l=L_{\text{FPR}}\sin\theta_l$，$z_l=L_{\text{FPR}}(1-\cos\theta_l)$。

在 x'-z' 坐标下，可以很方便地得到第 l 条阵列波导的初始场 $E_l(x',z')$ 及其

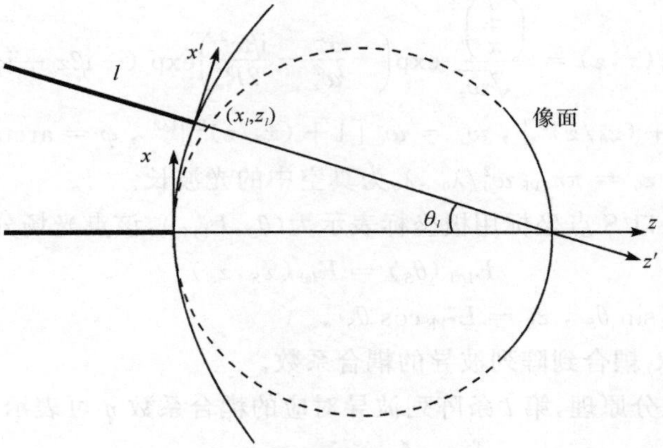

图 6.14　AWG 中 FPR_2 区的示意图

在像面上产生的激励场 $E_l(x_{IM}, z_{IM}) = E_{far}(x', z')$。像面上场 $E_{IM}(x_{IM}, z_{IM})$ 是所有阵列波导的激励场 $E_l(x_{IM}, z_{IM})$ 的叠加总和，即

$$E_{IM}(x_{IM}, z_{IM}) = \sum_{l=0}^{N_{WG}-1} E_l(x_{IM}, z_{IM}) \tag{6.47}$$

由此可得像面上的强度分布 $|E_{IM}(x_{IM}, z_{IM})|^2$。

（6）输出波导的接收及频谱响应。

根据叠加积分原理，输出波导接收到的能量为

$$|\eta_{out}|^2 = \left| \frac{\int E_{IM}(x,z) E_o^*(x) dx}{\int E_o(x) E_o^*(x) dx} \right|^2 \tag{6.48}$$

式中，$E_o(x)$ 为输出波导的本征模式。对设计范围内的波长 λ 进行扫描，计算不同波长 λ 在同一根输出波导的输出 $[|\eta_{out}(\lambda)|^2]$，此即为频谱响应。

2）模拟结果

AWG 参数如表 6.2 所示。在此例中，波导结构如图 6.15 所示，波导宽度 $W = 6\mu m$，芯层折射率 $n_{co} = 1.47$，包层折射率 $n_{cl} = 1.46$。等效后所得平板波导的芯层折射率 $n_{co\_eff} = 1.4675$，包层折射率 $n_{cl\_eff} = 1.46$，自由传输区的等效折射率 $n_{eff} = 1.4675$。

表 6.2　AWG 参数

$L_{FPR}/\mu m$	m	$d_g/\mu m$	N_{WG}	$\lambda_c/\mu m$	N_{ch}	$\Delta\lambda_{ch}/nm$
3600	74	10	96	1555.75	8	0.8

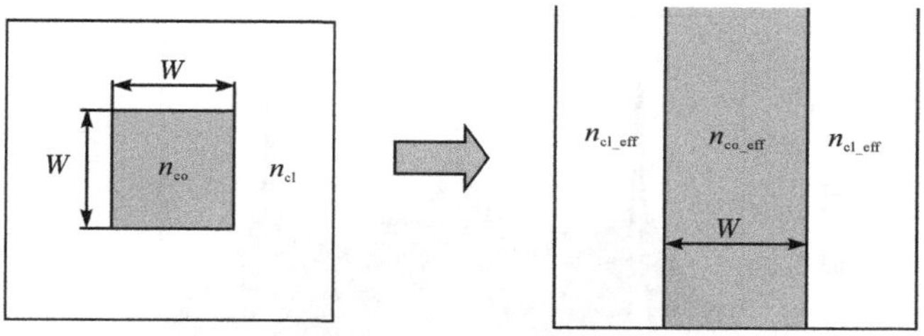

图 6.15 掩埋方形波导结构及其等效平板波导

(1) 耦合系数的计算结果。

根据前文给出的模拟流程，依次计算入射高斯近似光场及其在 FPR_1 中的传播，最后利用式(6.43)即可得到相应的耦合系数，如图 6.16 所示。

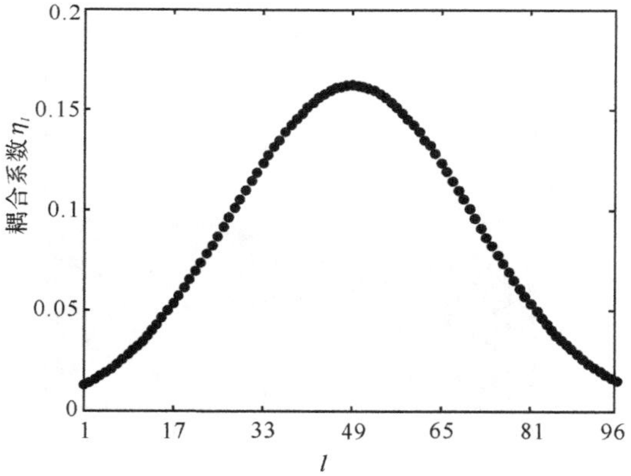

图 6.16 各阵列波导的耦合系数 η_l

(2) 像面场分布的计算结果。

根据前文给出流程的第(4)、(5)步，最后由式(6.47)得到 AWG 像面上强度分布，如图 6.17 所示。由图可知，对应于中心波长的聚焦点在正中间位置，两边各有一个次峰为 $m\pm1$ 级衍射聚焦点。

图 6.18 所示为各通道波长对应的在像面上的场分布。从图中可以看出，不同通道波长的光聚焦于不同点，聚焦点之间的距离为 14.54μm，和理论上计算出来的值 14.52μm 相比，误差 0.02μm，故基本吻合。

(3) 频谱响应图。

对波长进行扫描，即可获得 AWG 的频谱图(见图 6.19)。高斯近似方法能对频谱响应的基本特性进行粗略的估计，但若要进一步提高模拟的准确性，应当采用更精确的模拟方法，如下面给出的基于 BPM 的分区模拟方法。

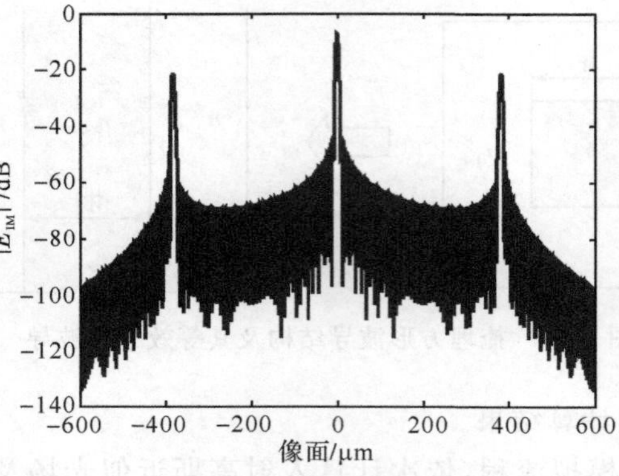

图 6.17　像面上的光场强度分布(中心波长)

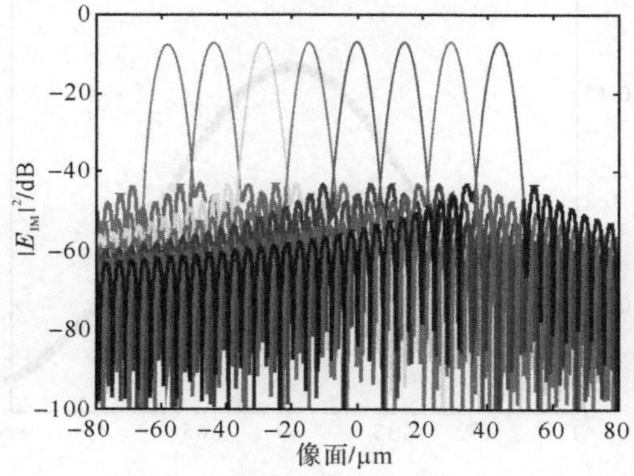

图 6.18　各通道在像面上的强度分布

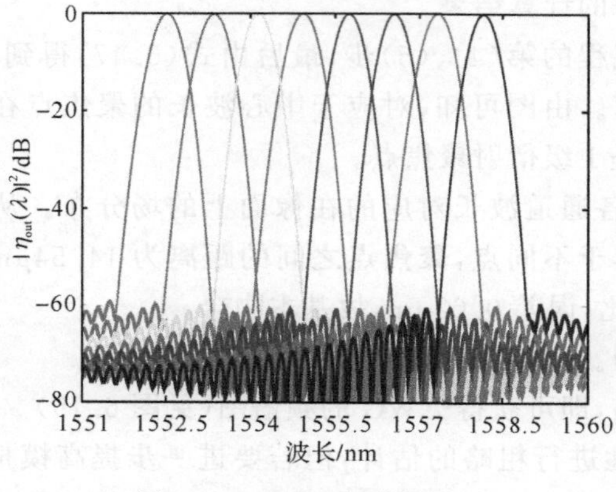

图 6.19　AWG 频谱响应图

6.3.2.2　基于 BPM 的分区模拟方法

这里给出基于 BPM 的分区模拟过程，把整个 AWG 器件分成三部分(见图 6.20)[15]。

(1) 区域一：包括输入波导、FPR_1、波导阵列入口部分[见图 6.20(a)]。

(2) 区域二：波导阵列(去除入口、出口部分)。

(3) 区域三：包括波导阵列出口部分、FPR_2、输出波导[见图 6.20(b)、(c)]。

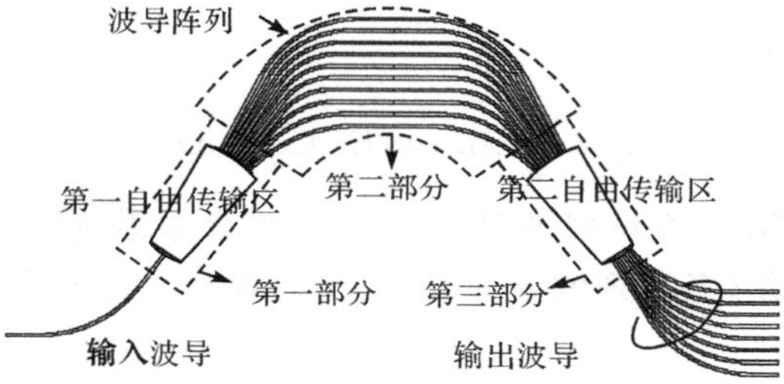

(a) 整个结构

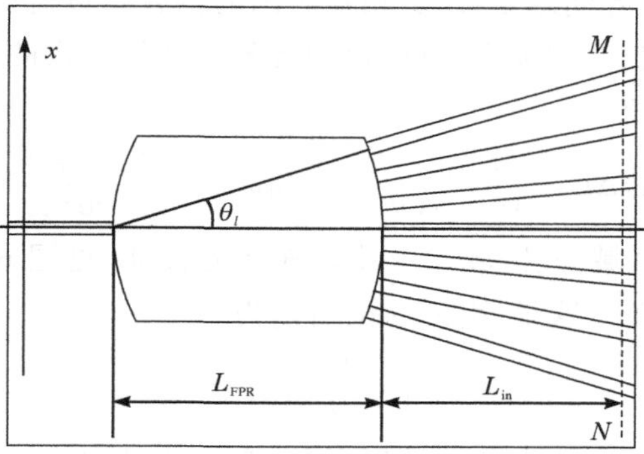

(b) FPR_1

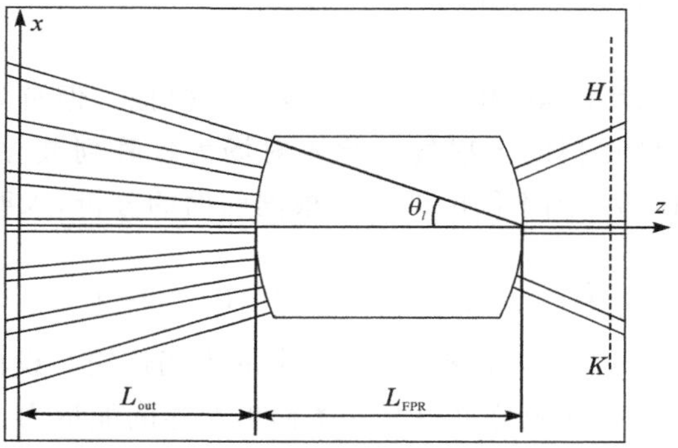

(c) FPR_2

图 6.20　AWG 结构图

1）区域一

光场从输入波导入射到 FPR_1，沿着 z 方向传播，并在 x 方向扩散，然后耦合到阵列波导，并传播足够远的距离 L 到达 MN 面。在 MN 面上，相邻阵列波导间距足够大使得相互之间的耦合足够小。整个光场传播过程可以用广角 BPM 方法计算。根据 MN 面[见图 6.20(b)]上的场分布，可用叠加积分公式计算耦合到各条阵列波导中的能量。这里，BPM 的输入场为输入波导的归一化基模场 $E_0(x,l)$，即 $\left|\int E_0(x)E_0^*(x)\mathrm{d}x\right|=1$。设 MN 面上的场分布为 $E_{MN}(x)$，则第 l 条阵列波导的耦合系数表示为[14]

$$\eta_l=\int E_{MN}(x)E_0^*(x,l)\mathrm{d}x \tag{6.49}$$

式中，$E_0(x,l)$ 表示第 l 条阵列波导的基模。耦合系数 η_l 为复数，其位相部分 $\arg(\eta_l)$ 表示耦合到第 l 条阵列波导的场的位相，模 $|\eta_l|$ 表示耦合到第 l 条阵列波导的场振幅。

2）区域二

在此区域，阵列波导间距足够大，相互之间的耦合可以忽略。因此，其贡献仅仅体现在位相上。根据几何关系，可以得到各阵列波导引入的位相 φ_l。区域二的阵列波导长度 L_l 表示为

$$L_l=L_0+(l-1)\Delta L-\left(\frac{L_{\mathrm{FPR}}+L_{\mathrm{in}}}{\cos\theta_l}-L_{\mathrm{FPR}}\right)-\left(\frac{L_{\mathrm{FPR}}+L_{\mathrm{out}}}{\cos\theta_l}-L_{\mathrm{FPR}}\right) \tag{6.50}$$

式中，L_{in}、L_{out} 分别为区域一、区域二中波导阵列的长度[见图 6.20(b)、(c)]；θ_l 为第 l 条阵列波导的倾角。这里，引入的位相 φ_l 为

$$\varphi_l=\frac{2\pi}{\lambda}n_{\mathrm{g}}L_l \tag{6.51}$$

值得注意的是，当弯曲波导曲率半径很大时，弯曲波导和直波导的有效折射率差别很小，模拟时可以认为两者相同。

3）区域三

和区域一相似，采用广角 BPM 对此区域进行模拟。但首先需要根据前面两部分的计算构建 BPM 模拟的入射场。此入射场为各阵列波导基模的叠加，且各基模场的振幅和位相均受到不同的调制。根据前面的分析，入射场表示为

$$E_{\mathrm{in}}=\sum_{l=0}^{N_{\mathrm{WG}}-1}\eta_l E_0(x,l)\exp(-\mathrm{i}\varphi_l) \tag{6.52}$$

构建入射场后，即可用 BPM 模拟 FPR_2 中的光场传输。设输出面 HK 上的场分布为 $E_{HK}(x)$。利用叠加积分可得第 q 条输出波导的能量为

$$|\eta_{\mathrm{out}}(q)|^2=\left|\int E_{HK}(x)E_0^*(x,q)\mathrm{d}x\right|^2 \tag{6.53}$$

通过扫描波长，可得到输出波导能量与波长的关系曲线，此即 AWG 的频谱响应。根据频谱响应，可以得到 AWG 的一系列重要指标，如 1dB 带宽、(非)相邻通道串扰、插入损耗、通道均匀性等。

6.3.2.3　模拟实例

下面给出一个设计例子，采用的波导结构为 6μm×6μm 掩埋型方形波导，包层折射率 $n_{cl}=1.4455$，芯层折射率 $n_{co}=1.4555$。用 EIM 得到等效折射率 $n_{co\_eff}=1.45298$，$n_{cl\_eff}=1.4455$。应用以上的模拟方法对设计参数如表 6.3 所示的 AWG 进行模拟。

表 6.3　AWG 参数

m	$d_g/\mu m$	λ_0/nm	N_{ch}	$\Delta\lambda_{ch}/nm$	$L_{FPR}/\mu m$	$d_o/\mu m$
36	8	1545.32	48	0.8	5200	13.1

1）区域一

图 6.21 所示为区域一中的光场传播过程：从输入波导输入，经过 FPR_1 扩散传播，然后耦合到波导阵列中。图 6.21(b)所示为局部放大图。由此可以更清楚地看到光场从 FPR_1 到波导阵列的耦合过程。

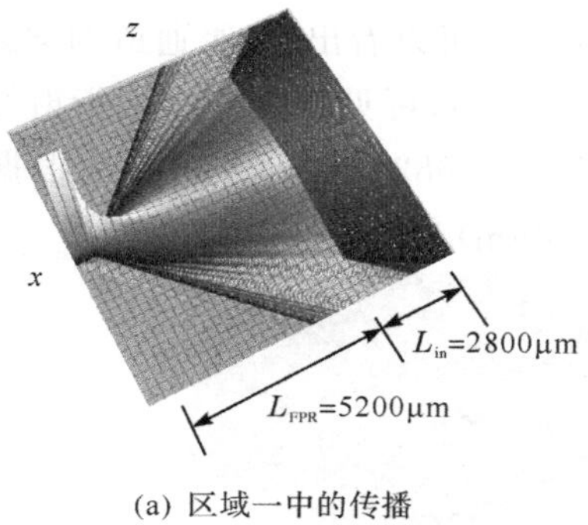

(a) 区域一中的传播

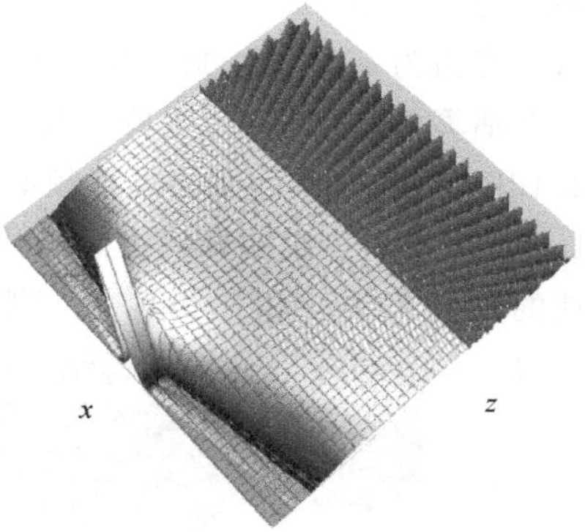

(b) 局部放大图

图 6.21　光波在 FPR_1 的传播

图 6.22 所示为阵列波导的耦合系数 η_l。由于阵列波导数足够多($N_{WG}=170$)，因此耦合到阵列波导的总能量约为 1.0，即几乎没有损耗。

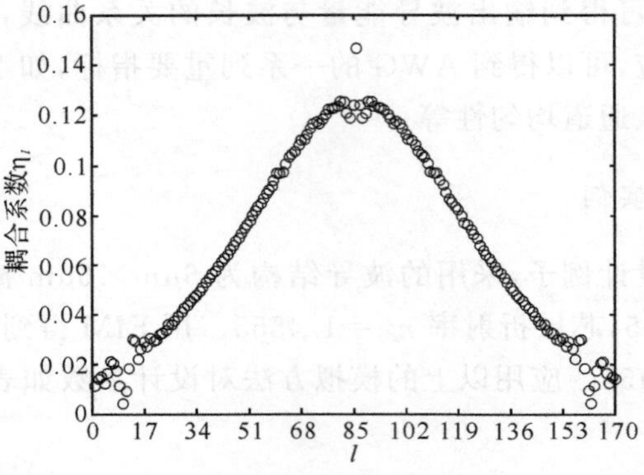

图 6.22　耦合系数 η_l

2）区域二

取 $L_{\text{in}}=L_{\text{out}}=2800\mu\text{m}$。

3）区域三

图 6.23(a)所示为光场在 FPR_2 中的传播（边缘通道中心波长 $\lambda=1529.32\text{nm}$）。从图 6.23(a)、(b)可以看出，除了 m 级主峰外，还有 $m\pm1$ 级次峰。由于是边缘通道，$m-1$ 级衍射峰比 $m+1$ 级衍射峰大得多。m 级主峰、$m-1$ 级次峰值分别约为 0.34、0.19。作为对比，图中虚线给出的是理想像场分布（即输入波导基模），其峰值为 0.45。由此可以估算损耗约为 $10\lg(0.34^2/0.45^2)=-2.4\text{dB}$，这只是一个估算值。事实上，主峰场比理想像场分布略有展宽，因此插入损耗应该比 -2.4dB 小一些（从后面的模拟频谱响应曲线可以看出，边缘通道的插入损耗约为 -1.9dB）。$m-1$ 级次峰约占总能量的 17.8%，可见耦合到次级衍射峰的能量是损耗的重要来源。相邻衍射级间距 $\Delta X_{\text{FSR}}=682.1\mu\text{m}$，这和直接根据公式 $\{\Delta X_{\text{FSR}}=\lambda R_o/[n_s(\lambda)d_g^o]\}$ 计算所得结果（$687.6\mu\text{m}$）基本吻合。

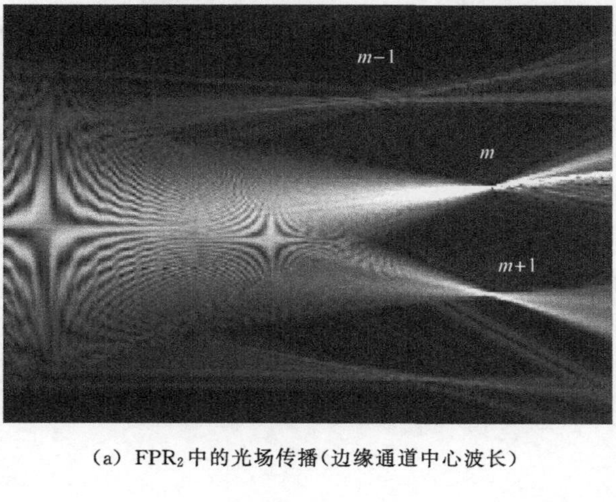

(a) FPR_2 中的光场传播（边缘通道中心波长）

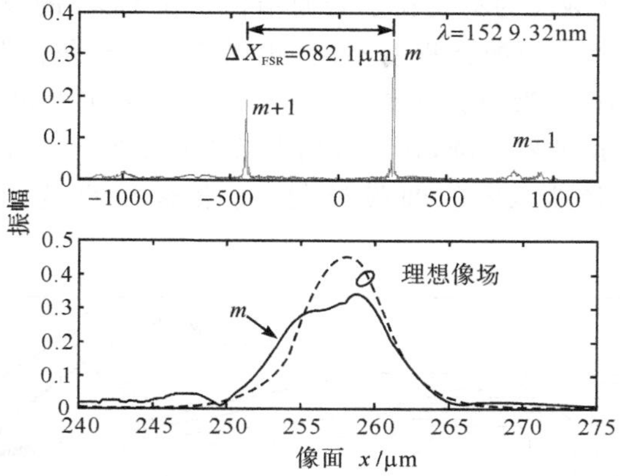

（b）成像面的场强分布

图 6.23　AWG 输出端的模拟结果

4）频谱响应图

图 6.24 所示为模拟得到的频谱图，共 40 个通道，通道间隔为 0.8nm，与设计值吻合。

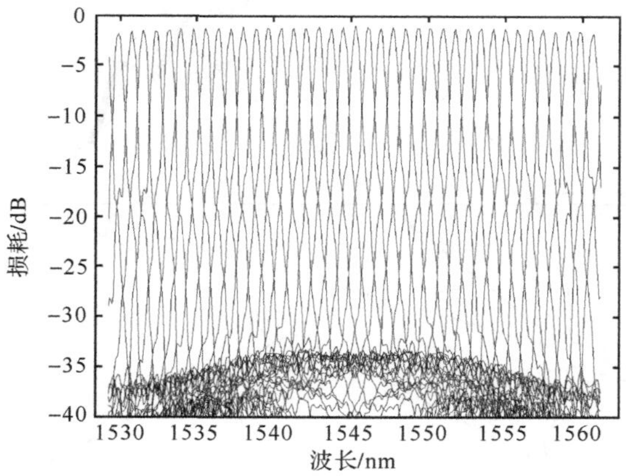

图 6.24　AWG 器件的频谱响应图模拟结果

6.4　EDG

图 6.25(a)给出 EDG 的结构示意图。一个典型的 EDG 器件由输入波导、输出波导阵列、自由传输区和凹面光栅四部分组成。就工作原理上来讲，EDG 与 AWG 很相似：多个波长复用的信号经过输入波导后进入自由传输区发散，然后经过凹面光栅衍射。由于不同的波长具有不同的光程差，因此被聚焦在不同的输出

波导位置。EDG 和 AWG 的不同在于光栅结构。在 EDG 的设计中，采用的是凹面光栅，利用两个相邻齿面的光程差不同，实现色散与聚焦。凹面光栅通常采用“罗兰圆(Rowland circle)”结构，如图 6.25(b)所示。早在 1882 年，罗兰圆原理就被发现：对于半径为 R 的罗兰圆，在其圆周上某一点 I 发出一定频率的光，当它被与罗兰圆相切且半径为 $2R$ 的圆弧反射，将会聚在罗兰圆某一点 O 上[见图 6.25(b)]。

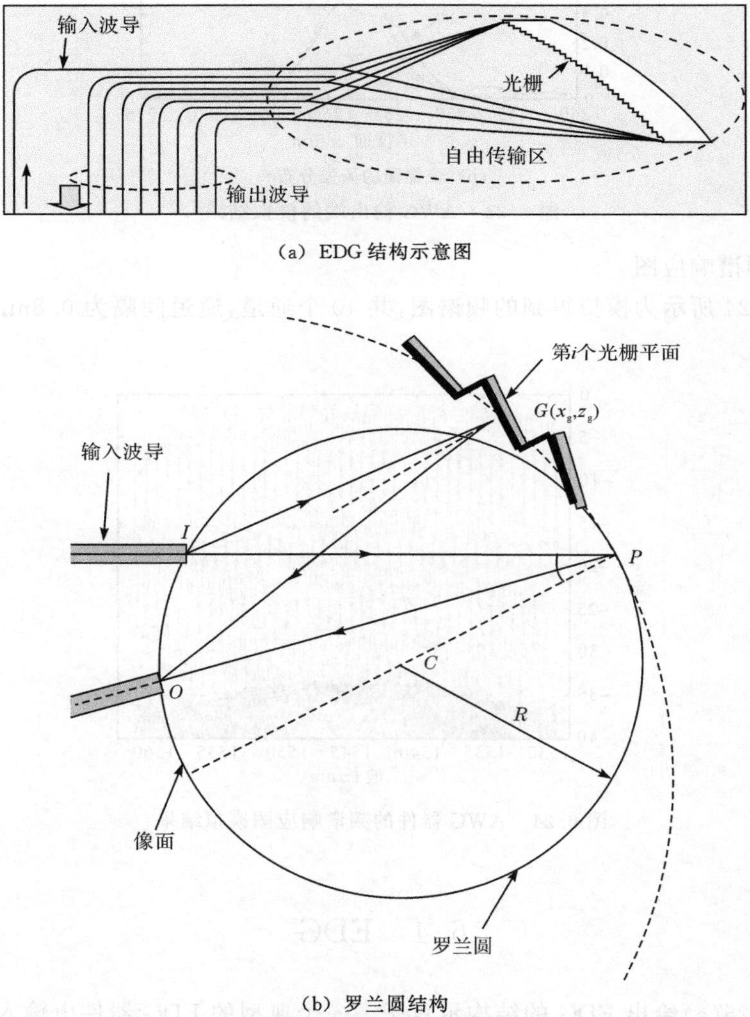

(a) EDG 结构示意图

(b) 罗兰圆结构

图 6.25　EDG 及罗兰圆结构示意图

对 EDG，通常使用的光栅有两种结构，如图 6.26 所示。其中一种是在光栅背面镀金属，以便增强反射，降低损耗，如图 6.26(a)所示。因此在制作工艺上，需要在深刻蚀光栅后，多一个镀金属膜的工序。而图 6.26(b)给出的是全内反射结构，使得光在入射光栅齿面后，经过两次全内反射回到原方向。这样的设计是利用全内反射来提高发射效率，降低损耗，避免了镀金属的工序。但从以后的分析可以看出，使用两种结构在性能上却各有优势，一方面使用全内反射结构的光栅，器件损耗会明显大于表面镀金属的光栅，但另一方面全内反射光栅比表面镀金属的刻蚀光栅具有更低的偏振相关损耗。

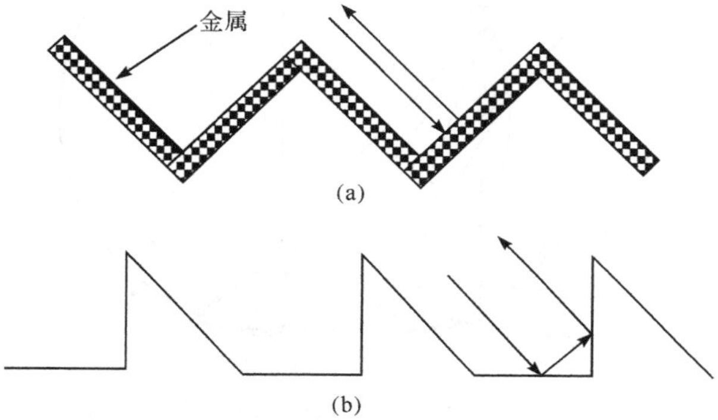

图 6.26　常用光栅结构

下面对 EDG 相关特性进行分析。图 6.27 给出基于罗兰圆结构的 EDG 工作原理图。对于凹面光栅，光栅衍射方程为

$$\sin\alpha_{\text{in}} + \sin\alpha_{\text{diff},0} = \frac{m\lambda_0}{n_{\text{eff}}\Lambda} \tag{6.54}$$

式中，α_{in} 和 $\alpha_{\text{diff},0}$ 分别为入射角和衍射角；Λ 、n_{eff} 、m 和 λ_0 分别为光栅周期、自由扩散区有效折射率、工作衍射级和中心波长。

对式(6.54)两边进行微分，可以得到角色散关系为

$$\Delta\alpha = \frac{m\Delta\lambda}{n_{\text{eff}}\Lambda} \tag{6.55}$$

两边同时乘以罗兰圆直径，可以获得线色散关系为

$$\Delta x_{\text{c}} = \frac{2r_{\text{rc}}m\Delta\lambda}{n_{\text{eff}}\Lambda} \tag{6.56}$$

结合式(6.54)和式(6.56)，可以得到

$$r_{\text{rc}} = \frac{\Delta x_{\text{c}}\lambda_0}{2\Delta\lambda_{\text{c}}(\sin\alpha_{\text{in}} + \sin\alpha_{\text{diff},0})} \tag{6.57}$$

在器件设计的时候，为了满足闪耀条件，通常输入波导和中心输出波导位置会很靠近，因此可以获得如下近似关系：

$$\alpha_g \equiv \frac{(\alpha_{in} + \alpha_{diff,0})}{2} \approx \alpha_{in} \approx \alpha_{diff,0} \tag{6.58}$$

从以上分析可以看出，对 EDG 器件，几个变量之间是具有特定关系的。通常可以认为衍射级 m 和入射角 α_{in} 是决定器件性能的两个最关键参数。

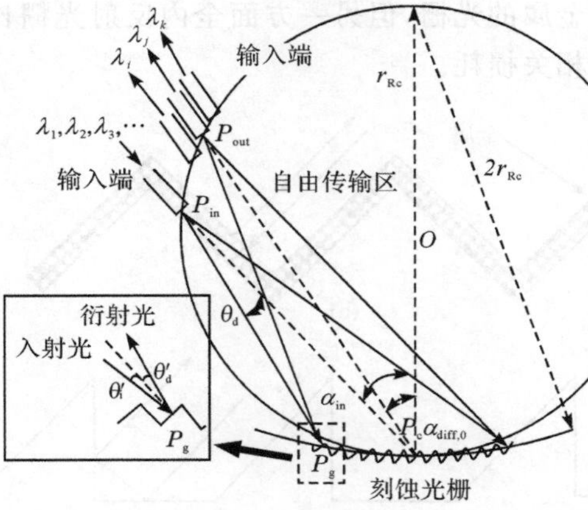

图 6.27 基于罗兰圆结构的 EDG 工作原理图

对 EDG 器件进行制作，首先应考虑对材料的选择，目前最常用的材料主要有两种，一种是采用硅基底上的多层 SiO_2，另一种是采用 InP 基底上的 InGaAsP 结构。InGaAsP/InP 结构有折射率高，易与半导体激光器等有源器件集成等特点；而 SiO_2/Si 结构的优势是可以利用现有半导体器件工艺，并容易与光纤进行匹配。在工艺上，EDG 需要对光栅部分进行深刻蚀，且光栅和波导需要两次掩膜套刻，而 AWG 却只需一次掩膜，且不需要深刻蚀工艺。因此利用传统的半导体工艺，制作 AWG 要相对容易些。但随着半导体制作工艺的发展，具有更好性能的 EDG 器件必将得到更加广泛的应用。和 AWG 一样，硅纳米线技术同样可以被用于设计制作结构非常紧凑的 EDG 器件[16]，器件尺寸为 280μm × 150μm，比起传统的 SiO_2 掩埋性光波导器件小了近四个数量级。器件损耗为 7.5dB，串扰约−30dB。

6.5 波分复用器件优化设计

对波分复用器件，在实际应用中会有许多具体要求，而通常的设计在某些性能参数上并不满足实用需要，因此需要进行特殊的优化设计，使得器件具有某方面特别优越的性能。本节主要介绍一些波分复用器件优化设计方法。

6.5.1 带通平坦设计

在密集波分复用系统中，密集波分复用器件的通道带宽是影响它们广泛使用的重要因素之一。普通的 AWG 的频谱响应为高斯型，其 3dB 带宽通常只有通道间隔的百分之四十几。通过频谱平坦化后可将 3dB 带宽提高到通道间隔的百分之六十以上(见图 6.28)。

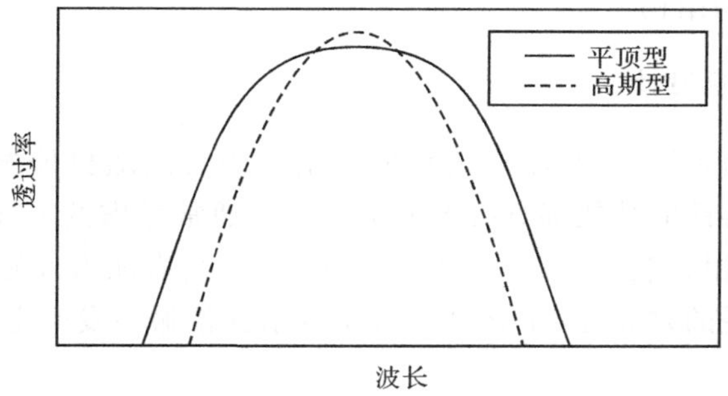

图 6.28 频谱形状

平坦化频谱具有以下优点：

(1) 允许高速调制；

(2) 允许半导体激光器的发射波长有一些偏移；

(3) 对于器件受温度变化影响引起的波长偏移不敏感；

(4) 允许器件有少许的因偏振引起的波长偏移；

(5) 允许系统串联多个密级波分复用或滤波器等器件而不引起系统性能的显著下降。

这将进一步促进波分复用器件在系统中的广泛应用，因此实现波分复用器件频谱平坦化具有非常重要的实际意义。

目前已有许多方法可以用于对波分复用器进行带通平坦设计，而最简单直观的方法是在 AWG 或 EDG 的像平面上形成一个具有双峰形状的光场分布 E_{IM}，如图6.29所示。这样的双峰光场与输出波导基模 E_o作叠加积分之后，就可以得到平顶型频谱响应 T。要实现这样的双像场分布方法很多，如在输入波导末端引入某个特殊结构，例如抛物线形渐变波导[17]、Y 分支耦合器[18]，以及 MMI 耦合器[19]等。

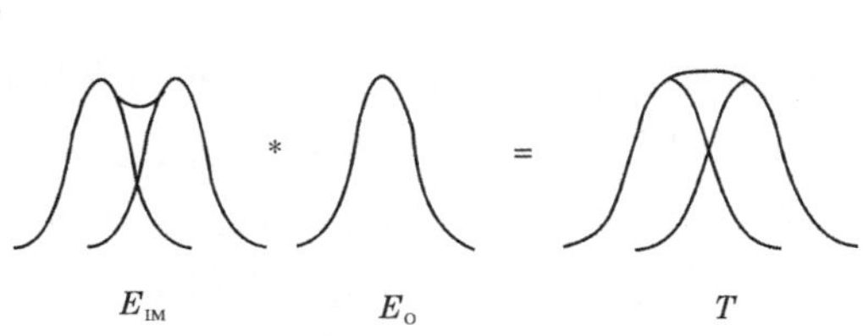

图 6.29 平顶型频谱的合成示意图

其中最简单的方法是采用 MMI 耦合器结构。一般采用自映像效应或 BPM 对 MMI 光波导的长度和宽度进行优化设计[20,21]，可以获得频谱平坦化的最优设计。为了获得更好的频谱平坦化效果，还可引入锥形 MMI 结构[22]、抛物线 MMI 结构[23]等更复杂的结构。

6.5.2 偏振不敏感设计

高速光纤通信系统中，长距离传输的光信号表现出随机偏振态，而大多数常规设计的光波导器件的性能都具有偏振敏感性。通常考虑两方面：①偏振相关损耗(PDL)；②偏振相关波长(PDλ)。顾名思义，PDL 是表征当入射光偏振态发生变化时器件插入损耗的差异性，而 PDλ 是表征入射光偏振态发生变化时中心波长的漂移量。

在 AWG、EDG 波分复用器中，由于波导中 TE、TM 模的传输常数不同，引起同一波长的 TE、TM 模的光成像点不重合，从而使不同偏振的频谱响应中心波长有一定差别。这就是 AWG、EDG 中 PDL 、PDλ 的来源。倘若不消除光纤通信系统中器件的 PDL、PDλ，则会增大误码率。

目前消除偏振敏感的主要方法有：

(1) 在 AWG 的中部插入一个半波片。进入 AWG 的 TE 模式在经过半波片时被转变为 TM 模式，这样在 AWG 的另一半就以 TM 模式传输，相应进入 AWG 的 TM 模式在经过半波片时被转变为 TE 模式，这样在 AWG 的另一半就以 TE 模式传输。因此，TE、TM 模都经过相同的光程，即相同的位相移，从而消除双折射的影响。聚酰亚胺材料半波片已成功运用于硅基 AWG 器件。用聚酰亚胺薄膜半波片时增加的附加损耗很低，只有 0.4dB。这使得低插入损耗、偏振不敏感的复用器得以实现。

(2) 相邻衍射级的匹配，TE、TM 模分别用不同的衍射级。例如通过设计可使得 TE 模的 m 级衍射和 TM 模的 $m-1$ 级重叠于同一位置。这种方法的缺点是：①自由频谱范围受限，因而总的可用波长范围受到偏振色散的限制，只有 4～5nm 左右；②色散值的大小对光波导层结构、厚度等参数相当灵敏，故很难达到很好的匹配。

(3) 采用无双折射的波导结构，TE、TM 模有效折射率相同。例如，如果波导横向、纵向的相对折射率差相同，则将波导横截面制造成正方形即可消除双折射，典型的有掩埋型波导结构。但是横截面形状很难做到完美的正方形，这将影响到波导的偏振敏感性，尤其是当芯层和包层的相对折射率比较大时，这种方法是难以实现的。因此，这种方法适合于低相对折射率且导波层尺寸较大的情况。

(4) 在自由传输区加一个三角形补偿区，如图 6.30 所示。通过优化设计补偿区形状曲线，可消除偏振相关波长 PDλ。

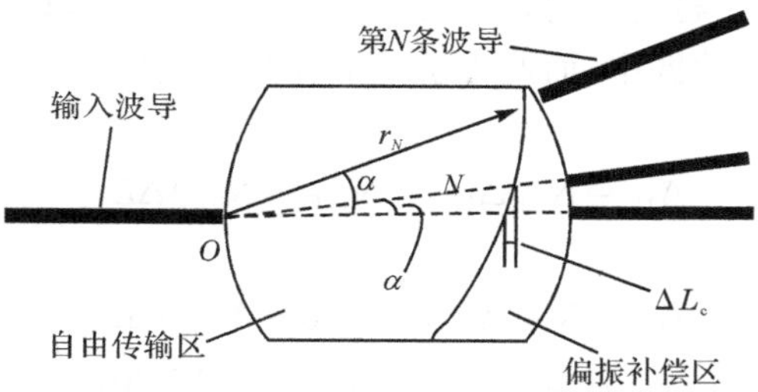

图 6.30 自由传输区偏振补偿原理

(5) 采用偏振分光器。在输入端加一个偏振分光器,使得输入光分成两路即TE、TM模分别成像。当TE、TM模对应的输入波导的间距正好与由于偏振色散产生的漂移相等时,TE、TM模聚焦点重合,从而消除了偏振色散。

(6) 应力释放凹槽方法。这种方法不会引起串扰和损耗性能的恶化。通过采用低相对折射率差的SiO_2-on-Si波导结构及绝热的波导结等方法可获得低串扰和低损耗的优良性能。由于硅基底的热膨胀系数相对于SiO_2薄膜来说要大许多,因此SiO_2膜层生长后在冷却的过程中(或退火过程中)将产生应变力,从而引起弹光效应(所谓弹光效应就是当晶体中存在弹应力和应变时,晶体的光学性质发生变化产生各向异性,从而影响光在晶体中的传播)。相邻两条波导的光程差为

对于TE模

$$\Delta_{TE}=N_{TE}\Delta L+(N_{cTE}-N_{TE})\Delta L_c$$

对于TM模

$$\Delta_{TM}=N_{TM}\Delta L+(N_{cTM}-N_{TM})\Delta L_c$$

上述式中,N_{TM}、N_{cTM}分别为原波导和补偿区波导的有效折射率;ΔL、ΔL_c分别为相邻波导的长度差和补偿波导的长度差。

消除偏振敏感性即要求$\Delta_{TE}=\Delta_{TM}$,故有

$$\Delta N\Delta L+(\Delta N_c-\Delta N)\Delta L_c=0$$

即

$$\Delta L_c=\frac{\Delta N\Delta L}{\Delta N-\Delta N_c}$$

根据弹光效应理论,有

$$\begin{cases} N_{TE}\approx N[1-2N^2(C_1+C_2)\sigma_0] \\ N_{TM}\approx N[1-2N^2(2C_2)\sigma_0] \end{cases}$$

式中,C_1、C_2分别为SiO_2的弹光效应常数;σ_0为内应力。

(7) 采用色散补偿方法。在阵列波导中插入具有与原波导材料不同双折射

特性的材料作为补偿区材料。它在原理上与方法(4)相同,只是补偿区位置不同,方法(4)是加在自由传输区中,而此方法是加在阵列波导中。

对于 TE 模

$$\Delta_{TE}=N_{TE}\Delta L+(N_{cTE}-N_{TE})\Delta L_c$$

对于 TM 模

$$\Delta_{TM}=N_{TM}\Delta L+(N_{cTM}-N_{TM})\Delta L_c$$

由 $\Delta_{TE}=\Delta_{TM}$ 可得到补偿部分长度 $\Delta L_c=\dfrac{\Delta N\Delta L}{\Delta N-\Delta N_c}$。

6.5.3　热不敏感设计

大多数集成光波导材料折射率都会随外界温度变化而变化。折射率变化量 Δn 与温度变化量 ΔT 的比值 $\gamma=\Delta n/\Delta T$,称为热光系数。对于 AWG、EDG 波分复用器件,这将引起通道中心波长漂移。其波长漂移量为 $\Delta\lambda=\lambda\gamma\Delta T/n$,其中 n 为光波导有效折射率。例如,对于基于 SiO_2 材料的波分复用器件,SiO_2 材料的热光系数 $\gamma=1.1\times10^{-5}$,波长将漂移接近 0.0125nm/°C。在密集波分复用光纤通信系统中,温度引起的波长漂移将增大误码率。为了使其中心波长不受温度变化的影响,最简单的方法是外加恒温控制器,但这种方法会增大功耗,更好的方法是采用热不敏感设计。目前发展的大多数热不敏感设计通常采用复合光波导结构。"复合光波导"由具有不同热光系数的两种以上的光波导材料组成[24]。图 6.31 给出一种由 SiO_2 芯层和有机物包层构成的复合光波导。通过合理选择光波导尺寸、热光系数,可以抵消温度对光波导有效折射率的影响,从而在一定程度上降低了 AWG 器件的温度敏感性。

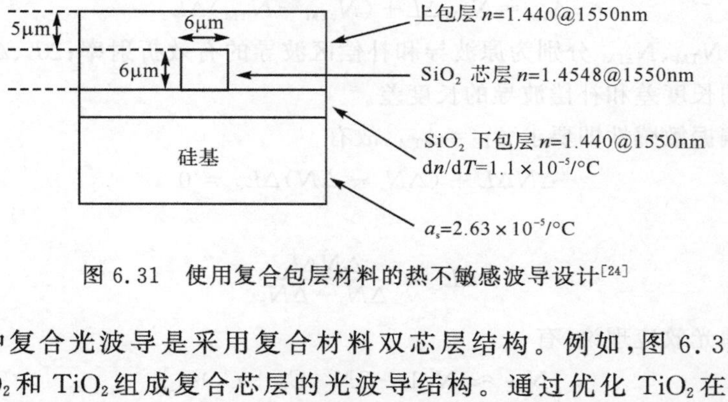

图 6.31　使用复合包层材料的热不敏感波导设计[24]

另一种复合光波导是采用复合材料双芯层结构。例如,图 6.32(a)给出一种由 SiO_2 和 TiO_2 组成复合芯层的光波导结构。通过优化 TiO_2 在混合材料中的浓度,可以使 AWG 中心波长几乎不受温度变化影响[25],如图 6.32(b)所示。

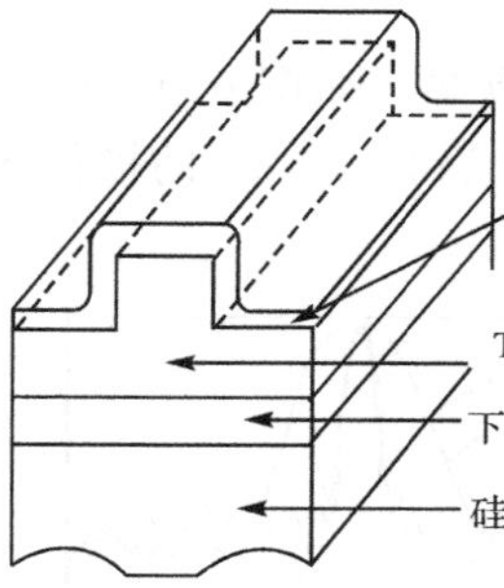

（a）波导结构

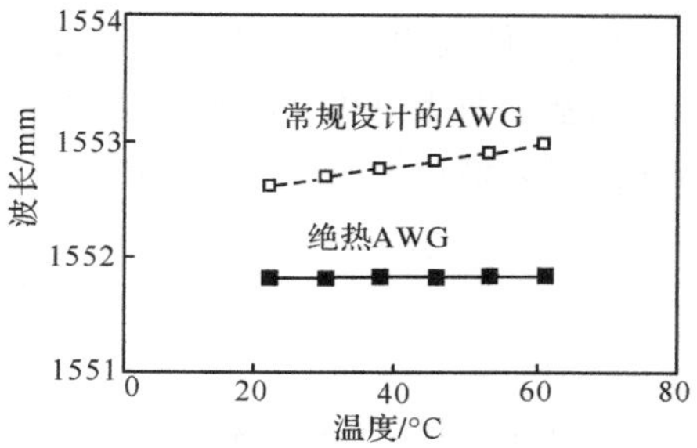

（b）绝热 AWG 与常规设计的稳定响应比较

图 6.32　使用混合芯层材料的绝热 AWG 设计[25]

此外，也可在器件某个区域刻蚀一些槽，填入另一种具有不同热光系数的材料来实现温度不敏感。例如，图 6.33 给出基于这种思想的温度不敏感 AWG 设计：首先在基于 SiO_2 材料的 AWG 阵列波导区域刻蚀了一些三角形的空气槽，然后填充入具有负热光系数的硅树脂[26]。

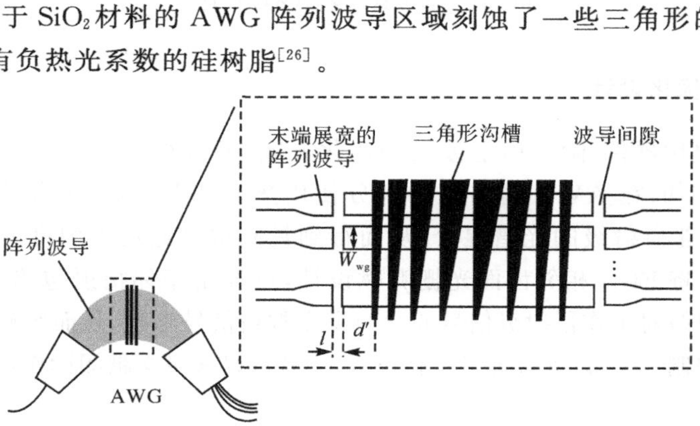

图 6.33　使用绝热槽的 AWG 结构[26]

6.5.4　低串扰设计

作为波分复用器件，串扰也是最关键的性能指标之一。串扰分为带间串扰和非带间串扰两种。对一个特定的输出通道，带间串扰主要来自于相邻通道的旁瓣。因此，通过合理的设计，抑制这些旁瓣，或优化频谱响应以增加频谱边缘的陡峭度，都有助于降低带间串扰。

非带间串扰则主要来自于器件制作工艺偏差带来的位相误差，因此要实现低的非带间串扰的设计，主要应从工艺上考虑。例如，利用火焰水解沉积工艺制作波导时，通过改进火焰喷枪的结构、优化波导沉积流程之后可以将 AWG 的非带间串扰降低 5～8 dB 左右[27]。

下面介绍一些减小带间串扰的波分复用器件设计。

通过器件级联来抑制带间串扰是一个被普遍采用的方案。如图 6.34(a)所示,采用基于两级 AWG 的级联结构,可有效地抑制背景串扰到 −80 dB 的极低水平,并使得频谱边缘更加陡峭,如图 6.34(b)所示[28]。

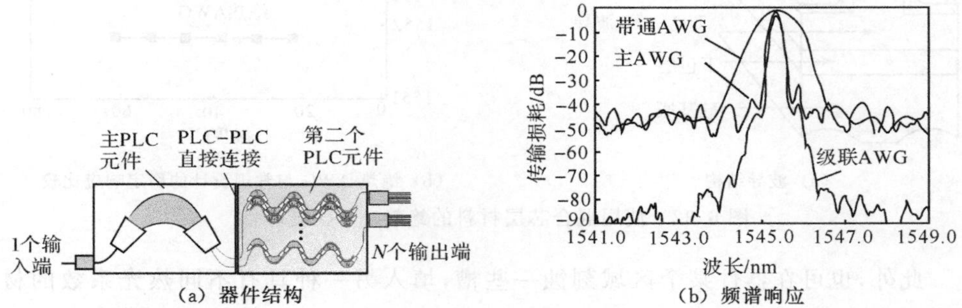

图 6.34 低串扰级联 AWG 设计[28]

6.5.5 其他优化设计

对波分复用器件,除了以上涉及的优化方案,还有很多针对某项特殊指标的改进设计。例如,在 AWG 输出波导部分使用热光调节位相,并结合 MMI 耦合器,将三个相邻衍射级的光谱混合,从而得到具有很高通道均匀度的密集波分复用器[29];也有将 EDG 相邻齿面光栅啁啾设计,可抑制相邻衍射包络的能量分布,并将相邻衍射级对工作衍射级信号的影响看作常规信号串扰,从而突破了自由频谱范围的概念限制[30]。类似的研究还有很多,读者可以通过文献阅读作进一步了解。

6.6 波分复用器件的应用

除了在密级波分复用系统里实现多个通道的合波或分波功能以外,波分复用器件经过某些特殊设计,其应用范围还可拓展至光纤通信相关的其他系统或模块。本节将以几个具体应用实例对此进行简单介绍。

6.6.1 单纤三向器件

FTTH 在带宽方面独具优势,且增强了网络对数据格式、速率、波长和协议的透明性,这使得它成为未来网络接入发展的理想方向。单纤三向波分复用器是 FTTH 系统中的一个重要器件,其功能是将一根光纤里的两个输入光信号分别耦合到一个数字信号接收器和一个模拟信号接收器,同时将一个数字信号发射器发射的光信号耦合到同一根光纤。通常用户终端接收的数字信号波长为 1490nm,

模拟信号波长为 1550nm，而发射的数字信号波长为 1310nm。从本质上讲，单纤三向波分复用器就是一个粗波分复用(CWDM)器。因此，完全可以用 AWG 或 EDG 来实现。

但是，倘若采用常规设计，由于三个通道波长间隔很大，这需要很大的自由频谱范围。相应衍射级次将非常小，这为器件版图设计带来一定困难。为此，文献[31]给出一种越级次的新颖设计思想，解决了这个难题。其基本思路是为 1310nm、1490nm、1550nm 三个通道选取不同的衍射级次。例如，在文献[31]中 1310nm、1490nm、1550nm 三个通道的衍射级次分别为 14、12、12，其频谱特性如图 6.35 所示。

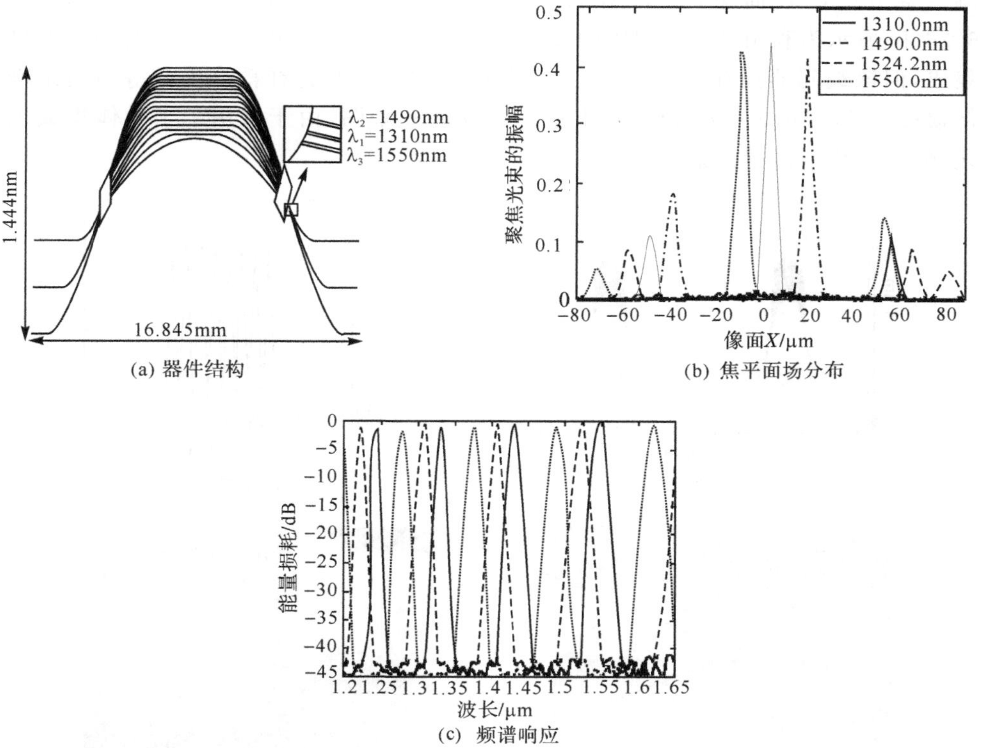

(a) 器件结构

(b) 焦平面场分布

(c) 频谱响应

图 6.35 基于 AWG 的单纤三向器件设计[31]

6.6.2 光码分多址复用的编解码器应用

码分多址复用(CDMA)作为一种多址方案已经成功用于卫星通信和蜂窝电话领域，并且显示出许多优于其他技术的特点。光纤码分多址(OCDMA)是利用光纤的丰富带宽和高速的光信息处理技术，将数据信号扩频成光脉冲序列，经光纤传输后，再利用光学相关技术实现解码的技术。然而由于缺乏有效的编解码方式，尽管 OCDMA 的概念被提出了多年，并未受到许多研究者的关注。随着 AWG 技术的成熟，基于 AWG 的时间-频率二维编码技术成为 OCDMA 最重大的技术突破之一，困扰 OCDMA 多年的技术瓶颈正逐渐被一一解决，进而该信息复用技术成为近年热点研究技术之一。

图 6.36(a)所示为一个典型的基于 AWG 的编解码器实例[32]，使用一对 AWG 来实现谱域的信号解复用和复用功能。在两个 AWG 之间有阵列化的位相调制器，通过位相调节来实现波长编码。事实上这些位相调制器也起到了光纤延时线的作用，使不同的频谱分量在时域上分开，从而实现时域/频域混合编码。该编码器实现比较简单，且利用 AWG 做编码器可以解决码长受限问题。图 6.36(b)所示为利用 AWG 编码的发射谱，可以看出，尽管基于 AWG 的编码器易集成，但该编码器损耗较大，应通过工艺改进和减小对光纤耦合失配等渠道来降低损耗。图6.36(c)、(d)分别给出最终芯片的效果图，由于采用了半导体集成工艺，使得芯片结构相当紧凑。

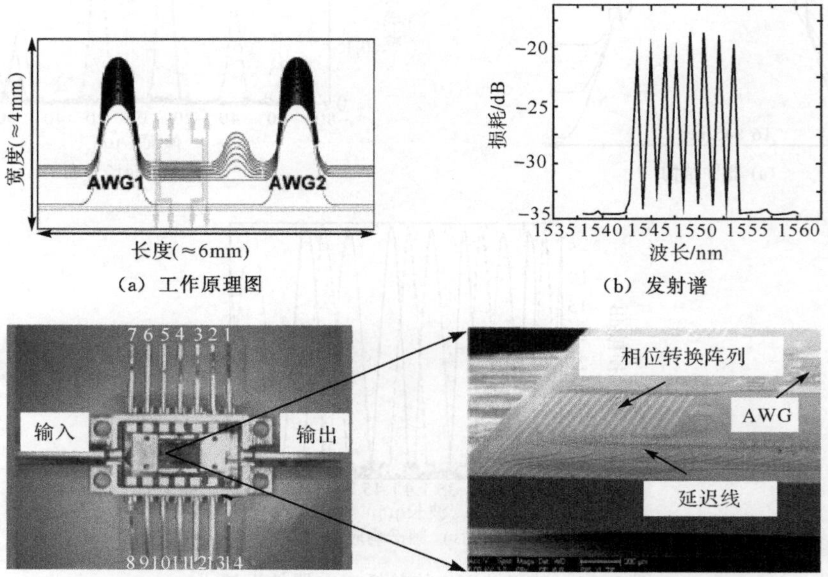

(a) 工作原理图　(b) 发射谱

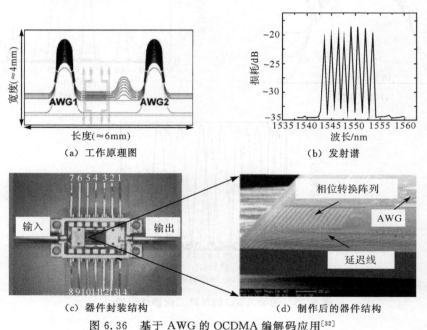

(c) 器件封装结构　(d) 制作后的器件结构

图 6.36　基于 AWG 的 OCDMA 编解码应用[32]

6.7 本章小结

波分复用器件是现代信息光学技术里非常重要的一类器件。而基于集成波导工艺的平面波分复用器件因尺寸小、损耗低、能实现多通道复用而成为最有应用潜力的技术。本章对波分复用器的研究背景、优化设计给出概略性的介绍，并给出一些具体应用实例。但必须指出，这些设计或应用只是面向波分复用研究的很小一部分内容，这里只是给出一些启发性的介绍，读者可以通过查阅文献获取更多信息。

参考文献

[1] Http://www.soundingboardmag.com/articles/i0c1p32.gif.

[2] Chraplyvy A R. Terabit/s long-haul transmission. IEEE Workshop on New and Emerging Technologies, 2001.

[3] Kawanishi S. Ultrahigh-speed optical time-division-multiplexed transmission technology based on optical signal processing. IEEE J. Quantum Electron., 1998, 34: 2064－2079.

[4] Karafolas N, Uttamchandani D. Optical fiber code division multiple access (CDMA) networks: A review. Opt. Fiber Technol., 1997, 3: 253.

[5] Sivalingam K, Subramaniam S. Optical WDM Networks: Principles and Practice. Boston: Kluwer Academic Publishers, 2000.

[6] Erdogan T, Mizrahi V. Thin-film filters come of age. Photonics Spectra, 2003, 37: 94－100.

[7] Hill K O, Meltz G. Fiber Bragg grating technology fundamentals and overview. J. Lightwave Technol., 1997, 15: 1263－1276.

[8] Hariharan P. Optical Holography: Principles, Techniques, and Applications. 2nd Edition. Cambridge: Cambridge University Press, 1996: 107.

[9] Smit M K. Phasar-based WDM-devices: Principles, design and applications. IEEE J. Quantum Electron., 1996, 2: 236－250.

[10] Clemens P C, Marz R, Reichelt A, et al. Flat field spectrograph in SiO_2/Si. IEEE Photon. Technol. Lett., 1992, 4: 886－887.

[11] Smit M K. New focusing and dispersive planar component based on an optical phased-array. Electron. Lett., 1988, 24(7): 385－386.

[12] Kominator T, Ohmori Y, Okazaki H, et al. Very low loss GeO_2-doped silica waveguides fabricated by flame hydrolysis deposition method. Electron. Lett., 1990, 26(5): 327－328.

[13] Kaneko A, Goh T, Hiroaki Y, et al. Design and applications of silica-based planar lightwave circuits. IEEE J. Quantum Electron., 1999, 5(5): 1227－1236.

[14] Smit M K, van Dam C. Phasar-based WDM-devices: Principles, design and applications. IEEE J. Quantum Electron., 1996, 2(2): 236－250.

[15] 周勤存，戴道锌，何赛灵. 基于 FD-BPM 方法的阵列波导光栅（AWG）模拟. 半导体学报，2002, 23(12): 1313－1319.

[16] Brouckaert J B, Bogaerts W, Dumon P, et al. Planar concave grating demultiplexer fabricated on a nanophotonic silicon-on-insulator platform. IEEE Photon. Technol. Lett., 2007, 25 (5): 1269－1271.

[17] Okamoto K, Sugita A. Flat spectral response arrayed-waveguide grating multiplexer with parabolic waveguide horns. Electron. Lett., 1996, 32 (18): 1661－1662.

[18] Dragone C. Frequency Routing Device Having a Wide and Substantially Flat Passband: U. S. Patent, 5488680. 1996.

[19] Soole J B D, et al. Use of multimode interference couplers to broaden the passband of wavelength-dispersive integrated WDM filters. IEEE Photon. Technol. Lett., 1996, 8(10): 1340－1342.

[20] Dai D, Liu S, He S, et al. Optimal design of an MMI coupler for broadening the spectral response of an AWG demultiplexer. J. Lightwave Technol., 2002, 20 (11): 1957－1961.

[21] Soldano L B, Pennings E C M. Optical multi-mode interference devices based self-image: Principles and applications. J. Lightwave Technol., 1995, 13(4): 615－627.

[22] Dai D, Mei W, He S. Use of a tapered MMI coupler to broaden the passband of an AWG. Opt. Commun., 2003, 219: 233－239.

[23] Song J, Pang D Q, He S. A planar waveguide demultiplexer with a flat passband, sharp transitions and a low chromatic dispersion. Opt. Commun., 2003, 227: 89－97.

[24] Kang E S, Kim W S, Kim D J, et al. Reducing the thermal dependence of silica-based arrayed-waveguide grating using inorganic-organic hybrid materials. IEEE Photon. Technol. Lett., 2004, 16 (12): 2625－2627.

[25] Hirota H, Itoh M, Oguma M, et al. Athermal arrayed-waveguide grating multi/demultiplexers composed of TiO_2-SiO_2 waveguides on Si. IEEE Photon. Technol. Lett., 2005, 17(2): 375－377.

[26] Kaneko A, Kamei S, Inoue Y, et al. Athermal silica-based arrayed-waveguide grating (AWG) multi/demultiplexers with new low loss groove design. Electron. Lett., 2000, 36: 318－319.

[27] Cho J, Han D, Song J H, et al. Crosstalk enhancement of AWG fabricated by flame hydrolysis deposition method. IEEE Photon. Technol. Lett., 2005, 17(11): 2328－2330.

[28] Kamei S, Kaneko A, Ishii M, et al. Crosstalk reduction in arrayed-waveguide grating multiplexer/demultiplexer using cascade connection. J. Lightwave Technol., 2005, 23 (5): 1929－1938.

[29] Cho J, Han D, Song J H, et al. Crosstalk enhancement of AWG fabricated by flame hydrolysis deposition method. IEEE Photon. Technol. Lett., 2005, 17(11): 2328－2330.

[30] Song J, Zhu N, He J J, et al. Etched diffraction grating demultiplexers with large free-spectral range and large grating facets. IEEE Photon. Technol. Lett., 2006, 18 (24): 2695－2697.

[31] Lang T T, He J J, Kuang J G, et al. Cross-order arrayed waveguide grating design for triplexers in fiber access networks. IEEE Photon. Technol. Lett., 2006, 18(1): 232－234.

[32] Cao J, Broeke R G, Fontaine N K, et al. Demonstration of spectral phase O-CDMA encoding and decoding in monolithically integrated arrayed-waveguide-grating-based encoder. IEEE Photon. Technol. Lett., 2006, 24 (15): 2602－2604.

第 7 章　微环谐振器及相关器件

7.1　概　　述

随着光集成研究领域的不断发展,特别是近几年微纳光集成工艺取得的突破性进展,微环谐振器逐渐引起全球研究者的兴趣和重视[1]。一方面,SOI 等高折射率差材料的引入[2],使得微环谐振器的尺寸大大减小[3];而另一方面,微环谐振腔不需要反射端面或者光栅等结构来提供反馈,这些优点都非常有利于实现微环与各种微纳光子器件的单片集成,有利于实现高集成、低成本的光通信器件。此外,利用微环谐振腔内高光功率密度的特性,可以大大提高波导器件中的非线性效应,实现高性能、低成本的非线性器件,如波长转换器等。除了滤波器[6,7]等无源器件,研究人员还利用微环谐振器实现了很多种有源器件,包括激光器[6,7]、调制器[8~10]、光开关[11,12]等。由于微环谐振腔尺寸小,因而其有源器件具有驱动电流小、调制频率高等优点。

除了以上光通信器件,微环谐振器在传感领域也备受关注,得到广泛应用[13~15]。特别是优化设计的微环结构具有很高的 Q 值,外界环境的微量变化即可导致微环谐振特性发生显著改变,从而实现超高灵敏度光学传感器。

本章将从微环谐振器的基本结构、分类入手,阐述微环谐振器的基本参数,并利用传输矩阵方法分析不同结构微环谐振器的各项谐振特性。本章还将简要介绍基于微环谐振器的各种微纳集成器件。

7.2　基 本 原 理

7.2.1　基本结构

微环谐振器一般由微环和信道波导两部分组成。如图 7.1(a)所示,两信道互相平行,端口 1 为输入端,光信号由此端口输入,并通过信道波导与微环之间的耦合进入微环。进入微环内的光信号再通过微环与输出信道的耦合从输出信道 3 输出。

根据信道波导与微环波导的相对位置,微环谐振器可以分为平行耦合和垂直耦合两种类型。在微环波导与信道波导耦合处做截面图,如果微环与两条信道波导处于同一平面内[见图 7.1(a)中虚线],称为平行耦合微环谐振器;而处于不同平面的微环波导与信道波导[见图 7.1(b)中虚线]则构成垂直耦合微环谐振器,此时光信号的传递通过垂直方向的耦合来实现。它们的特性主要是微环波导与信道波导之间的耦合系数可以通过调整微环波导与信道波导之间的间隙(gap)来实现。

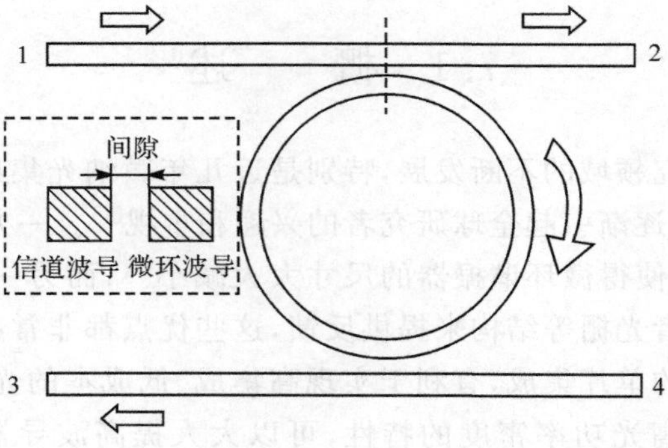

(a)

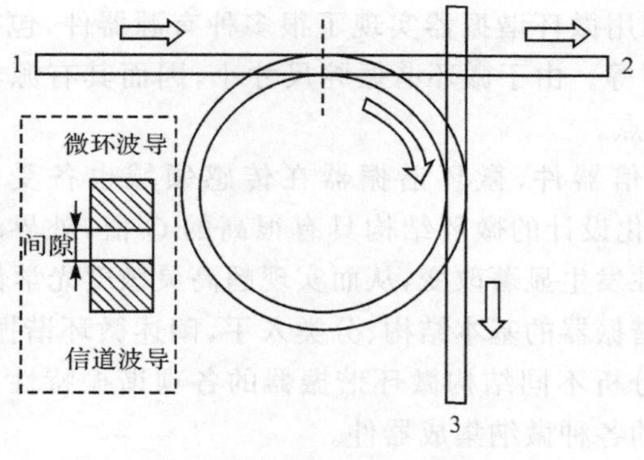

(b)

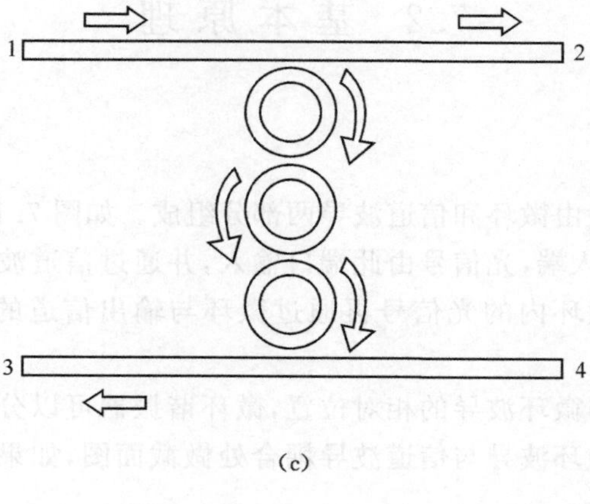

(c)

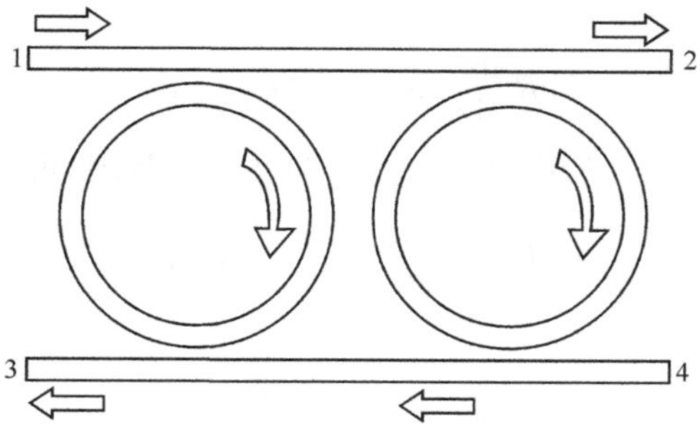

(d)

图 7.1　微环谐振器的几种典型结构

根据微环的个数，微环谐振器可以分为单环谐振器[见图 7.1(a)、(b)]和多环谐振器[见图 7.1(c)、(d)]。根据多环的排列方式，多环谐振器又可分为串联多环谐振器[见图 7.1(c)][16,17]和并联多环谐振器[见图 7.1(d)]。接下来将对不同种类的谐振器进行详细分析。

7.2.2 基本参量

7.2.2.1 谐振方程

当光波在微环内环绕一周后产生的光程差为波长的整数倍时，光波会与新耦合进入微环的光波相互干涉产生谐振增强效应，以下即为微环谐振器需满足的基本谐振方程[18]。

$$2\pi R n_c = m\lambda \tag{7.1}$$

式中，λ 为谐振波长；R 为微环半径；n_c为微环中光模式的有效折射率；m 为谐振级次(取正整数)。

7.2.2.2 谐振环半径

通过式(7.1)，可以得到微环的谐振半径为

$$R = \frac{m\lambda}{2\pi n_c} \tag{7.2}$$

对一个固定的微环半径 R，存在一系列的波长(对应于不同的谐振级次 m)满足谐振条件从而在微环内通过谐振增强进行传输。

7.2.2.3 自由频谱范围

如前所述，对一个给定的微环，存在一系列的谐振波长。两个相邻谐振峰之间的波长差称为自由频谱范围(free spectral range，FSR)。式(7.1)两边对 λ 做微

分,可以得到

$$2\pi R\frac{\mathrm{d}n_c}{\mathrm{d}\lambda}\Delta\lambda = m\Delta\lambda + \lambda\Delta m \tag{7.3}$$

当 $\Delta m=-1$ 时,$\Delta\lambda = FSR$,代入式(7.3)并经过整理,可以得到

$$FSR = \frac{\lambda n_c}{m}\left(n_c - \lambda\frac{\mathrm{d}n_c}{\mathrm{d}\lambda}\right)^{-1} \tag{7.4}$$

设

$$n_g = n_c - \lambda\frac{\mathrm{d}n_c}{\mathrm{d}\lambda} \tag{7.5}$$

则有

$$FSR = \frac{\lambda n_c}{m n_g} \tag{7.6}$$

式中,n_g为波导的群折射率。

由式(7.6)可知,FSR 与衍射级次 m 成反比。如果微环半径太大(即 m 过大),则将导致 FSR 太小,限制了工作波长范围。因此,为了实现更大的 FSR,应减小微环半径。但对于一般的 SiO_2 掩埋型波导,低折射率差使得其最小弯曲半径为毫米量级。为实现更小弯曲半径,通常采用高折射率差光波导。例如 SOI 纳米光波导,其折射率差高达 2.0,因而可实现数微米的超小弯曲半径($<5\mu m$),从而有利于增大 FSR,同时提高器件设计的灵活性。

7.2.2.4 精细度 F 和品质因子 Q

精细度 F 和品质因子 Q 都是衡量微环谐振器性能的重要参数,其定义分别为[19]

$$F = \frac{FSR}{\Delta\lambda_{\mathrm{FWHM}}} = \frac{\pi t\exp(-\pi R\alpha_R)}{1-t^2\exp(-2\pi R\alpha_R)} \tag{7.7}$$

$$Q = \frac{\lambda}{\Delta\lambda_{\mathrm{FWHM}}} = \frac{2\pi R n_c}{\lambda}F \tag{7.8}$$

式中,$\Delta\lambda_{\mathrm{FWHM}}$为输出波长 λ 处谐振峰的半宽高;α_R 为弯曲波导损耗。

$$\Delta\lambda_{\mathrm{FWHM}} \approx \frac{FSR}{\pi}\frac{\exp(\pi R\alpha_R)}{t - t\exp(-\pi R\alpha_R)}$$

7.2.2.5 色散方程

光波导有效折射率 n_c与波长有关,即存在波导色散。通过将式(7.1)对波长 λ 求偏导可得

$$2\pi R\frac{\mathrm{d}n_c}{\mathrm{d}\lambda} + 2\pi n_c\frac{\mathrm{d}R}{\mathrm{d}\lambda} = m \tag{7.9}$$

将(7.1)代入式(7.9)，得到色散方程如下：

$$\frac{\mathrm{d}R}{\mathrm{d}\lambda}=\frac{m}{2\pi n_{\mathrm{c}}^{2}}\left(n_{\mathrm{c}}-\lambda\frac{\mathrm{d}n_{\mathrm{c}}}{\mathrm{d}\lambda}\right)=\frac{m}{2\pi n_{\mathrm{c}}^{2}}n_{\mathrm{g}} \tag{7.10}$$

7.2.3 基本功能

利用微环的频谱响应特性，可以设计多种不同的功能器件。

首先，微环谐振器具有波长选择特性，且波长的选择性取决于微环的各项相关参数，如微环半径、折射率等。利用该特性，可以实现波分复用滤波器。通过调节半径、折射率等参数，实现指定通道信号的上传和下载功能。

其次，可利用电光、声光、热光等效应改变微环折射率进而使谐振波长发生漂移，从而实现可调谐滤波器、光开关、光调制器等。

此外，采用高 Q 值的微环，可实现高性能激光器。基于微环谐振器的各类器件的介绍见 7.4 节。

7.3 传输矩阵法

传输矩阵法是用于计算微环谐振器频谱响应的一种简便有效方法。该方法将微环谐振器分成若干个部分，每部分的光场传输用一个矩阵表示，从而光信号在微环中的传输就可以表示为一系列矩阵的乘积。采用这种方法，也可以很方便地计算串联或并联的微环谐振器。

接下来将对单环、多环谐振器进行详细分析。在下面的分析中，假设信道直波导与微环弯曲波导的传播常数相等(可通过优化设计结构尺寸与折射率分布获得)。

7.3.1 振幅耦合方程

如图 7.2 所示，在微环中心和耦合点连线形成的截面两侧，A_1、A_2 为输入振幅，B_1、B_2 为输出振幅。利用耦合模方程分析耦合区域的光场传输，可以得到[20]

$$B_1 = tA_1 - \mathrm{j}\kappa A_2 \tag{7.11}$$

$$B_2 = -\mathrm{j}\kappa A_1 + tA_2 \tag{7.12}$$

式中，κ 为振幅耦合系数；t 为振幅透射系数。

考虑到沿着传输方向 z 耦合区波导间距变化，故采用如下积分形式计算 κ、t：

$$\kappa = \sin\left[\int_{-L}^{L}K(z)\mathrm{d}z\right] \tag{7.13}$$

$$t = \cos\left[\int_{-L}^{L}K(z)\mathrm{d}z\right] \tag{7.14}$$

式中，$K(z)$ 为不同位置的耦合系数。理想情况有 $\kappa^2+t^2=1$。这里假设 κ、t 与波长无关。

将式(7.11)和式(7.12)改写成矩阵形式为

$$\begin{bmatrix} B_1 \\ B_2 \end{bmatrix} = \begin{bmatrix} t & -\mathrm{j}\kappa \\ -\mathrm{j}\kappa & t \end{bmatrix} \begin{bmatrix} A_1 \\ A_2 \end{bmatrix} \tag{7.15}$$

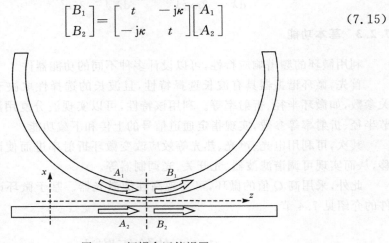

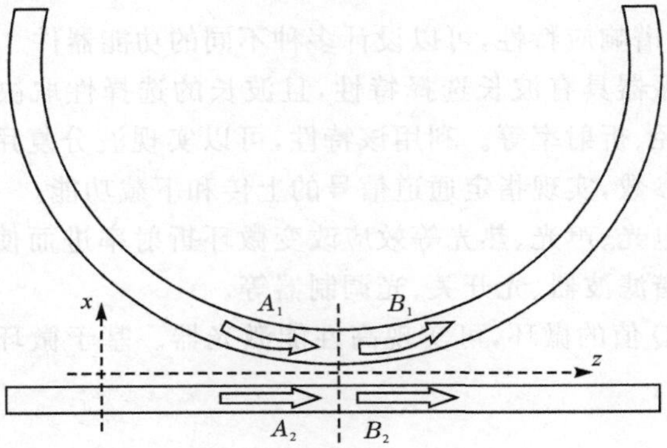

图 7.2 幅耦合区俯视图

7.3.2 单环滤波器

单环谐振器结构如图 7.3 所示，R 为微环半径，κ_1、κ_2 和 t_1、t_2 分别为两个耦合区的振幅耦合比和振幅透射比。设进入以上耦合区的振幅为 A_i，通过耦合区的振幅为 B_i，输入输出信道的长度均为 $2L$，微环和信道波导的传播常数均为 $\beta = 2\pi n_c/\lambda$，信道波导中的传输损耗(包括散射损耗、泄漏损耗等)为 α_L，微环波导中的

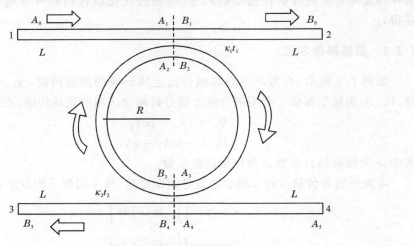

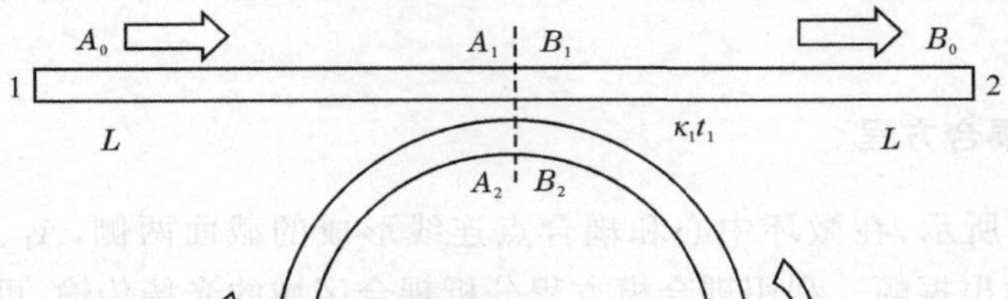

图 7.3 单环谐振器结构图

传输损耗(包括弯曲损耗、散射损耗、泄漏损耗等)为 α_R。

7.3.2.1　传递函数

同样,利用式(7.11)和式(7.12),可以得到

$$B_1 = t_1 A_1 - \mathrm{j}\kappa_1 A_2 \tag{7.16}$$

$$B_2 = t_1 A_2 - \mathrm{j}\kappa_1 A_1 \tag{7.17}$$

经过变换,可以得到

$$A_2 = \frac{t_1}{\mathrm{j}\kappa_1} A_1 - \frac{1}{\mathrm{j}\kappa_1} B_1 \tag{7.18}$$

$$B_2 = \frac{1}{\mathrm{j}\kappa_1} A_1 - \frac{t_1}{\mathrm{j}\kappa_1} B_1 \tag{7.19}$$

写成传输矩阵为

$$\begin{bmatrix} A_2 \\ B_2 \end{bmatrix} = \begin{bmatrix} \dfrac{t_1}{\mathrm{j}\kappa_1} & -\dfrac{1}{\mathrm{j}\kappa_1} \\ \dfrac{1}{\mathrm{j}\kappa_1} & -\dfrac{t_1}{\mathrm{j}\kappa_1} \end{bmatrix} \begin{bmatrix} A_1 \\ B_1 \end{bmatrix} \tag{7.20}$$

同理可得

$$\begin{bmatrix} A_4 \\ B_4 \end{bmatrix} = \begin{bmatrix} \dfrac{t_2}{\mathrm{j}\kappa_2} & -\dfrac{1}{\mathrm{j}\kappa_2} \\ \dfrac{1}{\mathrm{j}\kappa_2} & -\dfrac{t_1}{\mathrm{j}\kappa_2} \end{bmatrix} \begin{bmatrix} A_3 \\ B_3 \end{bmatrix} \tag{7.21}$$

同时可以根据微环内光信号的振幅变化情况,得到

$$A_3 = B_2 \exp\left[-\mathrm{j}(\beta - \mathrm{j}\alpha_R)\pi R\right] \tag{7.22}$$

$$A_2 = B_3 \exp\left[-\mathrm{j}(\beta - \mathrm{j}\alpha_R)\pi R\right] \tag{7.23}$$

即

$$\begin{bmatrix} A_3 \\ B_3 \end{bmatrix} = \begin{bmatrix} 0 & \exp\left[-\mathrm{j}(\beta - \mathrm{j}\alpha_R)\pi R\right] \\ \exp[\mathrm{j}(\beta - \mathrm{j}\alpha_R)\pi R] & 0 \end{bmatrix} \begin{bmatrix} A_2 \\ B_2 \end{bmatrix} \tag{7.24}$$

利用式(7.20)、式(7.21)和式(7.24),可以得到

$$\begin{bmatrix} A_4 \\ B_4 \end{bmatrix} = \begin{bmatrix} \dfrac{t_2}{\mathrm{j}\kappa_2} & -\dfrac{1}{\mathrm{j}\kappa_2} \\ \dfrac{1}{\mathrm{j}\kappa_2} & -\dfrac{t_1}{\mathrm{j}\kappa_2} \end{bmatrix} \begin{bmatrix} 0 & \exp\left[-\mathrm{j}(\beta - \mathrm{j}\alpha_R]\pi R\right) \\ \exp\left[\mathrm{j}(\beta - \mathrm{j}\alpha_R)\pi R\right] & 0 \end{bmatrix}$$

$$\begin{bmatrix} \dfrac{t_1}{\mathrm{j}\kappa_1} & -\dfrac{1}{\mathrm{j}\kappa_1} \\ \dfrac{1}{\mathrm{j}\kappa_1} & -\dfrac{t_1}{\mathrm{j}\kappa_1} \end{bmatrix} \begin{bmatrix} A_1 \\ B_1 \end{bmatrix} \tag{7.25}$$

经简化得到

$$B_1 = MA_1 + NA_4 \tag{7.26}$$

$$B_4 = NA_1 + M'A_4 \tag{7.27}$$

其中

$$M = \frac{t_1 - t_2 \exp[-\mathrm{j}2(\beta - \alpha_R)\pi R]}{1 - t_1 t_2 \exp[-\mathrm{j}2(\beta - \alpha_R)\pi R]}$$

$$M' = \frac{t_2 - t_1 \exp[-\mathrm{j}2(\beta - \alpha_R)\pi R]}{1 - t_1 t_2 \exp[-\mathrm{j}2(\beta - \alpha_R)\pi R]}$$

$$N = -\frac{\kappa_1 \kappa_2 \exp[-\mathrm{j}(\beta - \alpha_R)\pi R]}{1 - t_1 t_2 \exp[-\mathrm{j}2(\beta - \alpha_R)\pi R]} \tag{7.28}$$

注意到 $A_4 = 0$，代入式(7.26)和式(7.27)得到

$$\frac{B_1}{A_1} = \frac{t_1 - t_2 \exp[-\mathrm{j}2(\beta - \alpha_R)\pi R]}{1 - t_1 t_2 \exp[-\mathrm{j}2(\beta - \alpha_R)\pi R]} \tag{7.29}$$

$$\frac{B_4}{A_1} = -\frac{\kappa_1 \kappa_2 \exp[-\mathrm{j}(\beta - \alpha_R)\pi R]}{1 - t_1 t_2 \exp[-\mathrm{j}2(\beta - \alpha_R)\pi R]} \tag{7.30}$$

同时，考虑到输入/输出端口到耦合区域的长度为 L(其传输损耗为 αL)，则得到

$$\begin{cases} A_0 = A_1 \exp[\mathrm{j}(\beta - \alpha_L)L] \\ B_0 = B_1 \exp[-\mathrm{j}(\beta - \alpha_L)L] \\ B_5 = B_4 \exp[-\mathrm{j}(\beta - \alpha_L)L] \end{cases} \tag{7.31}$$

利用式(7.29)、式(7.30)和式(7.31)，可得到输入端口 1 到输出端口 2，以及输入端口 1 到下输出端口 3 的振幅传递函数分别为

$$\begin{aligned} U &= \frac{B_0}{A_0} = \frac{B_1}{A_1}\exp[-2\mathrm{j}(\beta - \alpha_L)L] \\ &= \frac{t_1 - t_2 \exp[-\mathrm{j}2(\beta - \alpha_R)\pi R]}{1 - t_1 t_2 \exp[-\mathrm{j}2(\beta - \alpha_R)\pi R]}\exp[-2\mathrm{j}(\beta - \alpha_L)L] \end{aligned} \tag{7.32}$$

$$\begin{aligned} V &= \frac{B_5}{A_0} = \frac{B_4}{A_1}\exp[-2\mathrm{j}(\beta - \alpha_L)L] \\ &= \frac{-\kappa_1 \kappa_2 \exp[-\mathrm{j}(\beta - \alpha_R)\pi R]}{1 - t_1 t_2 \exp[-\mathrm{j}2(\beta - \alpha_R)\pi R]}\exp[-2\mathrm{j}(\beta - \alpha_L)L] \end{aligned} \tag{7.33}$$

当 $a_R = 0$ 以及 $a_L = 0$ 时，有

$$|U|^2 + |V|^2 = 1 \tag{7.34}$$

即输入输出能量守恒。

7.3.2.2　特性分析

由于硅纳米线波导具有高折射率差从而可获得超小弯曲半径，是实现超小微环谐振器的理想波导结构，因此接下来将着重以硅纳米线波导微环谐振器为例，详细进行分析。设硅纳米线波导芯层(硅)折射率 $n_1 = 3.45$、包层(SiO_2)折射率

$n_2=1.456$。取中心波长为 1.55μm，波导宽度 $w=500$nm，波导高度 $h=300$nm。利用有限差分方法，计算获得其导模的有效折射率 n_{eff}。这里，考虑 TE 偏振基模。利用公式 $\alpha_R=\text{Im}(n_{\text{eff}})2\pi/\lambda$，可计算得到弯曲损耗随着弯曲半径的变化曲线（见图 7.4）。从图中可以看出，损耗随着弯曲半径的增大而减小。由于硅纳米线折射率差很高，因此在弯曲半径很小的时候，其传输损耗仍然非常小，几乎可以忽略不计。

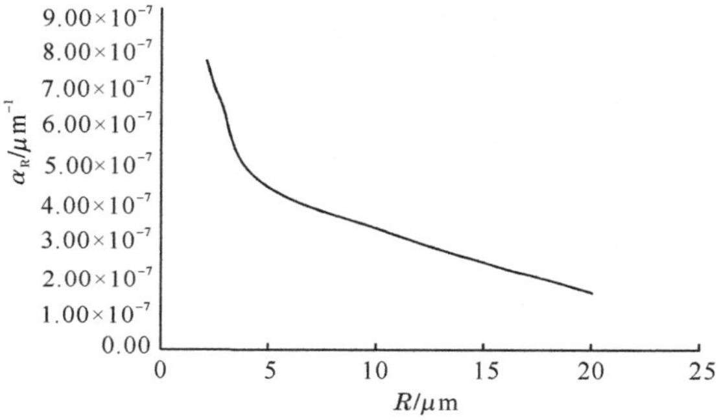

图 7.4　弯曲损耗 α_R 随弯曲半径的变化曲线

图 7.5 给出利用式(7.2)和式(7.3)计算得到的微环谐振器的 *FSR*。可以看出，谐振环半径变大，则 *FSR* 逐渐变小。为保证滤波性能，一方面，*FSR* 一般应大于所有通道所占据的总带宽，因而要求微环半径足够小。但是，另一方面，若微环半径过小，则会引入较大的弯曲损耗，降低器件性能。因此，器件设计时需考虑这两方面的因素。例如，选取器件半径 $R=5.08\mu\text{m}$，其弯曲损耗为 $4.5\times10^{-7}\mu\text{m}^{-1}$，自由光谱区范围为 26nm。

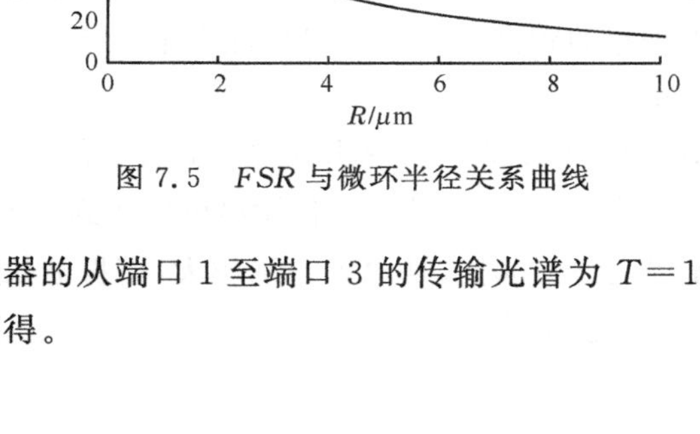

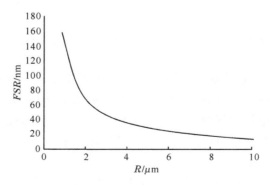

图 7.5　*FSR* 与微环半径关系曲线

定义单环谐振器的从端口 1 至端口 3 的传输光谱为 $T=10\lg(|V|^2)$，其中 V 由式(7.33)计算而得。

图 7.6 给出不同耦合比时单环谐振器的输出光谱，其中 $R=5.08\mu m$，$a_R=0$，$\kappa_1=\kappa_2=\kappa$。从图中可以看出，$FSR=26nm$，与公式(7.3)计算吻合。由图 7.6 可知，在无损情形下，振幅耦合比 κ 越小，通道带宽越小；反之，非谐振信号强度越强，通道带宽越大，而 FSR 的大小与振幅耦合比无关。

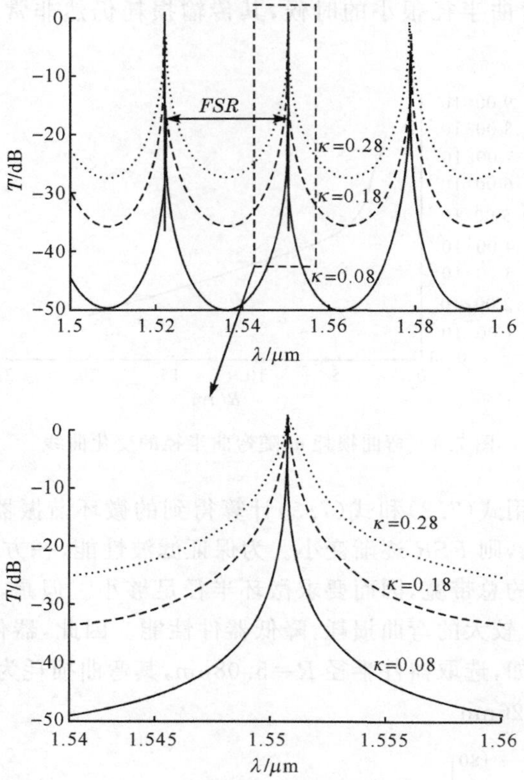

图 7.6 无损情况下，振幅耦合对输出光谱的影响

对于滤波器而言，通道带宽与隔离度是其重要指标。一般而言，通道带宽越大，则隔离度越低(即串扰越大)；反之，通道带宽越小，则隔离度越高(即串扰越小)，但对信号波长漂移的控制精度要求就越高。因此，应根据实际需求，选择合适的振幅耦合以获得理想的频谱响应。一般情况下取 $0.1<\kappa<0.2$，对应的 3dB 带宽约为 0.8～0.3nm。

图 7.7 给出非对称耦合情况下的输出光谱。这里，取 $\kappa_1=0.08$，$\kappa_2=0.08$、0.18、0.28。由图可知，当 $\kappa_1=\kappa_2$ 时，谐振波长输出可以达到最大值(100%)。而当 $\kappa_1\neq\kappa_2$ 时，谐振波长输出小于 100%，且两者差别越大，谐振波长输出越弱，谐振峰展宽，滤波性能下降。因此，通常应避免非对称耦合。

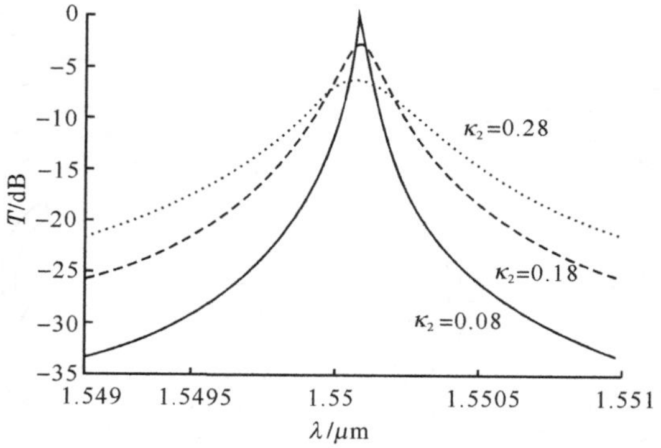

图 7.7　非对称耦合时的输出光谱图($\kappa_1=0.08,\kappa_1\neq\kappa_2$)

图 7.8 给出损耗对谐振波长输出光谱的影响。取振幅耦合系数 $\kappa_1=\kappa_2=0.08$。由图可知,随着损耗的增加,谐振波长峰值逐渐下降。因此,减小弯曲波导损耗对于获得高性能微环谐振器至关重要。

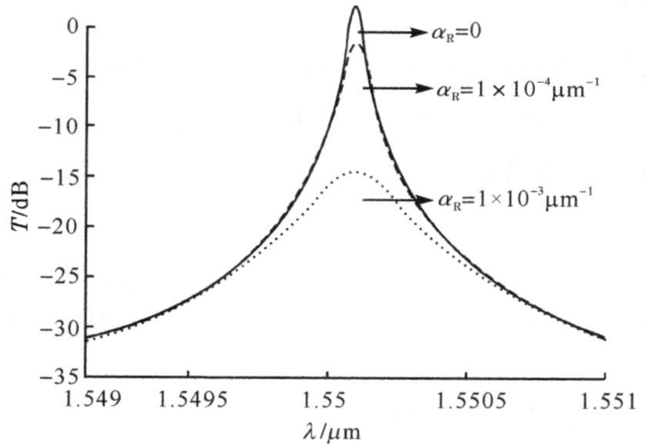

图 7.8　微环弯曲损耗对下信道输出光谱的影响

7.3.3　并联双环滤波器

并联双环谐振器(见图 7.9)具有方形输出频谱响应,由此可获得比单环谐振器更好的滤波性能,本小节将对其展开详细的讨论分析。设两个微环结构参数相同,即半径为 R,耦合系数 $\kappa_1=\kappa_2=\kappa$,传播常数 $\beta=2\pi n_c/\lambda$,输入/输出波导传输损耗为 α_L,微环波导传输损耗为 α_R。微环 1 各区域输入、输出振幅分别表示为 A_{i1}、B_{i1}。同理,微环 2 相应振幅表示为 A_{i2} 和 B_{i2}。

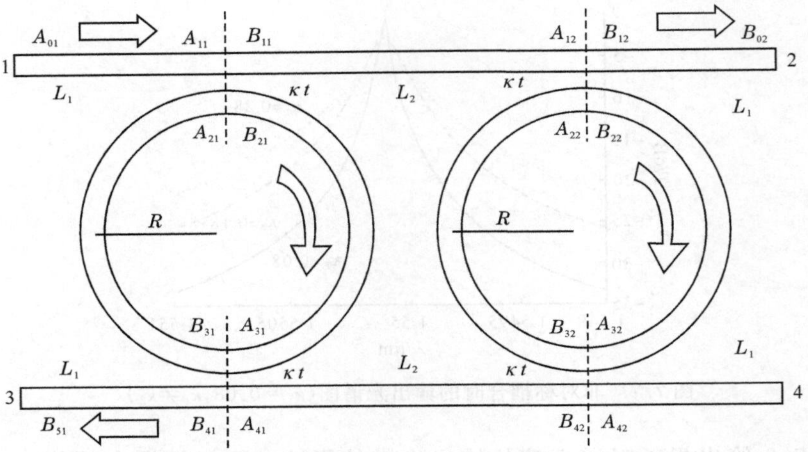

图 7.9　并联双环谐振器结构图

7.3.3.1　传递函数

根据 7.3.2 节的分析，利用 $\kappa_1=\kappa_2=\kappa, t_1=t_2=t$ 可得

$$B_{11}=MA_{11}+NA_{41},\quad B_{41}=NA_{11}+MA_{41} \tag{7.35}$$

$$B_{12}=MA_{12}+NA_{42},\quad B_{42}=NA_{12}+MA_{42} \tag{7.36}$$

其中

$$M=\frac{t-t\exp\left[-\mathrm{j}2(\beta-\alpha_{\mathrm{R}})\pi R\right]}{1-t^2\exp\left[-\mathrm{j}2(\beta-\alpha_{\mathrm{R}})\pi R\right]},\quad N=-\frac{\kappa^2\exp\left[-\mathrm{j}(\beta-\alpha_{\mathrm{R}})\pi R\right]}{1-t^2\exp\left[-\mathrm{j}2(\beta-\alpha_{\mathrm{R}})\pi R\right]} \tag{7.37}$$

设两环耦合区间距为 L_2，可以得到

$$A_{12}=B_{11}\exp\left[-\mathrm{j}(\beta-\alpha_{\mathrm{L}})L_2\right] \tag{7.38}$$

$$A_{41}=B_{42}\exp\left[-\mathrm{j}(\beta-\alpha_{\mathrm{L}})L_2\right] \tag{7.39}$$

利用 $A_{42}=0$ 和式(7.36)、式(7.38)，可得

$$B_{42}=NA_{12}=NB_{11}\exp\left[-\mathrm{j}(\beta-\alpha_{\mathrm{L}})L_2\right] \tag{7.40}$$

$$B_{12}=MA_{12}=MB_{11}\exp\left[-\mathrm{j}(\beta-\alpha_{\mathrm{L}})L_2\right] \tag{7.41}$$

同时，利用式(7.39)，可得

$$B_{11}=MA_{11}+NA_{41}=MA_{11}+NB_{42}\exp\left[-\mathrm{j}(\beta-\alpha_{\mathrm{L}})L_2\right] \tag{7.42}$$

$$B_{41}=NA_{11}+MA_{41}=NA_{11}+MB_{42}\exp\left[-\mathrm{j}(\beta-\alpha_{\mathrm{L}})L_2\right] \tag{7.43}$$

联立上述各式，经过化简可得

$$\frac{B_{41}}{A_{11}}=\frac{N\{1+(M^2-N^2)\exp\left[-j2(\beta-\alpha_L)L_2\right]\}}{1-N^2\exp\left[-\mathrm{j}2(\beta-\alpha_{\mathrm{L}})L_2\right]} \tag{7.44}$$

$$\frac{B_{12}}{A_{11}}=\frac{M^2\exp\left[-\mathrm{j}2(\beta-\alpha_{\mathrm{L}})L_2\right]}{1-N^2\exp\left[-\mathrm{j}2(\beta-\alpha_{\mathrm{L}})L_2\right]} \tag{7.45}$$

设输入输出信道的长度均为L_1，得到输入输出信道端口的光信号振幅为

$$\begin{cases}A_{11}=A_{01}\exp\left[-\mathrm{j}(\beta-\alpha_{\mathrm{L}})L_1\right]\\ B_{02}=B_{12}\exp\left[-\mathrm{j}(\beta-\alpha_{\mathrm{L}})L_1\right]\\ B_{51}=B_{41}\exp\left[-\mathrm{j}(\beta-\alpha_{\mathrm{L}})L_1\right]\end{cases} \tag{7.46}$$

利用式(7.44)～(7.46)，可得输入端口 2 对于端口 1 的传递函数、输出端口 3 对于输入端口 1 的传递函数分别为

$$\begin{aligned}U&=\frac{B_{02}}{A_{01}}=\frac{B_{12}}{A_{11}}\exp\left[-2\mathrm{j}(\beta-\alpha_{\mathrm{L}})L_1\right]\\&=\frac{M^2\exp\left[-\mathrm{j}2(\beta-\alpha_{\mathrm{L}})L_2\right]}{1-N^2\exp\left[-\mathrm{j}2(\beta-\alpha_{\mathrm{L}})L_2\right]}\exp\left[-2\mathrm{j}(\beta-\alpha_{\mathrm{L}})L_1\right]\end{aligned} \tag{7.47}$$

$$\begin{aligned}V&=\frac{B_{51}}{A_{01}}=\frac{B_{41}}{A_{11}}\exp\left[-2\mathrm{j}(\beta-\alpha_{\mathrm{L}})L_1\right]\\&=\frac{N(1+(M^2-N^2)\exp\left[-\mathrm{j}2(\beta-\alpha_{\mathrm{L}})L_2\right])}{1-N^2\exp\left[-\mathrm{j}2(\beta-\alpha_{\mathrm{L}})L_2\right]}\exp\left[-2\mathrm{j}(\beta-\alpha_{\mathrm{L}})L_1\right]\end{aligned} \tag{7.48}$$

7.3.3.2　特性分析

图 7.10 所示为并联双环谐振器端口 3 在不同振幅耦合系数情况下的输出光谱($T=20\lg|V|$)。参数选择为：波导宽度 $w=500\mathrm{nm}$，波导高度 $h=300\mathrm{nm}$，微环半径 $R=5.08\mu\mathrm{m}$，芯层折射率 $n_1=3.45$，包层折射率 $n_2=1.456$，$L_2=10\pi R$。其振幅耦合系数 $\kappa=0.08$、0.18 或 0.28。从图 7.10 可见，双环频谱响应与单环有些类似，即随着耦合系数的减小，FSR 并没有发生改变，而谐振光信号不断增强，且

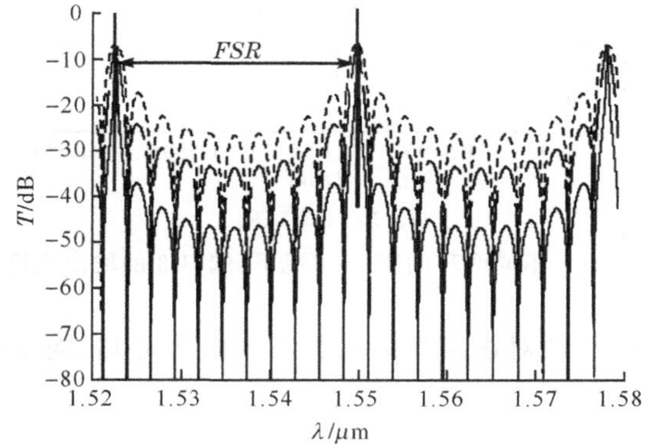

图 7.10　不同振幅耦合系数情况下，输出端 3 的频谱响应

(实线：$\kappa=0.08$；虚线：$\kappa=0.18$；点线：$\kappa=0.28$)

谐振峰逐渐变窄。

为了更好的观察谐振峰的情况，图 7.11(a)～(c)分别给出两环间距 $L_2=10\pi R$，$L_2=25\pi R$，$L_2=25.5\pi R$ 情况下端口 3 的输出光谱。此项分析中双环间距 L_2 的取值非常重要，对比图 7.11 (a)～(c)可以看出，当 L_2 等于 πR 的整数倍时，谐振峰较宽，而且图 7.11 (a)、(b)对比结果说明越大的 L_2 对应的谐振峰也越宽。另外，从图中可以发现随着振幅耦合比 κ 的增大，谐振峰逐渐变宽，且旁瓣也逐渐抬高，当耦合振幅比足够大时，便出现了特殊的输出光谱——箱形滤波输出，可以实现某一波段的均匀滤波。

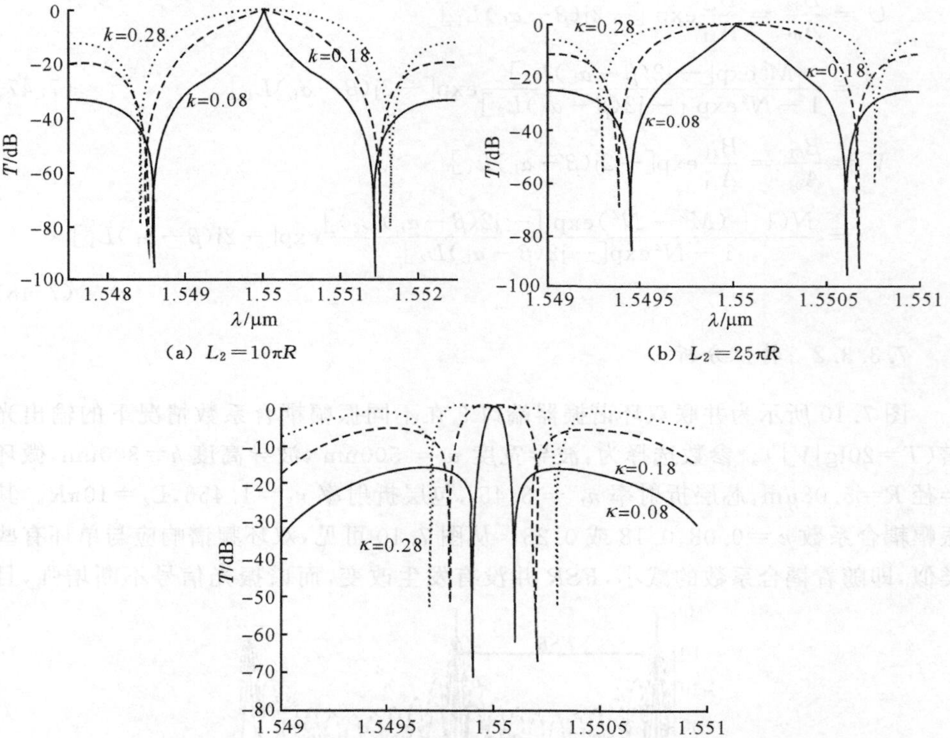

图 7.11　不同两环间距 L_2 情况下，端口 3 的输出光谱

图 7.12 给出弯曲损耗对输出光谱的影响。由图可知，随着损耗的增大，谐振峰值减小。

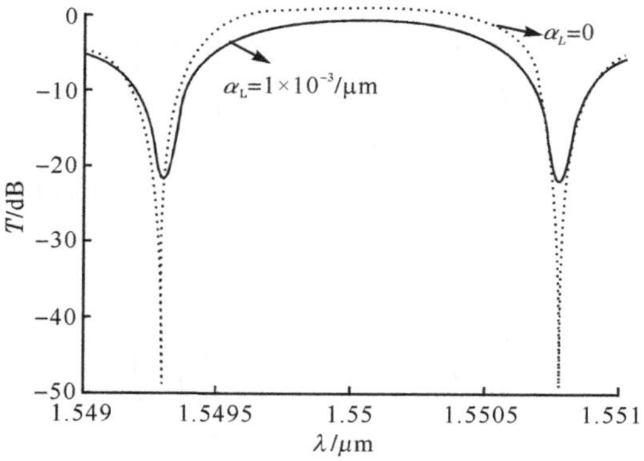

图 7.12　弯曲波导传输损耗对下信道输出光谱的影响($L_2=25\pi R$)

7.3.4　串联双环滤波器

串联双环谐振器结构如图 7.13 所示。双环半径各为 R_1、R_2，三个耦合区的振幅耦合和透射系数分别为 κ_1、κ_2、κ_1 和 t_1、t_2、t_1。令进入耦合区的光场振幅为 A_i，通过耦合区的光场振幅为 B_i。设微环和输入/输出波导的传播常数均为 $\beta=2\pi n_c/\lambda$，并设输入/输出波导中的传输损耗为 α_L，微环波导传输损耗为 α_R。

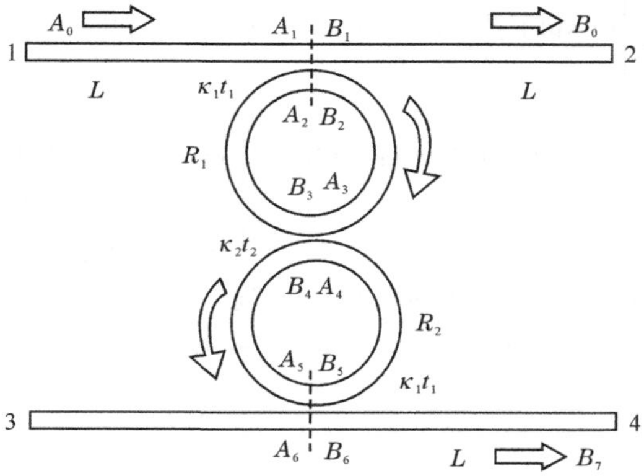

图 7.13　串联双环谐振器结构图

对于串联双环结构，可以优化振幅耦合系数，从而实现滤波函数的平顶化；也可利用两个不同半径的微环组合扩大自由频谱范围，从而优化滤波函数性能。

7.3.4.1　传递函数

利用 7.3.2 节中讨论的传输矩阵法，可以方便地得到以下关系式：

$$\begin{bmatrix} A_2 \\ B_2 \end{bmatrix} = \begin{bmatrix} \dfrac{t_1}{\mathrm{j}\kappa_1} & -\dfrac{1}{\mathrm{j}\kappa_1} \\ \dfrac{1}{\mathrm{j}\kappa_1} & -\dfrac{t_1}{\mathrm{j}\kappa_1} \end{bmatrix} \begin{bmatrix} A_1 \\ B_1 \end{bmatrix} \tag{7.49}$$

$$\begin{bmatrix} A_3 \\ B_3 \end{bmatrix} = \begin{bmatrix} 0 & \exp[-\mathrm{j}(\beta-\mathrm{j}\alpha_{\mathrm{R}})\pi R_1] \\ \exp[\mathrm{j}(\beta-\mathrm{j}\alpha_{\mathrm{R}})\pi R_1] & 0 \end{bmatrix} \begin{bmatrix} A_2 \\ B_2 \end{bmatrix} \tag{7.50}$$

$$\begin{bmatrix} A_4 \\ B_4 \end{bmatrix} = \begin{bmatrix} \dfrac{t_2}{\mathrm{j}\kappa_2} & -\dfrac{1}{\mathrm{j}\kappa_2} \\ \dfrac{1}{\mathrm{j}\kappa_2} & -\dfrac{t_1}{\mathrm{j}\kappa_2} \end{bmatrix} \begin{bmatrix} A_3 \\ B_3 \end{bmatrix} \tag{7.51}$$

$$\begin{bmatrix} A_5 \\ B_5 \end{bmatrix} = \begin{bmatrix} 0 & \exp[-\mathrm{j}(\beta-\mathrm{j}\alpha_{\mathrm{R}})\pi R_2] \\ \exp[\mathrm{j}(\beta-\mathrm{j}\alpha_{\mathrm{R}})\pi R_2] & 0 \end{bmatrix} \begin{bmatrix} A_4 \\ B_4 \end{bmatrix} \tag{7.52}$$

$$\begin{bmatrix} A_6 \\ B_6 \end{bmatrix} = \begin{bmatrix} \dfrac{t_1}{\mathrm{j}\kappa_1} & -\dfrac{1}{\mathrm{j}\kappa_1} \\ \dfrac{1}{\mathrm{j}\kappa_1} & -\dfrac{t_1}{\mathrm{j}\kappa_1} \end{bmatrix} \begin{bmatrix} A_5 \\ B_5 \end{bmatrix} \tag{7.53}$$

联立式(7.49)～(7.53)，可得

$$\begin{bmatrix} A_6 \\ B_6 \end{bmatrix} = \begin{bmatrix} \dfrac{t_1}{\mathrm{j}\kappa_1} & -\dfrac{1}{\mathrm{j}\kappa_1} \\ \dfrac{1}{\mathrm{j}\kappa_1} & -\dfrac{t_1}{\mathrm{j}\kappa_1} \end{bmatrix} \begin{bmatrix} 0 & \exp[-\mathrm{j}(\beta-\mathrm{j}\alpha_{\mathrm{R}})\pi R_2] \\ \exp[\mathrm{j}(\beta-\mathrm{j}\alpha_{\mathrm{R}})\pi R_2] & 0 \end{bmatrix} \begin{bmatrix} \dfrac{t_2}{\mathrm{j}\kappa_2} & -\dfrac{1}{\mathrm{j}\kappa_2} \\ \dfrac{1}{\mathrm{j}\kappa_2} & -\dfrac{t_1}{\mathrm{j}\kappa_2} \end{bmatrix}$$

$$\begin{bmatrix} 0 & \exp[-\mathrm{j}(\beta-\mathrm{j}\alpha_{\mathrm{R}})\pi R_1] \\ \exp[\mathrm{j}(\beta-\mathrm{j}\alpha_{\mathrm{R}})\pi R_1] & 0 \end{bmatrix} \begin{bmatrix} \dfrac{t_1}{\mathrm{j}\kappa_1} & -\dfrac{1}{\mathrm{j}\kappa_1} \\ \dfrac{1}{\mathrm{j}\kappa_1} & -\dfrac{t_1}{\mathrm{j}\kappa_1} \end{bmatrix} \begin{bmatrix} A_1 \\ B_1 \end{bmatrix} \tag{7.54}$$

注意到 $A_6=0$，对式(7.54)化简后可以得到

$$B_1 = MA_1,\quad B_6 = NA_6 \tag{7.55}$$

其中

$$\begin{cases} M = \\ \dfrac{t_1\{1+\exp[-\mathrm{j}2(\beta-\alpha_{\mathrm{R}})\pi(R_1+R_2)]\} - t_2\{\exp[-\mathrm{j}2(\beta-\alpha_{\mathrm{R}})\pi R_1] + t_1^2\exp[-\mathrm{j}2(\beta-\alpha_{\mathrm{R}})\pi R_2]\}}{1+t_1^2\exp[-\mathrm{j}2(\beta-\alpha_{\mathrm{R}})\pi(R_1+R_2)] - t_1t_2\{\exp[-\mathrm{j}2(\beta-\alpha_{\mathrm{R}})\pi R_1] + \exp[-\mathrm{j}2(\beta-\alpha_{\mathrm{R}})\pi R_2]\}} \\ N = \\ \dfrac{\mathrm{j}\kappa_1^2\kappa_2\exp[-j(\beta-\alpha_{\mathrm{R}})\pi(R_1+R_2)]}{1+t_1^2\exp[-\mathrm{j}2(\beta-\alpha_{\mathrm{R}})\pi(R_1+R_2)] - t_1t_2\{\exp[-\mathrm{j}2(\beta-\alpha_{\mathrm{R}})\pi R_1] + \exp[-\mathrm{j}2(\beta-\alpha_{\mathrm{R}})\pi R_2]\}} \end{cases} \tag{7.56}$$

设输入/输出波导的长度均为 L，则输入/输出波导端口的光场振幅为

$$\begin{cases} A_1 = A_0 \exp\left[-\mathrm{j}(\beta - \alpha_L)L\right] \\ B_0 = B_1 \exp\left[-\mathrm{j}(\beta - \alpha_L)L\right] \\ B_7 = B_6 \exp\left[-\mathrm{j}(\beta - \alpha_L)L\right] \end{cases} \tag{7.57}$$

由式(7.55)～(7.57),可以得到输入端口 2 对于端口 1 的传递函数和输出端口 4 对于输入端口 1 的传递函数分别为

$$U = \frac{B_0}{A_0} = \frac{B_1}{A_1}\exp\left[-\mathrm{j}(\beta - \alpha_L)2L\right] = M\exp\left[-\mathrm{j}(\beta - \alpha_L)2L\right] \tag{7.58}$$

$$V = \frac{B_7}{A_0} = \frac{B_6}{A_1}\exp\left[-\mathrm{j}(\beta - \alpha_L)2L\right] = N\exp\left[-\mathrm{j}(\beta - \alpha_L)2L\right] \tag{7.59}$$

7.3.4.2 特性分析

串联双环谐振器端口 4 的输出光谱 $T=10\lg(|V|^2)$。设相关参数为:波导宽度 $w=500\text{nm}$,波导高度 $h=300\text{nm}$,微环半径 $R_1=R_2=5.08\mu\text{m}$,芯层折射率 $n_1=3.45$,上、下包层折射率 $n_1=n_2=1.456$,耦合系数 $\kappa_1=0.18$,$\kappa_2=0.01$、0.03、0.05、0.07、0.09。图 7.14 给出串联双环谐振器端口 4 的输出光谱。从图中可以看到,当 $\kappa_2=0.01$ 时,在谐振波长 $\lambda=1.55\mu\text{m}$ 处输出光功率 T 不能达到 100%输出;而当 κ_2 增大时,输出光谱 T 逐渐展宽,并出现两个小谐振峰,且两个小谐振峰间距逐渐增大,在谐振峰处的输出强度为 100%,而在中心波长处的输出强度逐渐减小。

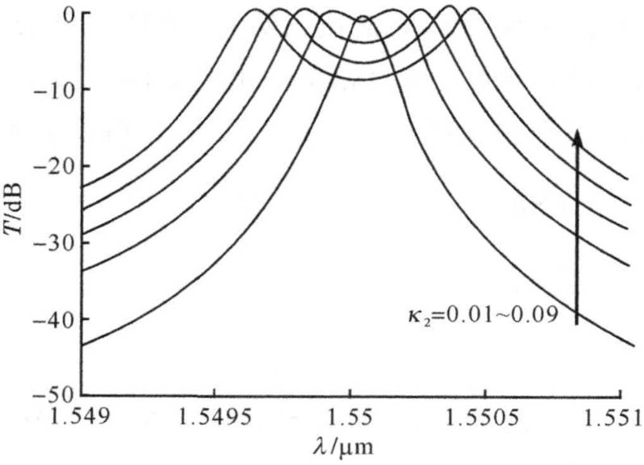

图 7.14 串联双环谐振器端口 4 的输出光谱($\kappa_2=0.01$、0.03、0.05、0.07、0.09)

为了使得中心波长处输出为最大,需要合理选择 κ_1、κ_2。设器件是无损的,即 $a_R=a_L=0$,并设中心波长 λ_c 为两个环的谐振波长,即 $n2\pi R_1=m_1\lambda_c$,$n2\pi R_2=m_2\lambda_c$(m_1、m_2 分别为两个环的谐振级数)。代入式(7.56)中,可得

$$|N^2| = \left|\frac{\mathrm{j}\kappa_1^2\kappa_2}{1-2t_1t_2+t_1^2}\right| \tag{7.60}$$

为了实现最大输出,需使$|N^2|=1$。化简后可得

$$\kappa_2 = \frac{\kappa_1^2}{2-\kappa_1^2} \tag{7.61}$$

换言之,当满足式(7.61)时,中心波长谐振且输出强度为100%。设$\kappa_1=0.18$,则有$\kappa_2=0.01647$。取最优耦合系数κ_1、κ_2,得到输出光谱如图7.15所示,其中心波长$\lambda=1.55\mu m$的输出强度为100%。相对于单环谐振器,双环的滤波函数实现了频谱平顶化。

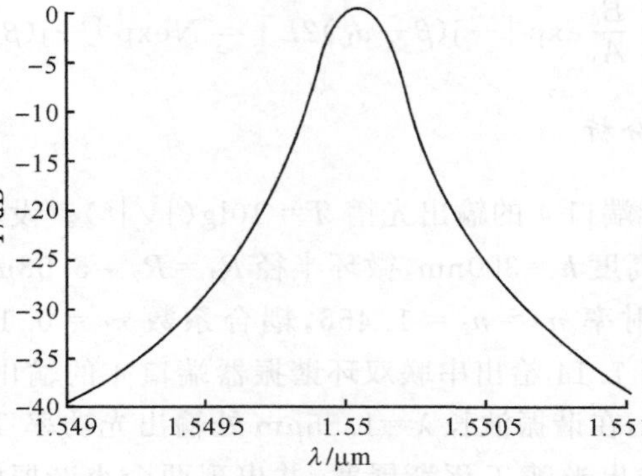

图 7.15 取优化耦合系数时($\kappa_1=0.18$,$\kappa_2=0.01647$),通道3的输出光谱

接下来将分析串联双环具有不同半径时的输出频谱,即$n2\pi R_1 = m_1\lambda_c$,$n2\pi R_2=m_2\lambda_c$(m_1、m_2分别为两个环的谐振级数)。微环半径R对输出频谱的主要影响在于它决定了微环谐振级次,进而影响输出光谱的FSR。利用式(7.3),若考虑半径分别为R_1、R_2的两个独立微环,各自的FSR分别表示为

$$FSR_1 = \frac{\lambda n_c}{m_1 n_g}, \quad FSR_2 = \frac{\lambda n_c}{m_2 n_g} \tag{7.62}$$

整体谐振器的FSR设为

$$FSR = \frac{\lambda n_c}{m n_g} \tag{7.63}$$

取$R_1=3.694\mu m$,$R_2=5.541\mu m$,耦合系数$\kappa_1=0.18$。图7.16给出以上两个单环谐振器的端口3的输出光谱。

从图7.16中可以看出,不同微环谐振半径对应于不同FSR。其中一个环半径$R_1=3.694\mu m$,谐振级数$m_1=40$,对应的$FSR=37nm$,另一个环半径$R_2=5.541\mu m$,谐振级数$m_1=60$,对应的$FSR=24.7nm$。图7.17给出双环串联谐振器的端口3的输出光谱。从图中可以看到,两环串联后,除了两个环重合的谐振峰外,其他谐振峰都全部被抑制到$-35dB$以下。因此,对于串联双环谐振器,其FSR为

$$FSR = 2FSR_1 = 3FSR_2 \tag{7.64}$$

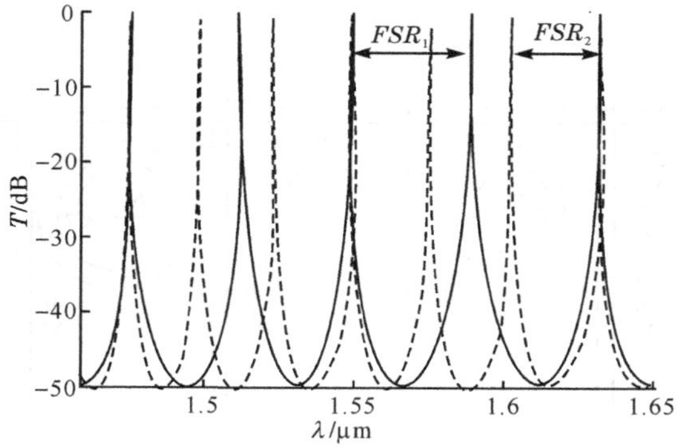

图 7.16 不同微环半径 R 时单个微环的输出光谱

(实线 $R_1=3.694\mu m$,虚线 $R_2=5.541\mu m$)

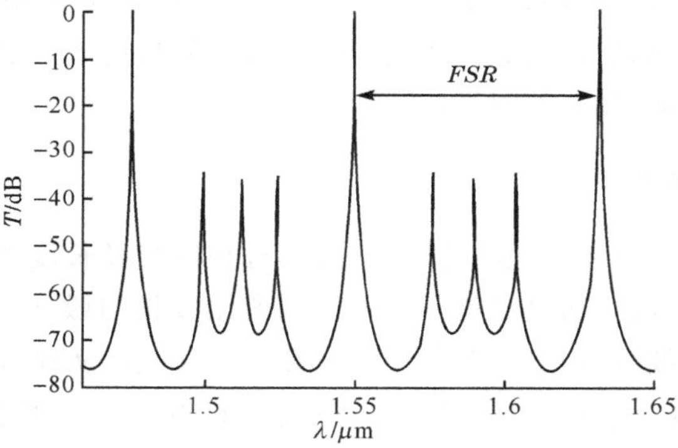

图 7.17 串联双微环端口 3 的输出光谱

($R_1=3.694\mu m$,$R_2=5.541\mu m$)

如果把整个串联微环谐振器等效为一个单环谐振器的话,其等效谐振环半径非常小($R=1.847\mu m$),谐振级次 $m=20$,对应的 $FSR=74nm$。这意味着使用串联双环可以实现很大的 FSR,克服了单环结构中弯曲半径对 FSR 的限制。

7.4 基于微环谐振器的集成光子器件

7.4.1 滤波器[3~5]

如图 7.18 所示,利用微环谐振效应,可以将特定波长的光信号从输出通道提取出来,即实现了滤波功能。由谐振方程(7.1)可知,谐振波长与微环半径 R、谐振级次 m 以及有效折射率 n_c 有关。一般通过调整微环半径的方法实现对不同谐振

波长 λ 的选择性滤波。为了只对某一波长实现滤波功能，微环谐振器的 FSR 必须足够大。

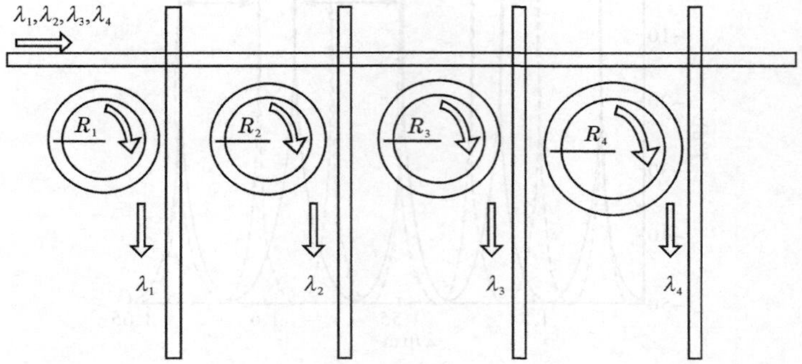

图 7.18　基于微环谐振器阵列的波分复用器件

此外，由式(7.1)可知，采用不同有效折射率 n_c，将得到不同的谐振波长 λ。因此，往往通过电光、热光、声光等方法改变微环波导的折射率，从而调节谐振波长，即实现可调谐滤波器、光开关或光调制器。

7.4.2　波分复用器件

由式(7.2)可知，对于不同的输入波长，都有相应半径长度的微环谐振器实现对该波长的谐振。因此，通过设计一系列不同谐振波长的微环，构成阵列，即可实现对一系列波长的波分复用功能[21,22]。如图 7.18 所示，从输入波导输入一系列不同载波波长($\lambda_1,\lambda_2,\lambda_3,\lambda_4$)的信号光，通道波长间距为 $\Delta\lambda$。根据式(7.2)可以确定不同信道($\lambda_1,\lambda_2,\lambda_3,\lambda_4$)对应的微环半径等，使得各信道载波波长分别对应于其中一个微环谐振器的谐振波长(见图 7.19)。

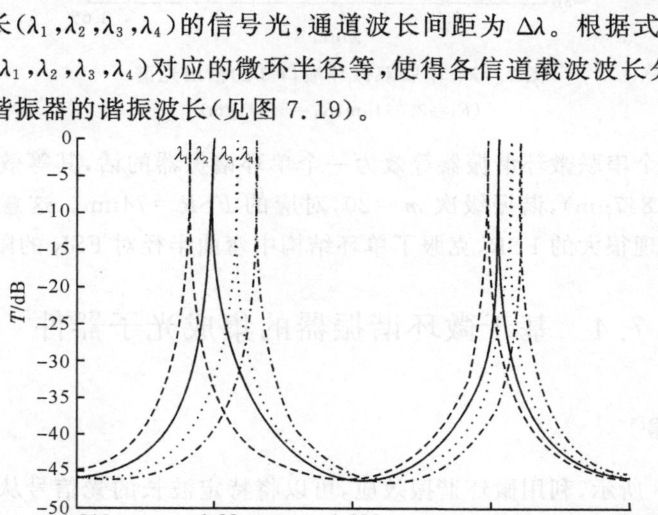

图 7.19　波分复用频谱

反之，从输出端输入不同波长的信号光，经过相应的微环谐振后可以耦合进入同一条主通道(bus)，实现复用功能。例如，取弯曲波导有效折射率为 2.5，耦合系数为 0.1，各微环半径 $R_1=14.3\mu m$，$R_2=14.9\mu m$，$R_3=15.5\mu m$ 和 $R_4=16.1\mu m$，可将不同输入波长光信号 λ_1、λ_2、λ_3、λ_4 复合至同一输出信道，从而实现波分复用的功能。而利用电光、热光、声光等效应改变微环谐振器的折射率，可实现动态的波分复用功能[23~25]。

7.4.3 微环传感器

7.4.3.1 概述

光传感技术主要分为体材料传感、光纤传感、集成传感三大类。其中集成传感以其小体积、高灵敏度、易于形成阵列等特点，已成为光传感技术的主要研究方向之一。在 2000 年之前，集成光学传感技术由于受到工艺水平的限制，主要采用非谐振腔型，基本原理是利用被探测物质同光的倏逝场作用来改变光的传播常数及位相，并通过测量该位相变化以实现传感。但是，由于倏逝场通常仅在表面很薄范围，因而光场同物质间的作用非常弱。此时，往往需要很长的工作距离(毫米、厘米量级)，不利于小型化。此外，对于这种传感器，被测物质用量相对较大。随着"片上实验室(lab on chip)"概念的兴起，如何提高传感器灵敏度、减小器件尺寸以及被探测物质用量逐渐成为集成传感器的研究重点。微环谐振器作为一种新兴的集成光学器件，由于其高品质因子、结构简单等优点，近年来在集成传感领域获得越来越多的关注。

7.4.3.2 微环传感器

利用微环制作传感器主要具有以下优点：

1) 尺寸小、稳定性高

由于微环谐振腔是一个封闭的环，而利用高折射率差光波导(如 SOI 纳米线)，可以实现非常小的弯曲半径($\approx 5\mu m$)，因此器件尺寸非常小，有利于大规模集成，降低成本。

2) 灵敏度高

由于微环谐振器品质因子可以达到非常高，即光谱谐振峰非常尖锐，周围环境的微小变化就可以导致谐振峰发生显著偏移，因此微环传感器灵敏度非常高。

3) 被检测物质用量小

由于微环谐振器尺寸非常小，因此被检测物质的用量很小。

新型集成传感主要采用聚合物材料、SOI 材料和Ⅲ-Ⅴ族有源材料等功能材料。聚合物材料具有很多优点，主要包括成本低、制备简便(纳米压印，或者是传统的单次光刻技术)、且与光纤耦合效率较高(即插入损耗小)以及表面容易实现功能化处理。诸多优势促使聚合物传感在对表面特性要求较高的生化传感领域得到了高度重视和广泛研究。

最近，标准集成电子工艺中使用的SOI材料也成为一种实现超高集成度传感器的备选材料。利用SOI的高折射率差，可实现硅纳米光波导及其超小尺寸光子器件。但另一方面，SOI硅纳米光波导的制作工艺比较昂贵。此外，Ⅲ-Ⅴ族材料可以实现有源、无源的单片集成，因而基于该种材料的微环传感器也开始被广泛研究。

7.4.3.3 传感原理

微环传感器的基本原理是：被测物理量的变化将导致微环波导有效折射率的改变，从而改变微环谐振峰的位置，通过监测谐振波长的漂移或者监测给定波长的光强变化即可实现对被测物理量的探测。监测谐振波长漂移的方法具有动态范围大的优点，可以实现较大范围的检测，但缺点是需要有高精度的光谱分析仪，成本高且扫描时间较长。而对于测量给定波长光强变化的方法，其优点是灵敏度高，且成本低，缺点是易受外界干扰(需要频率、功率稳定的光源)。

为了提高探测的灵敏度，人们提出了许多新方法，包括利用特殊结构实现微环的FANO谐振(提高谐振峰的斜率)，以及引入有源增益等。此外，由于环境温度的变换会引入背景噪声，通过增加单片集成的温控装置也可以提高传感器件的综合性能。

7.4.3.4 传感应用举例

利用微环谐振器，目前已实现多种传感器，如微波电场探测、位移传感器、加速度传感、应力传感、陀螺仪、超声传感/超声成像以及生物化学传感。其中生物化学传感器由于其巨大的需求和潜在的市场，成为研究的热点。生物探测一般包括微生物探测、医学诊断、药品研制中的化学物品分析、食品安全检测、环境检测等。

1) 应力传感

图7.20给出一种应力传感探测的方案[26,27]。在应力的影响下，微环半径将在垂直和平行于应力的两个方向上发生变化，从而引起微环内光信号有效光程的变化，进而改变谐振波长；此外，材料的折射率也会由于弹光效应而发生变化，从而影响谐振峰。在应力作用下，谐振波长变化公式为

$$\frac{\Delta\lambda}{\lambda}=\frac{\Delta L}{L}+\frac{\Delta n_{\mathrm{eff}}}{n_{\mathrm{eff}}} \tag{7.65}$$

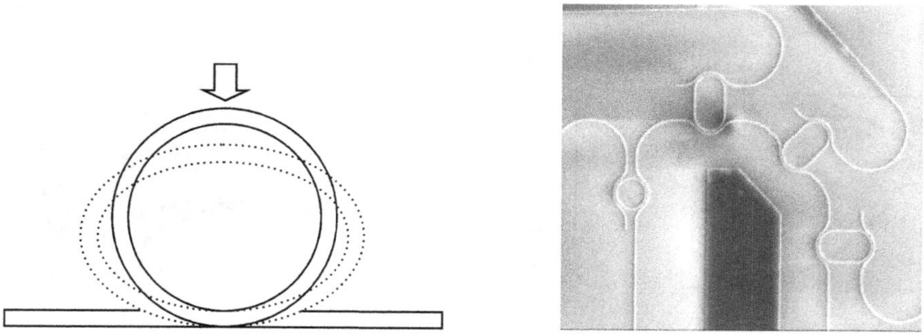

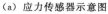

(a) 应力传感器示意图　(b) 基于 SOI 的应力传感器

图 7.20　应力传感器探测方案

式中，ΔL、Δn_{eff}分别为微环长度、有效折射率的变化量。利用聚合物和 SOI 作为应力传感器件的材料，已报道的灵敏度可分别达到 0.3pm/$\mu\varepsilon$[26]和0.65pm/$\mu\varepsilon$[27]。

2）生化传感

生化传感器的基本原理是：将生化物质覆盖于光波导表面，利用倏逝场效应，生化物质将改变光波导的有效折射率，然后通过测量波长漂移或者是强度变化的方法反推折射率变化[27,28,29]。此外，还可以利用倏逝场激发荧光来进行生物探测[28]。由于倏逝场能量占整个模场比例过小，光场和物质相互作用的强度不够，使得一般光波导传感器灵敏度没有基于表面等离子体共振等原理的器件的灵敏度高。为了解决这一问题，可以利用狭缝波导等结构使得光场主要集中在低折射率区域，以增强光场与物质的相互作用。

利用集成微环谐振器实现的生化传感器，具有以下优点：

(1) 集成化、微型化；

(2) 高精度；

(3) 高灵敏度；

(4) 多功能化；

(5) 低成本；

(6) 高稳定性；

(7) 高寿命。

图 7.21 给出一个基于微环谐振器的生物传感器示意图[28]。其中，微环谐振器被放置于温度控制平板上，微环上有一个微流腔用以提供液体样品。两条光纤通过光栅耦合器与谐振器的输入/输出波导相连接。

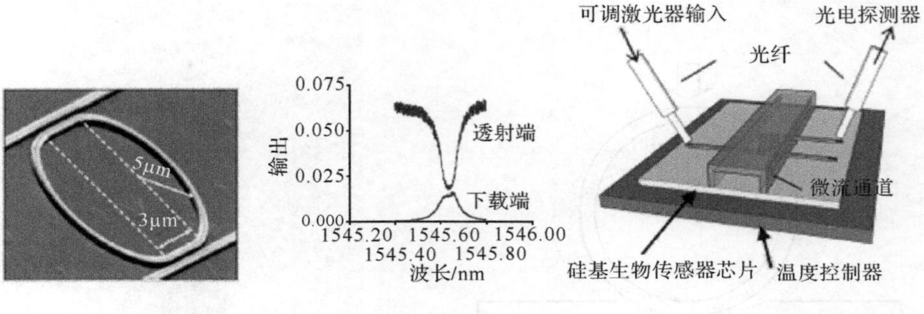

（a）微环谐振器扫描显微镜图　（b）频谱示意图　（c）传感器结构示意图

图 7.21　基于微环谐振器的生物传感器

对于生化传感器，通常需要某些化学修饰。经过某种化学修饰，微环波导表面对被探测物质（如蛋白质）有很强的特异性吸附能力，被探测物质被吸附在微环表面后会改变原有波导的折射率分布，从而改变波导的有效折射率。而有效折射率的改变会导致微环透射谱的变化（谐振波长漂移）。利用光谱仪就可以获得该谐振器的透射光谱，由此即可探测得知微流通道中被探测物质的浓度。采用具有高 Q 值的微环谐振器可获得超高灵敏度，如对蛋白质溶液的灵敏度达到了10ng/mL。

3）气体传感器

气体传感器基本原理也是基于微环谐振波长的漂移，其波长漂移是由于气体浓度变化引起的有效折射率变化。图 7.22 所示为最近由美国康奈尔大学 Lipson 研究小组报道的基于硅基狭缝波导的气体传感器[30]。从图 7.22 中可以看出，对于狭缝波导，由于横方向电场强度的不连续性，导致中间狭缝中的低折射率区域

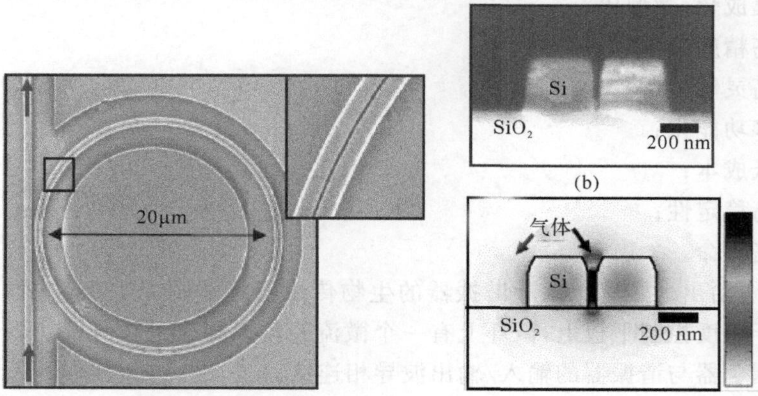

(a)　(b)　(c)

图 7.22　气体传感器器件原理图

光场强度非常大。当气体充满波导狭缝时，其对波导有效折射率的影响会大大增强，因而具有很高的灵敏度。文献[30]中的实验结果表明这种气体传感器的灵敏度可以达到 490nm/RIU，可以探测周围环境 10^{-4} 量级的折射率变化。

7.4.4　微环激光器

由于微环谐振器[6,7]具有高 Q 值，因此可以实现非常低的激光器阈值。图 7.23所示为国际最新报道的 1.8μm 宽的微盘激光器[31]，其工作原理与微环谐振器基本一致。利用高折射率差的光波导结构可以实现非常小的器件尺寸，为降低激光器阈值提供基础。这样只需要很低的泵浦能量即可实现激光激射，且便于实现高速调制。但是，另一方面，微环（微盘）激光器至今仍存在一些困难，如不易实现电流泵浦、出射激光能量较小、双方向激射等问题。

图 7.23　微盘激光器

微环激光器的基本结构如图 7.24 所示。在谐振腔中，通过掺杂等方法，利用光学泵浦或者电流泵浦，提供激光放大所需的增益。由于环形腔中具有增益，从而可获得激光形成所需的正反馈。利用 7.3 节的矩阵分析方法，忽略各种波导的传输损耗，并假设激光器单方向输出，可以得到

$$\begin{bmatrix} A_4 \\ B_4 \end{bmatrix} = \begin{bmatrix} \frac{t_2}{\mathrm{j}\kappa_2} & -\frac{1}{\mathrm{j}\kappa_2} \\ \frac{1}{\mathrm{j}\kappa_2} & -\frac{t_1}{\mathrm{j}\kappa_2} \end{bmatrix} \begin{bmatrix} 0 & \exp\left[-\mathrm{j}(\beta+\mathrm{j}G)\pi R\right] \\ \exp\left[\mathrm{j}(\beta+\mathrm{j}G)\pi R\right] & 0 \end{bmatrix} \begin{bmatrix} \frac{t_1}{\mathrm{j}\kappa_1} & -\frac{1}{\mathrm{j}\kappa_1} \\ \frac{1}{\mathrm{j}\kappa_1} & -\frac{t_1}{\mathrm{j}\kappa_1} \end{bmatrix} \begin{bmatrix} A_1 \\ B_1 \end{bmatrix} \tag{7.66}$$

式中，R 为微环半径；κ_1、κ_2 和 t_1、t_2 分别为两个耦合区的振幅耦合比和振幅透射比；β 为波导的传播常数；G 为增益系数。

利用式(7.66)，可以得到输出光强与输入光强的比值为

$$T = \left| \frac{B_4}{A_1} \right|^2 \tag{7.67}$$

考虑到激光器本身并没有输入光强 $|A_1|^2$。因此，根据式(7.67)，当激光器谐

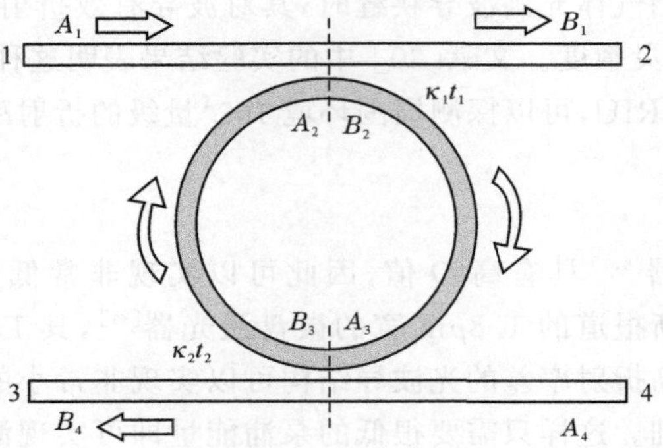

图 7.24　微环激光器示意图

振的时候，T 将趋向于无穷大。设微环波导有效折射率 $n_c=2.6709$，微环半径 $r=12\mu m$，耦合系数 $\kappa_1=\kappa_2=0.1$，损耗 $a_R=a_L=0$。对式(7.67)进行波长 λ 和增益 G 的扫描，当增益达到 $G_0=1.333\times10^{-4}\mu m^{-1}$ 时，透射谱如图 7.25 所示。从图中可以看到，透射谱在特定波长趋向于无穷大，表明激光器在该波长实现了激射，激射波长 $\lambda=1549.0856nm$。

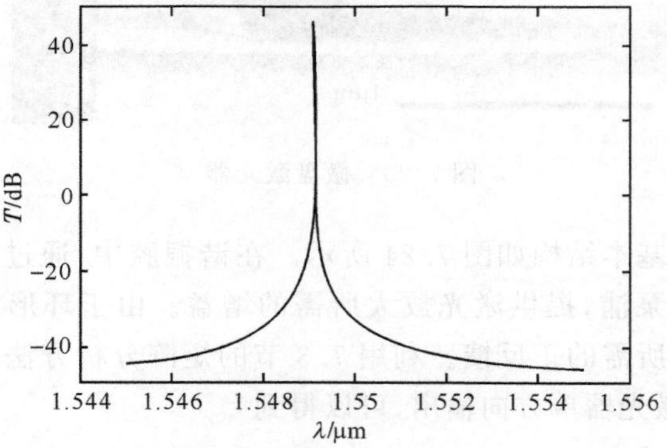

图 7.25　微环激光器透射谱

由于结构上的对称性，微环(包括微盘)激光器也存在双向激射的问题[32]，而且至今报道的微环激光器大都是光泵浦[31]。随着工艺的不断进步以及新颖结构的提出，微环激光器非常具有发展前景。

7.4.5　微环光调制器[8,10]

当泵浦提供增益到达阈值增益 G_0 时，微环激光器将实现光激射[透射谱见图 7.26(a)]；而当增益小于阈值增益 G_0 时，激光器将不能激射激光[透射谱见图 7.26(b)]。因此，通过调节泵浦电流，可以实现对微环激光器的调制。由于此种调制器的内部增益(可用折射率虚部表示)随着外部注入电流的变化而变化,激光器有源区载流子浓度也发生变化。此时,折射率的实部和虚部都发生变化,导致微环谐振波长发生漂移。因此,基于通过改变泵浦电流的办法来实现光强调制,波长啁啾较大,限制了其在高速光通信领域的应用。

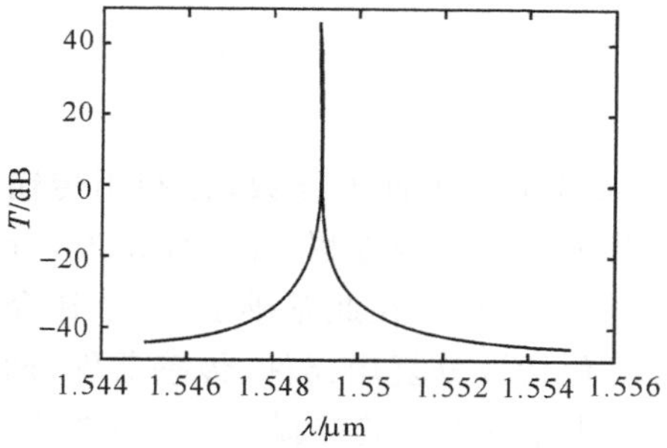

(a) $G_0=1.333\times10^{-4}\mu m^{-1}$

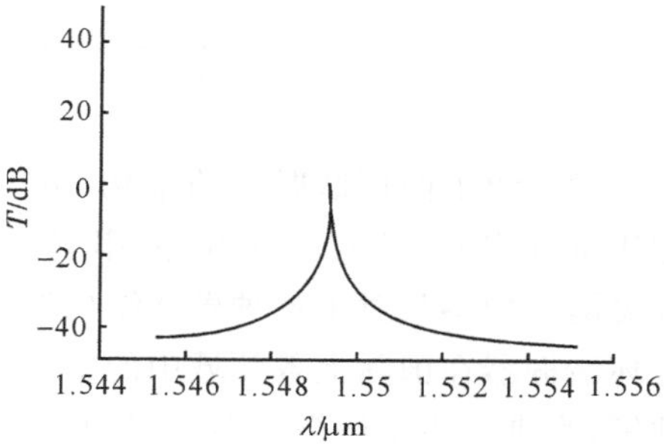

(b) $G_0=0\mu m^{-1}$

图 7.26　基于微环的内调制器

(器件参数与图 7.25 相同)

7.4.6　微环光开关[11,12]

基于微环谐振器的光开关基本结构如图 7.27 所示。I_{in}为输入光信号(波长 $\lambda=1550nm$),I_{out}为输出光信号,覆盖于微环上的是电光、电热或其他调制部件,M_{mod}为输入的调制信号。设微环参数为:半径 $R=5.541\mu m$,振幅耦合系数 $\kappa_1=\kappa_2=0.1$,有效折射率 $n_c=2.6709$,其输出光谱如图 7.27 实线所示。

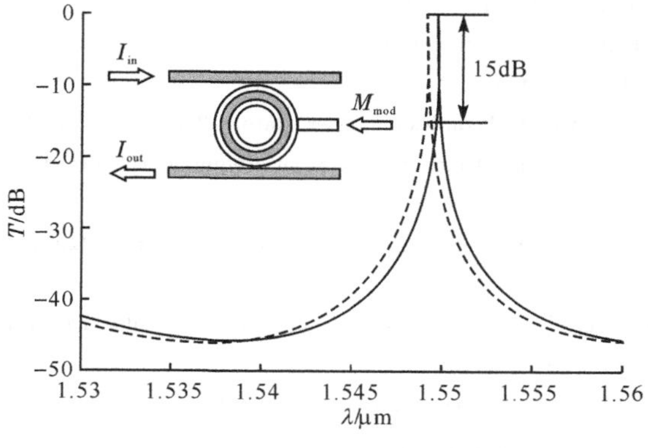

图 7.27　基于微环的光开关

当利用电光、声光等效应改变微环折射率时,微环的谐振峰发生偏移。例如,当加载调制信号使得有效折射率改变 0.03%时,输出光谱如图 7.27 虚线所示。谐振波长从 1550nm 漂移至 1549.27nm。在中心波长 $\lambda=1550nm$ 处,透射强度从

0dB下降为－15dB,具有较大的消光比。

利用此种光开关,也可以实现基于微环的外调制器。由于很小的折射率改变就可以导致显著的谐振峰偏移,而且波长啁啾小,故该种调制器适合实现高速的光调制。

7.5 本章小结

本章介绍了微环谐振器的结构、分类以及各项基本性能参数,并利用传输矩阵方法推导得到单环、并联双环、串联双环谐振器的谐振方程,并由此出发,分析了各关键结构参数对于各种微环结构谐振特性的影响。在此基础上,本章还介绍了微环谐振器在国际上各领域中的最新进展,包括波分复用器件、传感器件、调制器件等,为进一步了解微环谐振器的应用以及未来的发展趋势提供了一些参考。

参考文献

[1] Michelotti F, Driessen A, et al. Microresonators as building blocks for VLSI photonics. International School Quantum Electronics 39th Course. Erice, 2003.

[2] Tsuchizawa T, Watanabe T, et al. Microphotonics devices based on silicon microfabrication technology. IEEE J. Quantum Electron., 2005, 11: 232－240.

[3] Little B E, Foresi J S, et al. Ultra-compact Si-SiO_2 microring resonator optical channel dropping filters. IEEE Photon. Technol. Lett., 1998, 10: 549－551.

[4] Yanagase Y, Yamagata S, et al. Wavelength tunable polymer microring resonator filter with 9.4nm tuning range. Electron. Lett., 2003, 39: 922－926.

[5] Yariv A. Critical coupling and its control in optical waveguide-ring resonator systems. IEEE Photon. Technol. Lett., 2003, 14: 483－485.

[6] Rong H S, Liu A S, et al. An all-silicon Raman laser. Nature, 2005, 433: 292－294.

[7] Kippenberg T J, Kalkman J, et al. Demonstration of an erbium-doped microdisk laser on a silicon chip. Phys. Rev. A, 2006, 74: 51802.

[8] Rabiei P, Steier W H, et al. Polymer microring filters and modulators. J. Lightwave Technol., 2003, 20: 1968－1975.

[9] Xu Q F, Manipatruni S, et al. 12.5 Gbit/s carrier-injection-based silicon microring silicon modulators. Opt. Exp., 2007, 15: 430－436.

[10] Gheorma I L, Osgood R M. Fundamental limitations of optical resonator based high-speed EOmodulators. IEEE Photon. Technol. Lett., 2002, 14: 795－797.

[11] Zhu K Y, Zang H, et al. A comprehensive study on next-generation optical grooming switches. IEEE J. on Sel. Areas in Commun., 2003, 21: 1173－1186.

[12] Green W M J, Lee R K, et al. Hybrid InGaAsP-InP Mach-Zehnder racetrack resonator for thermooptic switching and coupling control. Opt. Exp., 2005, 13: 1651－1659.

[13] Ksendzov A, Lin Y. Integrated optics ring-resonator sensors for protein detection. Opt. Lett., 2005, 30:

3334.

[14] Ashkenazi S, Chao C Y, et al. Ultrasound detection using polymer microring optical resonator. Appl. Phy. Lett., 2004, 85: 5848.

[15] Passaro V, Dell'Olio F, et al. Ammonia optical sensing by microring resonators. Sensors, 2007, 7: 2741—2749.

[16] Yang J Y, Zhou Q J, et al. Characteristics of optical bandpass filters employing series-cascaded double-ring resonators. Opt. Commun., 2003, 228: 91—98.

[17] Little B E, Chu S T, et al. Microring resonator channel dropping filters. J. Lightwave Technol., 1997, 15: 998—1005.

[18] Manolatou C, Khan M J. Couplig of modes analysis of resonant channel add drop filters. IEEE J. Quantum Electron., 1997, 35: 1322—1330.

[19] 马春生，刘式墉. 光波导模式理论. 长春：吉林大学出版社，2006.

[20] Yariv A. Universal relations for coupling of optical power between microresonators and dielectric waveguides. Electron. Lett., 2000, 36: 12—15.

[21] Chu S T, Little B E, et al. An eight-channel add-drop filter using vertically coupled microring resonators over a cross grid. IEEE Photon. Technol. Lett., 1999, 11: 691—693.

[22] Melloni A, Martinelli M. Synthesis of direct-coupled-resonators bandpass filters for WDM systems. J. Lightwave Technol., 2002, 20: 296—303.

[23] Klein E J, Geuzebroek D H, et al. Reconfigurable optical add-drop multiplexer using microring resonators. IEEE Photon. Technol. Lett., 2005, 17(11): 2358—2360.

[24] Nawrocka M S, Liu T, et al. Tunable silicon microring resonator with wide free spectral range. Appl. Phys. Lett., 2006, 89: 071110. 1—071110. 3.

[25] Klein E, Geuzebroek D H, et al. Reconfigurable optical add-drop multiplexer using microring resonators. Proc. ECIO'05. Grenoble, 2005.

[26] Bhola B, Song H C. Polymer microresonator strain sensors. IEEE Photon. Technol. Lett., 2005, 17: 867—869.

[27] Baets R, Taillaert D, et al. Silicon nanophotonics and its applications in sensing. Optical Society of America-CLEO/QELS Conference, 2007.

[28] Katrien D V, Bartolozzi I, et al. Silicon-on-insulator microring resonator for sensitive and label-free biosensing. Opt. Exp., 2006, 15: 7610—7615.

[29] Chao C Y, Fung W, et al. Polymer microring resonators for biochemical sensing applications. IEEE J. Quantum Electron., 2006, 12: 134—142.

[30] Almeida V R, Xu Q, et al. Guiding and confining light in void nanostructure. Opt. Lett., 2004, 29: 1209—1211.

[31] Xie Z G, Götzinger S, et al. Influence of a single quantum dot state on the characteristics of a microdisk laser. Phys. Rev. Lett., 2007, 98: 117401.

[32] Clarkson W A, Neilson A B, et al. Unidirectional operation of ring lasers via the acoustooptic effect. IEEE J. Quantum Electron., 1996, 32: 311—325.

[33] Sorel M. Operating regimes of GaAs-AlGaAs semiconductor ring lasers: Experiment and model. IEEE J. Quantum Electron., 2003, 39: 1187—1195.

第 8 章　基于表面等离子体结构的纳米光集成

8.1　引　言

在过去的几十年中，摩尔定律一直引导着集成电子学的发展。如今，晶体管的栅极长度（gate length）已经缩小到了几十纳米。然而，典型集成光波导（如 SiO_2 掩埋型矩形波导及其器件）的横向尺寸，一般仍在几个波长（微米）量级，这严重影响了光子器件的集成度，并导致光子器件的制作成本相对较高。从集成电子学的发展来看，减小光子器件的尺寸以及提高集成度，将会是推动光子学发展的关键。

为了减小光波导尺寸，最直接的方法就是采用超高折射率差结构。例如，在硅纳米光波导（见第 4 章）中，其折射率差约为 2，其截面尺寸通常为数百纳米。但需要注意的是，对于这种具有超高折射率差的介质光波导，其工作机理仍然是基于芯层-包层截面上的全内反射，因而光波导截面尺寸仍然受到衍射极限的限制，这可以从测不准原理来得出。假设光在波导内沿着 z 方向传输，则传输常数 β、波矢的横向分量 k_x 和 k_y 以及光波角频率 ω 之间满足下述关系：

$$\beta^2 + k_x^2 + k_y^2 = \varepsilon_{\text{core}} \frac{\omega^2}{c^2} \tag{8.1}$$

式中，$\varepsilon_{\text{core}}$ 为波导芯层的相对介电常数。

在介质波导中，有 $\varepsilon_{\text{core}} > 0$ 且芯层中 k_x 与 k_y 均为实数。因而有

$$\beta, k_x, k_y \leqslant \sqrt{\varepsilon_{\text{core}}} \frac{\omega}{c} = 2\pi \frac{n_{\text{core}}}{\lambda_0} \tag{8.2}$$

根据波矢与空间坐标的测不准关系可以推出

$$d_x, d_y \geqslant \frac{\lambda_0}{2n_{\text{core}}} \tag{8.3}$$

由式(8.3)可见，这种介质光波导的模式尺寸将由芯层材料中的等效波长（$\lambda_0/n_{\text{core}}$）所限制。

下面考虑另一种情况，即光波导的芯层或包覆层为金属结构。由于金属材料介电常数 ε 为复数，为了使得 $\beta^2 + k_x^2 + k_y^2 = \varepsilon\omega^2/c^2$ 成立，波矢的横向分量 k_x、k_y 至少有一个要为虚数（为简便起见，省略金属损耗），从而可以打破式(8.2)的约束，突破衍射极限，即可将光波约束在小于波导芯层等效波长的空间区域内。在这种

情况下，光在波导中是以所谓的“表面等离子体(surface plasmon)”的形式来进行传输。

表面等离子体[1]是在介电常数符号相反的两种介质的界面上存在的一种电磁表面波模式。由于其表面波特性，光能被约束在空间尺寸远小于其自由空间波长的区域。目前利用表面等离子体来对光波在亚波长尺寸上进行控制与操纵已成为当前国际上的研究热点之一。正如前文所述，在适当的金属与介质组成的光波导结构中，表面等离子体波不再受衍射极限的限制，可以被约束在几十纳米甚至更小的范围内，因此可以用来制作高集成度的纳米光子芯片，实现真正的纳米光集成。除此之外，表面等离子体还在光存储、光传感、超分辨成像及负折射率材料等许多领域有着广泛的应用前景。目前对表面等离子体的研究已成为一门科学，称为表面等离子体学(Plasmonics)，是当前纳米光子学的主要分支之一。

表面等离子体的研究最早可以追溯到 19 世纪末。当时 Sommerfeld 与 Zenneck 最早给出了沿着有限电导率导体的表面上传输的表面波的数学描述，这类表面波是在射频波段。在可见光波段，1902 年，Wood[2]首先观察到了当可见光入射到金属光栅时其反射光谱存在反常衍射现象。1941 年，Fano[3]将金属光栅的反常衍射现象与之前 Sommerfeld 的理论工作联系起来，提出了表面等离子体波的概念。1957 年，Ritchie[4]利用电子束透过金属薄片时的衍射而记录了在金属表面发生的相互作用时伴随的能量损失现象。1968 年，Kretschmann 等通过棱镜耦合的办法实现了可见光波段的 Sommerfeld 表面波[5]，由此关于所有这些现象的统一理论解释——表面等离子体激化理论，就建立起来了。

此后，表面等离子体研究主要集中于传感及表面增强拉曼散射[6]，以及一些关于金属薄膜支持的长程表面波(long rang surface plasmon polariton，LRSPP)的理论工作。1998 年，法国的 Ebbesen 等[7]发表了关于金属薄膜亚波长小孔阵列远场透射增强效应的著名论文，引发了国际上对表面等离子体广泛而深入的研究，并促成表面等离子体学的形成。从此以后，表面等离子体的研究一直是国际研究的前沿热点。

接下来将以金属的介电常数以及金属的色散模型为基础，首先分析金属与介质单界面的表面等离子体的性质，然后再分析平面光子器件中常用的两种基本多层结构(介质-金属-介质及金属-介质-金属)的基本性质作详细分析及比较，最后总结回顾目前国际上表面等离子体在亚波长光集成研究中的一些最近进展。

8.2 表面等离子体的基本性质

8.2.1 金属的色散模型

由于产生表面等离子体所用到的金属都是贵重金属，在这些金属中的高自由电子浓度会导致相邻电子能级之间的间距比室温下的热激子能量 $k_{\mathrm{B}}T$ 要小得多，因此即使当金属结构的尺寸小至几十纳米时，仍然不需要量子力学的知识。本小节中所描述的与金属有关的光学现象仍属于经典电磁理论的范畴，金属与电磁场之间的相互作用仍可以在经典电磁理论的框架内通过麦克斯韦方程来解释。

众所周知，在日常生活中，即使对于频率高至电磁波频谱中的可见光波段，金属仍然是强反射性的，电磁波(光波)并不能穿透金属。因此，在微波及远红外波段，金属通常被用作波导的包层以及谐振器的壁材料。在这些低频区域，金属可以看作是完美导体或者良导体，电磁波只能穿透金属表面非常薄的一部分。随着频率的升高，当达到近红外及可见光波段时，电磁波透入金属的部分也逐渐加大，从而会引起更多的损耗。当达到紫外波段时，金属近似于介质，光能在其中穿过，虽然这时带有很大的损耗。

金属的光学性质可以通过其复介电常数来描述，并且在相当宽的频域范围内，可以通过 Drude 模型来解释。在此模型中，密度为 n 的自由电子在正离子的背景中运动，且晶格势及电子之间相互作用的细节并不考虑。相反，人们假定晶格结构对电子运动的影响被包含进电子的有效质量 m 中。电子在外界电磁场的作用下产生震荡，并且电子的运动由于他们之间的相互作用而损失能量，这个相互作用通过碰撞频率 γ 来描述，$\gamma=1/\tau$，τ 称为自由电子气的弛豫时间，在室温下通常为 $10^{-14}\,\mathrm{s}$ 数量级。

自由电子气中的电子在外界电场 $\boldsymbol{E}$ 的作用下的运动方程可以由式(8.4)表示

$$m\frac{\mathrm{d}x^2}{\mathrm{d}t^2}+m\gamma\frac{\mathrm{d}x}{\mathrm{d}t}=-eE \tag{8.4}$$

式中，x 为电子位移；e 为电子电量。假设电场 $\boldsymbol{E}$ 是以时谐波 $E=E_0\mathrm{e}^{-\mathrm{i}\omega t}$ 的形式存在，那么式(8.4)的一个描述电子振动的特别解为 $x(t)=x_0\mathrm{e}^{-\mathrm{i}\omega t}$ 。将此特别解代入到式(8.4)中可以得到

$$x(t)=\frac{e}{m(\omega^2+\mathrm{i}\gamma\omega)}E(t) \tag{8.5}$$

从而自由电子的运动对电极化强度 P 带来的贡献 $P=-nex$ 可以精确表示为

$$P=-\frac{ne^2}{m(\omega^2+\mathrm{i}\gamma\omega)}E \tag{8.6}$$

再根据电位移矢量 $\boldsymbol{D}$ 与 $\boldsymbol{P}$ 的关系 $\boldsymbol{D}=\varepsilon_0\boldsymbol{E}+\boldsymbol{P}$（其中 ε_0 为真空中的介电常数）可以得到

$$D=\varepsilon_0\left(1-\frac{\omega_p^2}{\omega^2+i\gamma\omega}\right)E \tag{8.7}$$

式中，$\omega_p^2=ne^2/(\varepsilon_0 m)$，$\omega_p$ 称为金属的等离子体频率。

到此，可以得到金属的相对介电常数为

$$\varepsilon(\omega)=1-\frac{\omega_p^2}{\omega^2+i\gamma\omega} \tag{8.8}$$

金属的复介电常数的实部 $\varepsilon_1(\omega)$ 与虚部 $\varepsilon_2(\omega)$ 分别由下面两式给出：

$$\begin{aligned}\varepsilon_1(\omega)&=1-\frac{\omega_p^2}{\omega^2+\gamma^2}\\ \varepsilon_2(\omega)&=\frac{\omega_p^2\gamma}{\omega(\gamma^2+\omega^2)}\end{aligned} \tag{8.9}$$

下面对金属在不同频率下的光学性质做一简单的讨论。由式(8.9)可知，在电磁波频率 $\omega\gg\gamma$ 的条件下，该式中的 ε_1 可近似为 $1-\omega_p^2/\omega^2$，由此可以看出，若电磁波频率小于 ω_p，则金属介电常数实部为一负值并且虚部 $\varepsilon_2\approx\gamma\omega_p^2/\omega^3\ll|\varepsilon_1|$。对一般的金属物质而言（如金、银、铜等），其 ω_p 值位于紫外光频率范围，且 γ 远小于可见光频率，所以这些金属的介电常数在可见光频率范围内皆可符合上述条件。

在光波段，物质的光学性质通常由其折射率来描述。金属的折射率仍然为复数，定义为 $\tilde{n}=\eta+i\kappa=\sqrt{\varepsilon(\omega)}$，则 η 与 κ 分别为

$$\begin{cases}\eta=\left[\dfrac{1}{2}\left(\sqrt{\varepsilon_1^2+\varepsilon_2^2}+\varepsilon_1\right)\right]^{\frac{1}{2}}\\ \kappa=\left[\dfrac{1}{2}\left(\sqrt{\varepsilon_1^2+\varepsilon_2^2}-\varepsilon_1\right)\right]^{\frac{1}{2}}\end{cases} \tag{8.10}$$

当电磁波频率在小于 ω_p 且大于 γ 的范围内时，κ 值将远大于 η 值。由于电磁波随空间与时间之变化正比于 $e^{i(\boldsymbol{k}\cdot\boldsymbol{r}-\omega t)}=e^{-\boldsymbol{k}_I\cdot\boldsymbol{r}}e^{i(\boldsymbol{k}_R\cdot\boldsymbol{r}-\omega t)}$，其中 $\boldsymbol{k}_R$ 与 $\boldsymbol{k}_I$ 分别表示波向量的实部与虚部，其大小分别表示为 $k_R=\eta\omega/c$ 与 $k_I=\kappa\omega/c$，所以对于此波段电磁波而言，其在金属内部之传播性质主要是被波向量之虚部所主导，亦即电磁场振幅或能量将会很快地随着传播距离呈指数衰减而无法深入穿透至金属内部。若定义金属趋肤深度(skin depth，δ)为电磁波振幅衰减至原本振幅的 $1/e$ 时的穿透距离，则 $\delta=1/k_I=c/(\omega\kappa)$，其值随外加电磁波频率变化而变化。此外，从式(8.9)也可以看出，当电磁波频率大于 ω_p 之后，金属介电常数或复数折射率的实部为小于 1 的正数，且虚部将趋近于零，所以在此频率范围的电磁波将可以穿透金属内部而传播。

以上的讨论中，假定金属是一种理想的自由电子模型，下面再继续讨论在表面等离子波导中所用到的实际金属。在自由电子模型中，当 $\omega \gg \omega_p$ 时，$\varepsilon \to 1$。这实际上忽略了金属电子能带结构中的电子带间跃迁对介电常数带来的影响。对于大部分贵重金属，当光子能量大于 1eV(对应光波长大约在 1.24μm)时，带间跃迁效应开始起作用，从而使得自由电子气模型与金属实际参数之间产生偏差。图 8.1 给出银通过自由电子气模型得到的介电常数与实验测量值[8]之间的偏差，从图中可以看出，当光频率较低时，两者之间有比较好的吻合，但是当光子能量大于 2eV 时，带间跃迁效应开始出现，并且随着光子能量的增大而越发显著。因此，自由电子气模型并不能充分地描述金属的介电常数，它的有效性在近红外及可见波段之间出现问题。

为了描述电子带间跃迁对金属介电常数带来的影响，人们对 Drude 模型做了一定修正，用 ε_∞ 来描述当 $\omega \gg \omega_p$ 时的 ε 值，这个值也就是电子带间跃迁引起的介电常数值。这样，金属的介电常数可以修正为

$$\varepsilon(\omega) = \varepsilon_\infty - \frac{\omega_p^2}{\omega^2 + i\gamma\omega} \tag{8.11}$$

式(8.11)能更好地描述金属的实际情况，从而被广泛应用于表面等离子体研究中对金属的描述。此外，对于重掺杂的半导体材料，其光学常数同样也可以用这个模型来描述。除了能对金属的介电常数作出理论解释外，Drude 模型的另一个重要的优点就是它可以被引入到时域的电磁计算方法中，比如 FDTD 法，用于在较宽频谱范围内对材料物理参数的描述，从而可以通过分析结构对脉冲的响应而快速得到频域上宽频内的结果。

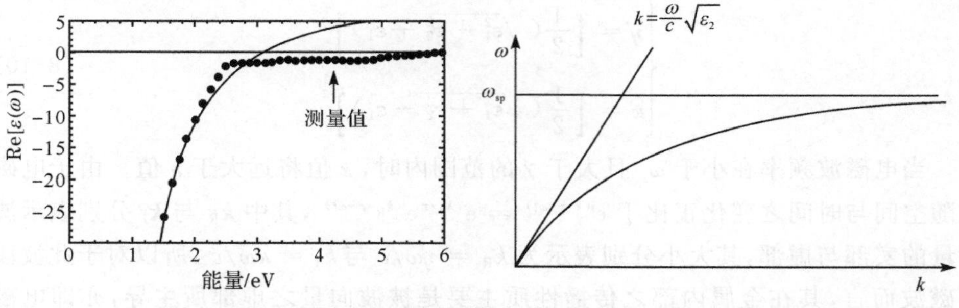

图 8.1　银的自由电子气模型所得到介电常数与实验值之间的差异

本小节所用到的金属材料在大部分情况下为银，式(8.11)中的各个参数在描述银时分别为 $\varepsilon_\infty = 3.7$，$\omega_p = 9.1\text{eV}$，$\gamma = 18\text{MeV}$[9]。这样得到的介电常数与实验测量值之间的差距如图 8.2 所示。

从图 8.2 中可以看出，上述 Drude 模型计算得到银介电常数的实部与实验得到的数据基本相同，虚部略有差异。总体而言，上面 Drude 模型中参数与实验数

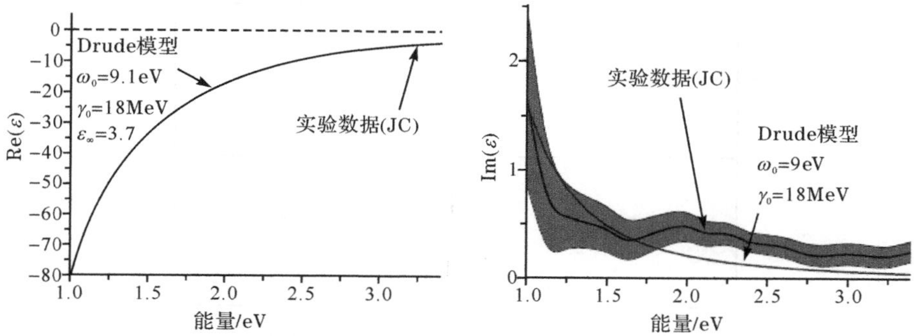

(a) 介电常数的实部　　(b) 介电常数的虚部

图 8.2　银的介电常数实验测量值与 Drude 模型计算值之间的比较
[(b)中的阴影表示实验测量值中的不确定性]

据吻合得较好。

8.2.2　金属/介质单界面上的表面等离子体

表面等离子体是传播于介质与金属界面上的电磁激发，在垂直于界面的方向上呈指数衰减。金属中的自由电子在外界电磁场的作用下相对于金属中的正离子发生相对位移，带来电子密度的重新分布，从而在金属表面的两边产生电场，如图 8.3(a)所示。表面等离子体的场强在金属与介质的界面处沿着垂直于界面的方向呈指数衰减，而在界面的附近局域场强非常大，如图 8.3(b)所示。本小节将从电磁波基本方程着手，推导出金属/介质单界面上的表面等离子体色散方程。如图 8.4 所示结构，$z>0$ 的半空间为介电常数为 ε_2 的介质；而 $z<0$ 的半空间为金属，介电常数为 $\varepsilon_1(\omega)$ 。假设表面等离子体沿着 x 方向传播。

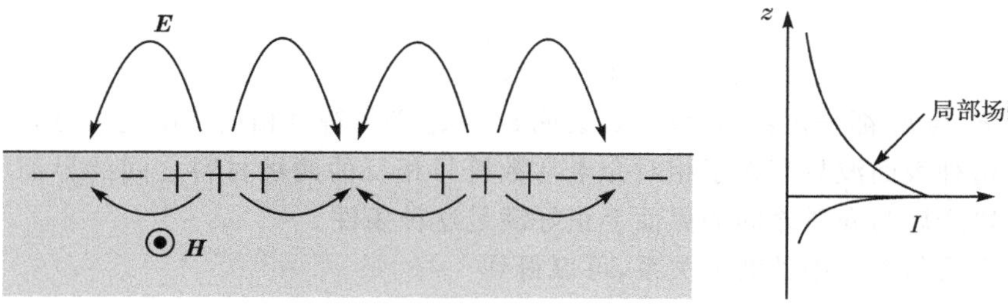

(a) 存在表面等离子体时金属表面的电场分布与电子密度状态　　(b) 金属表面的场强分布

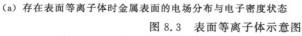

图 8.3　表面等离子体示意图

首先考虑 TM 偏振，磁场沿着 y 方向分布。考虑到表面等离子体沿着 $z>0$ 及 $z<0$ 分别呈指数分布，即 $H_y = A_2 e^{i\beta x} e^{-k_2 z}$ $(z>0)$，$H_y = A_1 e^{i\beta x} e^{k_1 z}$ $(z<0)$，其

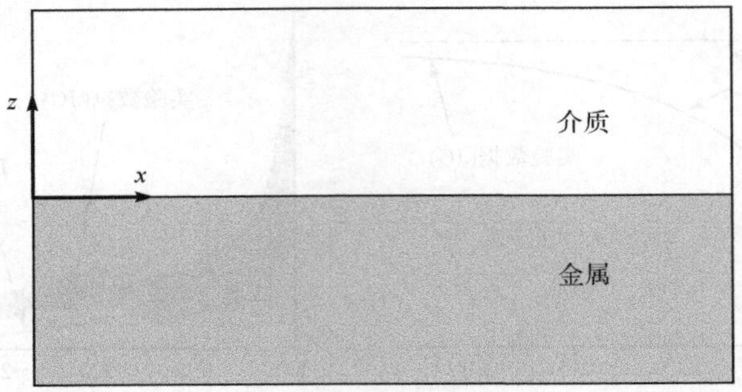

图 8.4 金属与介质之间的单界面结构

中 $k_i(i=1,2)$ 为波矢在 z 方向上在两种介质中的分量，则在 $z>0$ 的半空间的场分布为

$$\begin{cases} H_y = A_2 \mathrm{e}^{\mathrm{i}\beta x}\mathrm{e}^{-k_2 z} \\ E_x(z) = -\mathrm{i}\dfrac{1}{\omega\varepsilon_0\varepsilon_2}\dfrac{\partial H_y}{\partial z} = \mathrm{i}A_2\dfrac{1}{\omega\varepsilon_0\varepsilon_2}k_2\mathrm{e}^{\mathrm{i}\beta x}\mathrm{e}^{-k_2 z} \\ E_z(z) = -\dfrac{\beta}{\omega\varepsilon_0\varepsilon_2}H_y = -A_2\dfrac{\beta}{\omega\varepsilon_0\varepsilon_2}\mathrm{e}^{\mathrm{i}\beta x}\mathrm{e}^{-k_2 z} \end{cases} \tag{8.12}$$

而在 $z<0$ 的半空间中，同样可以得到各个场的量分别为

$$\begin{cases} H_y(z) = A_1\mathrm{e}^{\mathrm{i}\beta x}\mathrm{e}^{k_1 z} \\ E_x(z) = -\mathrm{i}A_1\dfrac{1}{\omega\varepsilon_0\varepsilon_1}k_1\mathrm{e}^{\mathrm{i}\beta x}\mathrm{e}^{k_1 z} \\ E_z(z) = -A_1\dfrac{\beta}{\omega\varepsilon_0\varepsilon_1}\mathrm{e}^{\mathrm{i}\beta x}\mathrm{e}^{k_1 z} \end{cases} \tag{8.13}$$

根据在界面 $z=0$ 处的 H_y 连续可以得到 $A_1=A_2$。再根据 $z=0$ 处电位移矢量在 z 方向上的分量连续($D_{z1}=D_{z2}$)可以得到

$$\frac{k_2}{k_1} = -\frac{\varepsilon_2}{\varepsilon_1} \tag{8.14}$$

由于 k_1 与 k_2 都是正数，式(8.14)说明 ε_1 与 ε_2 必须符号相反。由此可见，表面等离子体这种表面波只存在于相对介电常数符号相反的两种材料之间的界面上，而在光波段金属与介质之间的界面上正好满足这种条件。

根据介质与金属中的波矢关系，可以得到

$$\begin{cases} \beta^2 + (\mathrm{i}k_1)^2 = \varepsilon_1 k_0^2 \\ \beta^2 + (\mathrm{i}k_2)^2 = \varepsilon_2 k_0^2 \end{cases}$$

将上述两式代入到式(8.14)中可以得到单界面时表面等离子体的色散曲线为

$$\beta = \sqrt{\frac{\varepsilon_1 \varepsilon_2}{\varepsilon_1 + \varepsilon_2}} \tag{8.15}$$

由于 ε_1、ε_2 符号相反，要使得式(8.15)有解，必须满足 $\varepsilon_1 + \varepsilon_2 < 0$，即 $\varepsilon_1(\omega) < -\varepsilon_2$。也就是说，只有金属的相对介电常数实部为负且绝对值大于介质的相对介电常数时，在金属与介质的界面上才有表面等离子体的存在。

接下来再分析 TE 偏振的情况，假设 TE 偏振的表面波形式存在，电场沿 y 方向分布，则在 $z > 0$ 区域的场分布情况为

$$\begin{cases} E_y(z) = A_2 e^{i\beta x} e^{-k_2 z} \\ H_x(z) = -iA_2 \dfrac{1}{\omega\mu_0} k_2 e^{i\beta x} e^{-k_2 z} \\ H_z(z) = A_2 \dfrac{\beta}{\omega\mu_0} e^{i\beta x} e^{-k_2 z} \end{cases} \tag{8.16}$$

在 $z < 0$ 处的场分布为

$$\begin{cases} E_y(z) = A_1 e^{i\beta x} e^{k_1 z} \\ H_x(z) = iA_1 \dfrac{1}{\omega\mu_0} k_1 e^{i\beta x} e^{k_1 z} \\ H_z(z) = A_1 \dfrac{\beta}{\omega\mu_0} e^{i\beta x} e^{k_1 z} \end{cases} \tag{8.17}$$

由 $z = 0$ 处的电场 E_y 及磁场分量 H_x 连续可以得到 $A_1(k_1 + k_2) = 0$。由于假设 TE 偏振时同样是表面波的形式存在，这就说明 k_1、k_2 都为正值。因此上面这个条件只有 $A_1 = 0$ 才能满足，然后可以推得 $A_1 = A_2 = 0$。这说明 TE 偏振的表面波形式并不存在。

从以上分析来看，金属跟介质之间的表面波形式只能为 TM 偏振态，这个表面波就是表面等离子体。表面等离子体只能以 TM 偏振的形式存在是它的一个重要性质。导致这种单偏振特性的根本原因在于金属在光波段范围内的电学性质与磁学性质，即 $\varepsilon < 0$，而 $\mu > 0$(与真空中的磁导率一样，金属不表现磁性)。如果某种材料在光波段范围内有 $\varepsilon > 0$ 且 $\mu < 0$，那么在这种材料与正常介质的界面上将存在有 TE 偏振的表面波而没有 TM 偏振。对于光波段的双负材料，$\varepsilon < 0$ 且 $\mu < 0$，将同时存在 TE 偏振与 TM 偏振的表面波形式。可见，TM 偏振表面波是与材料的电学性质相互联系的，而 TE 偏振表面波则与材料的磁学性质有关。

下面根据表面等离子体的色散方程(8.15)对表面等离子体性质进行分析。为了便于分析，这里先假设金属为理想情况，忽略金属 Drude 模型中的电子碰撞，即设 $\gamma = 0$，则金属的相对介电常数为 $\varepsilon_1(\omega) = 1 - \omega_p^2/\omega^2$。这时金属的相对介电常数 $\varepsilon_1(\omega)$ 与光频率的关系如图 8.5(a)所示。可见当光频率 ω 小于金属等离子体频率 ω_p 时，金属相对介电常数为负。由上面对式(8.15)的分析可知，表面等离子体存在的条件是 $\varepsilon_1(\omega) < -\varepsilon_2$。定义金属与介质的相对介电常数互为相反数时的

频率为 ω_{sp}，称为表面等离子体频率。由 $\varepsilon_1(\omega)=-\varepsilon_2$ 得到

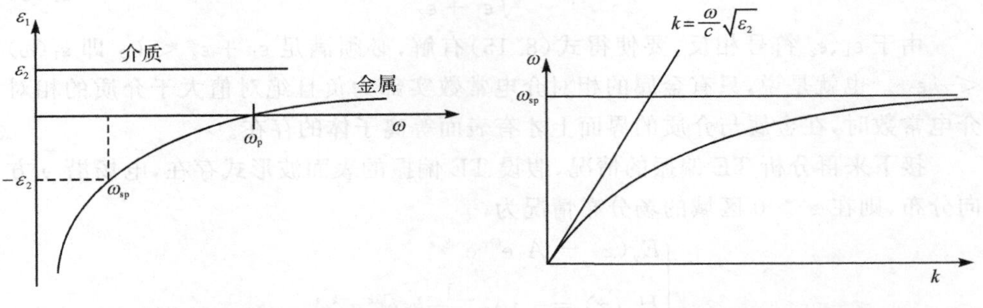

(a) 金属的相对介电常数与光频率的关系　　(b) 表面等离子体的色散曲线

图 8.5　金属典型特性

$$\omega_{sp}=\frac{\omega_p}{\sqrt{1+\varepsilon_2}} \tag{8.18}$$

当 $\omega<\omega_{sp}$ 时，表面等离子体存在于金属与介质的界面上，这时其色散关系如图 8.5(b)中曲线所示，该图中的直线为介质中光的色散曲线。从图中可见，当光频率比较小时，表面等离子体的波矢与在介质中光波的波矢大小比较接近；随着光频率的增大，两者之间的差距也逐渐拉大。图 8.5(b)结果表明，表面等离子体的波矢大于介质中的光波矢。因此，激发表面等离子体需要光栅或者棱镜耦合结构来辅助，从而满足波矢匹配条件。

当光频率 ω 大于金属等离子体频率 ω_p 时，金属表现为介质特性，光能透过金属继续传播。但由于金属的强色散特性，光在其中的传播仍然与普通的介质不同。由 $\omega^2\varepsilon=c^2k^2$ 及 $\varepsilon=1-\frac{\omega_p^2}{\omega^2}$ 可以得到这时的色散方程为

$$\omega=\sqrt{\omega_p^2+c^2k^2}$$

图 8.6 给出上述无损耗金属与空气与 SiO_2 界面在整个频域内所存在的模式分布。当 $\omega<\omega_{sp}$ 时存在的为表面等离子体，是一种表面束缚模式；而当 $\omega>\omega_p$ 时，光能透过金属，是一种辐射模。在 ω_{sp} 与 ω_p 之间的频域范围内，没有模式存在。

上面的分析都假设金属是无损耗的，而实际金属则含有损耗。当把金属的实际实验测量参数代入式(8.15)时，可以得到实际情况下的表面等离子体波矢随光频率的关系曲线，如图 8.7 所示。

与无损耗金属相比，考虑金属损耗时，$\omega<\omega_{sp}$ 时的表面等离子体模式与 $\omega>\omega_p$ 时的辐射模仍然存在。但当 $\omega\rightarrow\omega_{sp}$ 时，表面等离子体的波矢不再趋向于无穷大而只是一个有限值。在 ω_{sp} 与 ω_p 之间的频域范围内，不再像无损耗金属那样没有模式存在，而是存在一段波矢随着频率增大而减小的模式。根据群速度的定义

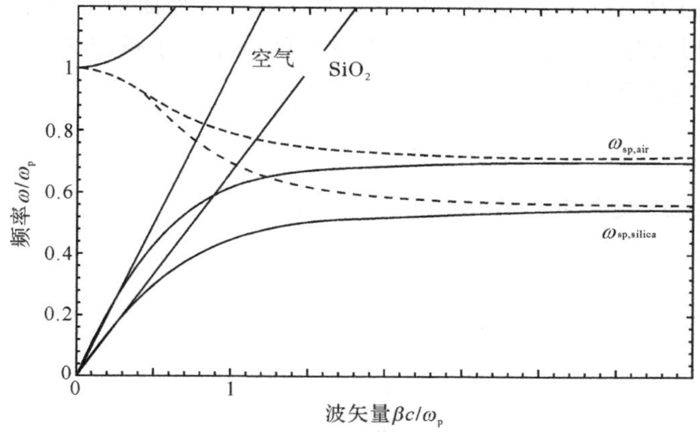

图 8.6　无损耗金属与空气与 SiO_2 界面在整个频域内所存在的模式分布

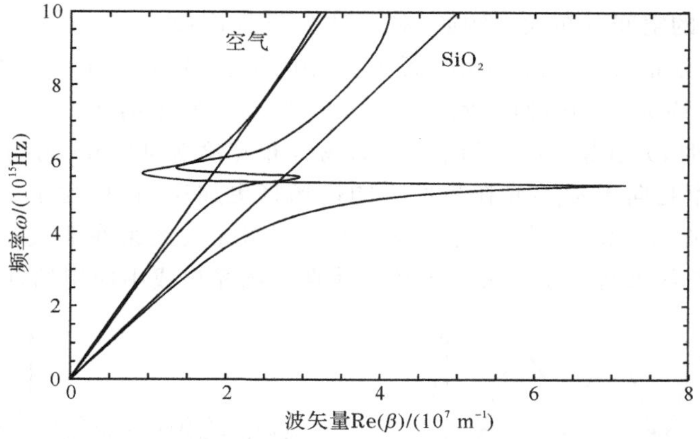

图 8.7　考虑损耗时银与 SiO_2 及空气的界面上的表面等离子体色散曲线

$v_g = d\omega/dk$ 知，这个模式的群速度为负，也就是说群折射率为负，从而可以在光波段实现折射率为负的等效材料。这种存在负群速度的反常色散关系是表面等离子体的重要性质之一。

描述表面等离子体的性质一般用两个物理量，即传输长度 L 与表面等离子体场的空间分布。由于金属相对介电常数为复数，从而由式(8.15)得到的表面等离子体传输常数 β 亦为复数，β 的虚部 β'' 与损耗有关。定义表面等离子体的传输长度 $L=1/\beta''$，一般在可见波段，传输长度为几十微米到几百微米数量级。比如在银与真空界面上的表面等离子体，当 $\lambda=1.06\mu m$ 时，传输长度约为 $500\mu m$，这样大小的传输长度已经能够满足微纳光子集成传输信息的需要。如果要获得更大的传输长度，需要采取其他措施，比如引入增益介质[10]等。

表面等离子体在金属与介质的界面处沿着垂直于界面的方向呈指数分布，即按 $e^{-|k_{zi}|z}$ 的形式分布。表面等离子体场的空间分布大小被定义为当场衰减至其最大值的 $1/e$ 时的空间大小，即

$$\hat{z}=\frac{1}{|k_{zi}|} \tag{8.19}$$

在金属 $\varepsilon_1(\omega)$ 及介质 ε_2 中的场分布大小分别为

$$\begin{cases}\hat{z}_1=\dfrac{\lambda}{2\pi}\left(\dfrac{\varepsilon'_1+\varepsilon_2}{\varepsilon'^2_1}\right)^{\frac{1}{2}}\\ \hat{z}_2=\dfrac{\lambda}{2\pi}\left(\dfrac{\varepsilon'_1+\varepsilon_2}{\varepsilon_2^2}\right)^{\frac{1}{2}}\end{cases} \tag{8.20}$$

考虑到表面等离子体的存在条件：金属的相对介电常数实部为负且绝对值大于介质相对介电常数绝对值，由式(8.20)可知，表面等离子体在介质中的场要比在金属中的场的空间分布大。例如，对于银-空气界面($\lambda=600$nm)，经计算可知场在银薄膜中的分布大小约为 24nm，而在空气中约为 390nm。在不同的光波段，金属中的场都大约为 20nm，而介质中的场分布则与光频率有关。另外，可以看到，当 $\lambda=600$nm 时，光在银-空气界面上总的场分布宽度为 414nm，小于光波长。而且，随着光频率趋向于 ω_{sp}，光在界面上的模场将更加压缩，将远小于自由空间波长，如图 8.8 所示。由此可见，表面等离子体能将光波约束在亚波长尺寸的空间内，这种亚波长约束特性正是表面等离子体在微纳光集成中应用的基础。

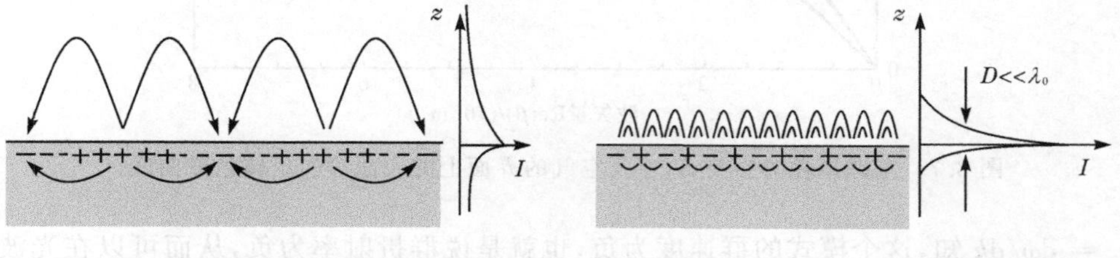

(a) 光频较小时的表面等离子体场分布　(b) 光频较大，趋向于 ω_{sp} 时的表面等离子体场分布

图 8.8　表面等离子体场分布示意图

表面等离子体的另一个重要性质是局域场增强，即金属-介质界面上存在比较大的场强分布。图 8.9 所示为经常用来产生表面等离子体的 Kretschmann 结构：在棱镜上面镀上一定厚度的金属薄膜。假设自下而上三层材料(棱镜、金属、真空)的相对介电常数分别为 ε_0、ε_1、ε_2。光从棱镜中入射后发生全反射，当光在棱镜材料中波矢的横向分量恰好等于金属跟真空界面上的表面等离子体波矢时，光耦合为该界面上的表面等离子体，从而反射光能量下降。定义表面等离子体的场增强系数为金属-真空界面上真空一侧的磁场强度 $|H_{y1}|^2$ 与棱镜中磁场强度

$|H_{y0}|^2$ 的比值。通过计算可知，该比值的最大值为

$$\left(\frac{|H_{y1}|^2}{|H_{y0}|^2}\right)_{\max} = \frac{\varepsilon_2}{\varepsilon_0} T^{\mathrm{e}}_{\max}$$

式中，$T^{\mathrm{e}}_{\max} = \dfrac{1}{\varepsilon_2} \dfrac{2|\varepsilon'_1|^2}{\varepsilon''_1} \dfrac{a}{1+|\varepsilon'_1|}$，$T^{\mathrm{e}}_{\max}$ 为电场强度的最大比值，其中 $a^2 = |\varepsilon'_1(\varepsilon_0 - 1) - \varepsilon_0|$。

当 $\varepsilon_2 = 1$（空气）且 $\varepsilon_0 = 2.2$（石英）时，可以计算得出：对于银膜，当 $\lambda = 450\text{nm}$ 时，有 $T^{\mathrm{e}}_{\max} \approx 100$；当 $\lambda = 600\text{nm}$ 时，有 $T^{\mathrm{e}}_{\max} \approx 200$；当 $\lambda = 700\text{nm}$ 时，有 $T^{\mathrm{e}}_{\max} \approx 250$。对于其他情况下的表面等离子体，也有类似的局域场增强效应。

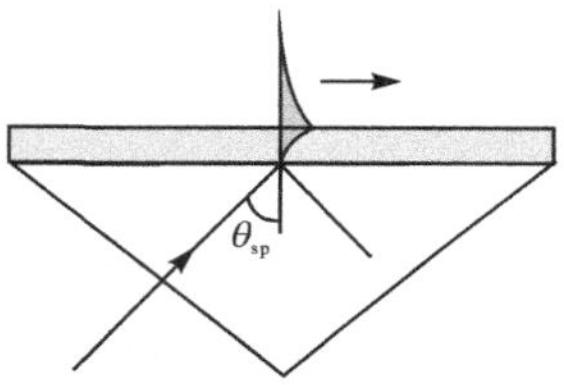

图 8.9　用来产生表面等离子体的 Kretschmann 结构示意图

表面等离子体的基本性质可归结为亚波长约束、局域场增强与反常色散。表面等离子体在近期的蓬勃发展与应用都可以与上述三个特性联系起来。比如，微纳米光子器件、光信息存储、超分辨光刻等都可以归因于表面等离子体的亚波长约束特性；而表面增强传感、提高二极管发光效率及太阳能电池效率、光学纳米天线等应用则是由于表面等离子体的空间局域近场增强效应。另外，当前光及电磁波领域的一些研究热点[如负折射、完美成像、隐身(cloaking)等]，都与表面等离子体的某些反常色散有着很大的关联。由于表面等离子体的上述特性，再加上一些基本物理机理问题还需要进一步探索，使得表面等离子体这一现象既具有广泛的应用前景，又具有很高的理论研究价值。

由于本书的重点为微纳光集成，接下来将主要集中于表面等离子体的亚波长约束特性方面。

8.2.3　多层结构中的表面等离子体

8.2.2 节考虑的是金属-介质单界面中的表面等离子体性质，是一种理想情况，而在实际的光子集成应用中，结构要复杂一些。本小节将在二维情况下分析两种最基本的三层异质结构：①金属薄膜嵌入介质材料中，形成介质-金属-介质(insulator-metal-insulator，IMI)结构；②在金属材料中引入一条介质的缝隙，形成金属-介质-金属(metal-insulator-metal，MIM)结构。IMI 与 MIM 结构是表面等离子体波导中的两种基本类型，目前被广泛研究的各种平面集成表面等离子体波

导器件，例如长程表面等离子体(long range surface plasmon)器件、槽状表面等离子体波导等，都可以归类于这两种基本类型。在这两种结构中，中间层的厚度往往都比较小，使得两个金属/介质界面非常接近，从而两个界面上的表面等离子体之间会发生耦合，其场分布存在奇对称与偶对称两种状态。

下面对最基本的三层异质结构进行分析，其结构示意图如图 8.10 所示。

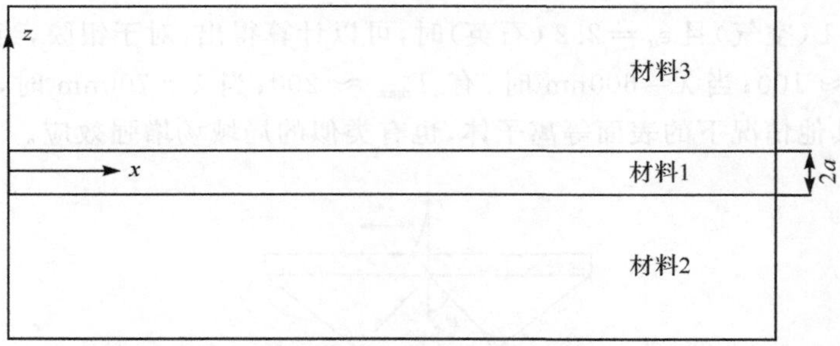

图 8.10　三层异质结构示意图

(其中材料 1 宽度为 $2a$，位于材料 2 与材料 3 之间)

在 IMI 结构中，材料 1 为金属，而材料 2 与材料 3 为介质；而在 MIM 结构中则反过来。在下面的分析中，统一地设材料 1、2、3 的相对介电常数分别为 ε_1、ε_2、ε_3，表面等离子体存在于材料 1 两侧的两个界面上。当材料 1 的宽度 $2a$ 比较大时，两个界面上的表面等离子体相互独立，没有相互作用。随着材料 1 宽度的减小，两个界面上的表面等离子体的场发生交叠，表面等离子体产生耦合，如图 8.11 所示。耦合的表面等离子体与单界面上的表面等离子体在性质上有所不同，需要重新从场的分布开始分析。

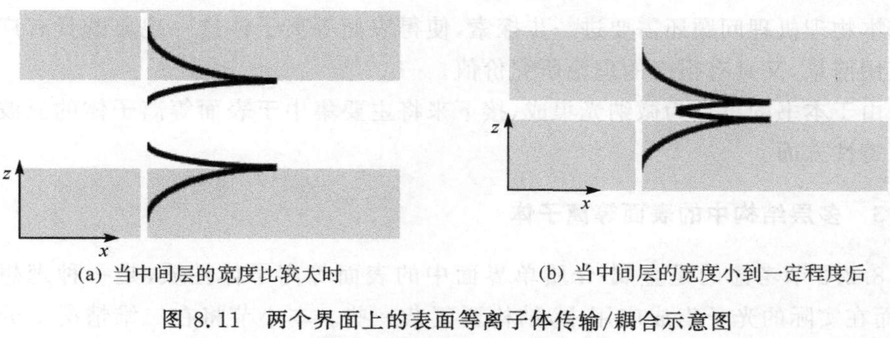

(a) 当中间层的宽度比较大时　　　　(b) 当中间层的宽度小到一定程度后

图 8.11　两个界面上的表面等离子体传输/耦合示意图

由于表面等离子体只存在 TM 偏振，因此只需要考虑 TM 偏振情况。在 $z>a$ 处的场分布情况为

$$
\begin{cases}
H_y = A e^{i\beta x} e^{-k_3 z} \\
E_x = iA \dfrac{1}{\omega\varepsilon_0\varepsilon_3} k_3 e^{i\beta x} e^{-k_3 z} \\
E_z = -A \dfrac{\beta}{\omega\varepsilon_0\varepsilon_3} e^{i\beta x} e^{-k_3 z}
\end{cases}
\tag{8.21}
$$

当 $z < -a$ 时,有

$$
\begin{cases}
H_y = B e^{i\beta x} e^{k_2 z} \\
E_x = -iB \dfrac{1}{\omega\varepsilon_0\varepsilon_2} k_2 e^{i\beta x} e^{k_2 z} \\
E_z = -B \dfrac{1}{\omega\varepsilon_0\varepsilon_2} e^{i\beta x} e^{k_2 z}
\end{cases}
\tag{8.22}
$$

式中，$k_i (i = 1,2,3)$ 为波矢在三种材料中在 z 方向上的分量。

在界面 $z = -a$ 与 $z = a$ 处的表面等离子体发生耦合,从而使得在中间层区域 $-a < z < a$ 内的场分布为

$$
\begin{cases}
H_y = C e^{i\beta x} e^{k_1 z} + D e^{i\beta x} e^{-k_1 z} \\
E_x = -iC \dfrac{1}{\omega\varepsilon_0\varepsilon_1} k_1 e^{i\beta x} e^{k_1 z} + iD \dfrac{1}{\omega\varepsilon_0\varepsilon_1} k_1 e^{i\beta x} e^{-k_1 z} \\
E_z = C \dfrac{\beta}{\omega\varepsilon_0\varepsilon_1} e^{i\beta x} e^{k_1 z} + D \dfrac{\beta}{\omega\varepsilon_0\varepsilon_1} e^{i\beta x} e^{-k_1 z}
\end{cases}
\tag{8.23}
$$

由在 $z = a$ 界面处的 H_y 及 E_x 连续可以得到

$$
\begin{cases}
A e^{-k_3 a} = C e^{k_1 a} + D e^{-k_1 a} \\
\dfrac{A}{\varepsilon_3} k_3 e^{-k_3 a} = -\dfrac{C}{\varepsilon_1} k_1 e^{k_1 a} + \dfrac{D}{\varepsilon_1} k_1 e^{-k_1 a}
\end{cases}
\tag{8.24}
$$

由在 $z = -a$ 界面处的 H_y 及 E_x 连续可以得到

$$
\begin{cases}
B e^{-k_2 a} = C e^{-k_1 a} + D e^{k_1 a} \\
-\dfrac{B}{\varepsilon_2} k_2 e^{-k_2 a} = -\dfrac{C}{\varepsilon_1} k_1 e^{-k_1 a} + \dfrac{D}{\varepsilon_1} k_1 e^{k_1 a}
\end{cases}
\tag{8.25}
$$

将上面四个耦合方程联立,加上每个区域内的波矢量关系，$(ik_i)^2 + \beta^2 = \varepsilon_i k_0^2$,可以得到色散方程为

$$
e^{-4k_1 a} = \frac{\dfrac{k_1}{\varepsilon_1} + \dfrac{k_2}{\varepsilon_2}}{\dfrac{k_1}{\varepsilon_1} - \dfrac{k_2}{\varepsilon_2}} \frac{\dfrac{k_1}{\varepsilon_1} + \dfrac{k_3}{\varepsilon_3}}{\dfrac{k_1}{\varepsilon_1} - \dfrac{k_3}{\varepsilon_3}}
\tag{8.26}
$$

这是一般情况下三层异质结构的表面波色散方程。在实际情况中,一般所关心的三层结构往往都是对称结构,也就是 $\varepsilon_3 = \varepsilon_2$，$k_3 = k_2$ 。这时,式(8.26)可以分成两组等式,分别为

$$\begin{cases} \mathrm{e}^{-2k_1 a} = \dfrac{\dfrac{k_1}{\varepsilon_1} + \dfrac{k_2}{\varepsilon_2}}{\dfrac{k_1}{\varepsilon_1} - \dfrac{k_2}{\varepsilon_2}} \\ \mathrm{e}^{-2k_1 a} = \dfrac{\dfrac{k_1}{\varepsilon_1} - \dfrac{k_2}{\varepsilon_2}}{\dfrac{k_1}{\varepsilon_1} + \dfrac{k_2}{\varepsilon_2}} \end{cases}$$

上述两式可以改写为

$$\begin{cases} -\dfrac{k_2\varepsilon_1}{k_1\varepsilon_2} = \dfrac{1-\mathrm{e}^{-2k_1 a}}{1+\mathrm{e}^{-2k_1 a}} \\ -\dfrac{k_1\varepsilon_2}{k_2\varepsilon_1} = \dfrac{1-\mathrm{e}^{-2k_1 a}}{1+\mathrm{e}^{-2k_1 a}} \end{cases}$$

由数学函数变换可知，$\tanh(k_1 a) = \dfrac{1-\mathrm{e}^{-2k_1 a}}{1+\mathrm{e}^{-2k_1 a}}$，所以式(8.26)最终可以分为两个色散方程。

$$\tanh(k_1 a) = -\frac{k_2\varepsilon_1}{k_1\varepsilon_2} \tag{8.27}$$

$$\tanh(k_1 a) = -\frac{k_1\varepsilon_2}{k_2\varepsilon_1} \tag{8.28}$$

当两个模式发生耦合时，会产生一个偶对称模式与一个奇对称模式，如图8.12所示。上述两个色散方程中，式(8.27)对应于磁场 H_y 沿中间层材料的中心呈偶对称分布的模式；而式(8.28)则对应于磁场 H_y 沿中间层材料的中心呈奇对称分布的模式。这里需要指出，由电磁波方程 $E_x = -\mathrm{i}\dfrac{1}{\omega\varepsilon_0\varepsilon}\dfrac{\partial H_y}{\partial z}$ 以及奇/偶函数的导数为偶/奇函数可知，H_y 与 E_x 在对称性上恰好相反。这里，关于奇/偶对称性的讨论中都以 H_y 为参考，有些论文中会以 E_x 分量作为参考，这将正好与这里讨论

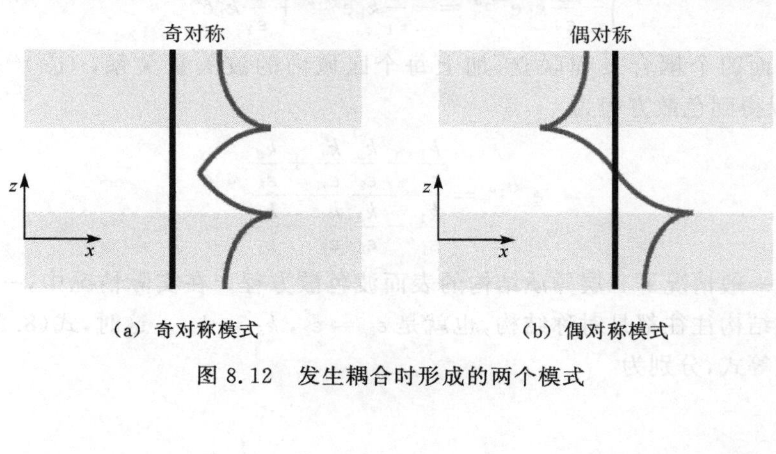

(a) 奇对称模式　　(b) 偶对称模式

图 8.12　发生耦合时形成的两个模式

的对称性相反。

式(8.27)与式(8.28)同时适用于 IMI 与 MIM 两种情况。例如,考虑偶对称的情况[见式(8.27)],设介质与金属的相对介电常数分别为 ε_d 与 ε_m ,则对于 IMI 类型,式(8.27)可以改写为 $\tanh(k_m a)=-\frac{k_d\varepsilon_m}{k_m\varepsilon_d}$;对于 MIM 类型,则式(8.27)可以改写为 $\tanh(k_d a)=-\frac{k_m\varepsilon_d}{k_d\varepsilon_m}$,其中 k_m 与 k_d 分别为波矢在金属与空气中在 z 方向上的分量。

下面分析 IMI 这种结构的一些性质及应用。为简便起见,在下面的分析中仍先假设金属没有损耗,然后再考虑引入损耗时的实际情况。不考虑损耗时金属的相对介电常数 $\varepsilon_m=1-\omega_p^2/w^2$,介质的相对介电常数 $\varepsilon_d=4.2$。将两者代入式(8.27)及式(8.28)可以解得 IMI 结构中的色散图像,如图 8.13 所示。其中频率由金属的等离子体频率 ω_p 归一化,而传输常数则由金属的等离子体频率 ω_p 所对应的波矢量 $k_p=\omega_p/c$ 归一化,其中c 是真空中的光速。

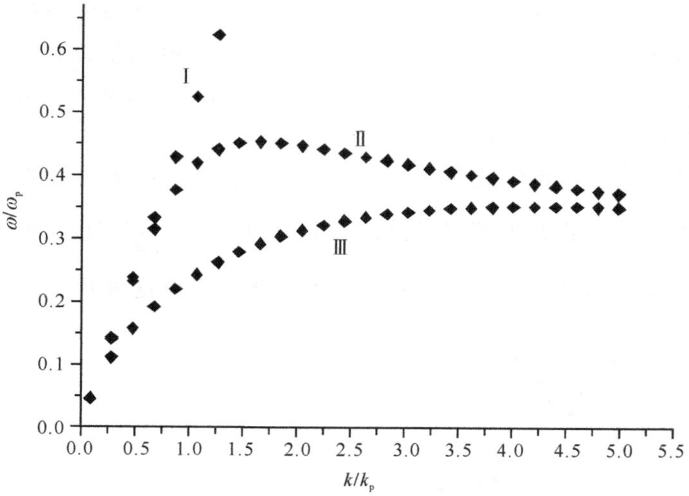

图 8.13　IMI 结构的色散曲线

图 8.13 中的色散曲线包含三条,其中最上面一条Ⅰ是光在介质中的色散曲线。中间一条色散曲线Ⅱ,当传输常数 k 较小时,k 随着光频率 ω 的增大而增大,这属于正常色散区;随着 k 的增大,当 k 增大到一定值以后,出现一反常色散区,与波矢 k 对应的光频率ω 随着 k 的增大反而减小,群速度为负,这时表面等离子体的相速度与群速度方向相反。色散曲线Ⅱ的存在说明,也可以利用 IMI 结构来实现负群速度,从而为光波段实现负折射率提供了一条新的途径。这种负群速度存在的原因是由于金属中的坡印亭矢量分量方向与相速度传输的方向相反[11],而介质

中的坡印亭矢量分量方向与波矢方向相同。在满足一定条件的时候，比如色散曲线Ⅱ中的右半段对应的频率及波矢时，总的坡印亭矢量方向是向后的，从而导致群速度为负，群速度方向与相速度方向相反。

图 8.13 中的色散曲线Ⅱ对应着 H_y 的偶对称分布。由图可知，在很宽的频率范围内，曲线Ⅱ所对应的波矢与介质中的波矢比较接近。在这种情况下，场能量绝大部分分布于两边介质中，从而使得表面等离子体模式的损耗相对较小，表面等离子体的传输长度大大增长。这种情况下的表面等离子体被称为长程表面等离子体。长程表面等离子体在光子器件中的应用也获得了大量的研究，关于其应用及特点将在 8.3 节中讨论。当介质层位于金属中间时，通过数值解法求解色散方程(8.27)及方程(8.28)可以画出 MIM 结构中存在的色散曲线，如图 8.14 所示。其中金属仍假设为无损耗 Drude 模型，相对介电常数 $\varepsilon_m = 1-\omega_p^2/\omega^2$，中间介质的相对介电常数为 2.09。

人们感兴趣并有应用价值的为图 8.14 中的色散曲线Ⅱ与Ⅲ，其中曲线Ⅱ对应为磁场 H_y 沿 MIM 中心平面呈奇对称分布的情况，而曲线Ⅲ对应为偶对称分布的情况。在 $\omega_{sp} < \omega < \omega_p$ 的整个频率范围内，$d\omega/dk < 0$，群速度为负。由于 MIM 结构的宽度整体上非常小，可以到亚波长甚至深亚波长数量级，因而 MIM 结构通过色散曲线Ⅱ提供了一种控制表面等离子体传播的新机制，从而为在纳米尺度空间内操纵光的传输提供了新的途径。

在介绍图 8.14 中的色散曲线Ⅱ之后，接下来再看色散曲线Ⅲ。该色散曲线对应为磁场 H_y 呈偶对称分布的情况，由于 $E_z = -\dfrac{\beta}{\omega\varepsilon_0\varepsilon}H_y$，所以电场的横向分量 E_z 与 H_y 一样也呈偶对称分布。这种分布使得这种模式容易被空间光

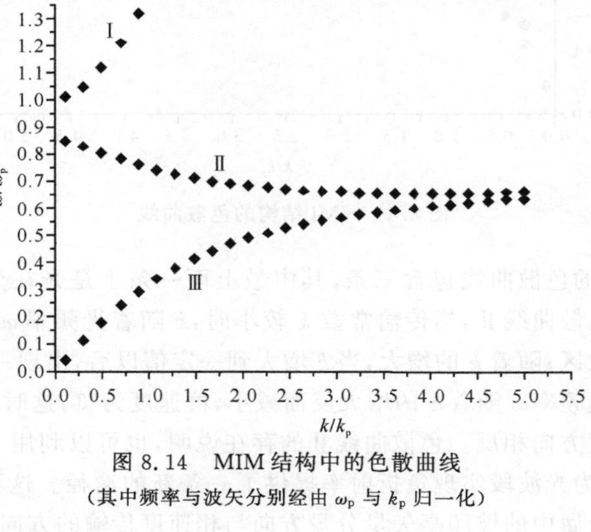

图 8.14　MIM 结构中的色散曲线

（其中频率与波矢分别经由 ω_p 与 k_p 归一化）

束或其他波导(如光纤等)来激发。因此,这条色散曲线对应的模式通常也被应用于光子集成器件中。另外,由于表面等离子体场侵入金属中的部分非常少(在光波段约 20nm 左右),因此 MIM 波导中光能量绝大部分被约束于中间介质层中;而中间介质层的宽度可以实现到亚波长尺寸,因此 MIM 波导能实现对光的亚波长尺寸约束,从而在下一代光子集成器件中有很大的应用潜力。目前在国际上已经提出并处于研究热点的一些表面等离子体波导,例如金属异质结波导[12]、金属缝隙波导[13,14]及沟道表面等离子体波导[15,16]等,都属于 MIM 类型。

IMI 与 MIM 结构的偶对称模式由于便于采用端面耦合的方式来激发,因而在信息传输以及实验研究领域获得了广泛的关注。这两种偶对称模式虽然都是基于相邻两个金属/介质界面上表面等离子体相互作用引起的耦合效应,但在性质上却有很大不同。下面将从几个特征参数来对这两种情况进行比较,包括传输长度、模式尺寸、约束因子。传输长度定义为任一界面上电场强度衰减为起始值 $1/e$ 时的距离;模式尺寸定义为在两边包层材料中传输模式的磁场强度衰减为其峰值 $1/e$ 时的两个位置之间的空间距离;约束因子定义为波导芯层中的能量占整个波导横截面能量的比例。在 TM 偏振的偶对称模式中,约束因子可以用下式来计算:

$$\Gamma=\frac{\int\limits_{\text{core}}|E_zH_y^*|\,\mathrm{d}z}{\int_{-\infty}^{+\infty}|E_zH_y^*|\,\mathrm{d}z} \tag{8.29}$$

考虑光波长 $\lambda=1.55\mu\text{m}$,这里选用金属金。金在 $1.55\mu\text{m}$ 的相对介电常数 $\varepsilon_{\text{Au}}=-95.92+10.97\text{i}$,介质假设为空气。图 8.15 分别给出两种情况下传输长度、模式尺寸及约束因子随着中心层厚度变化的关系。

从图 8.15(a)可以看出,当中心层的厚度比较大时,IMI 与 MIM 结构的传输长度都趋向于金/真空单个界面上的表面等离子体传输长度。这是因为中心层厚度比较大时两个界面上的表面等离子体之间的耦合非常微弱。随着中心层厚度的减小,IMI 的传输长度开始大于单个界面上表面等离子体的传输长度,并逐渐增大。特别是当中心金属薄膜层的厚度小至 20nm 时,IMI 所支持模式的传输长度达到毫米量级,并且随着金属薄膜厚度的减小而增大,这就是长程表面波的情况。对于 MIM 结构所支持的模式,可以看到其传输长度要小于单界面上表面等离子体的传输长度,并且随着中心介质层厚度的减小而进一步减小。这里需要指出,对于 IMI 结构,当中心层的厚度小于 100nm 时,其所支持的模式传输长度才开始偏离单界面时表面等离子体的传输长度;而对于 MIM 结构,当中心层厚度小于 $12.5\mu\text{m}$ 时,所支持的模式传输长度就偏离单界面上表面等离子体的传输长度了。这容易从式(8.20)及后面的结论中得到。由于表面等离子体的场在介质中比在金属中的“尾巴”要大,从而使得只有当IMI结构的中心层厚度足够小时,两边界面上表面等离子体的场才能透过金属而相互作用;但对于MIM结构,即使中心介质层厚度比较大,两边界面上的表面等离子体也已经能够互相耦合了。

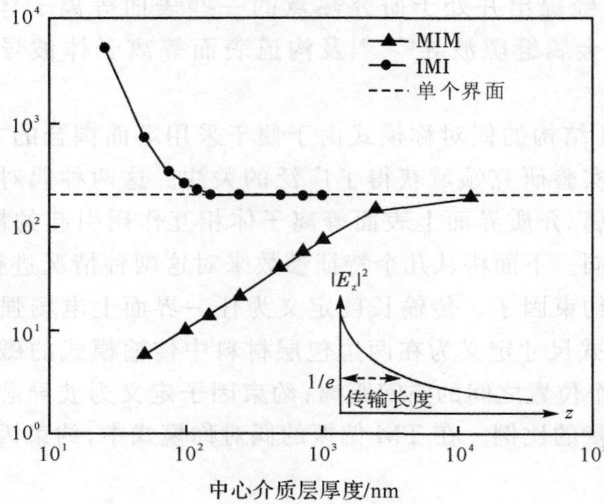

(a) 传输长度随中心层厚度的变化

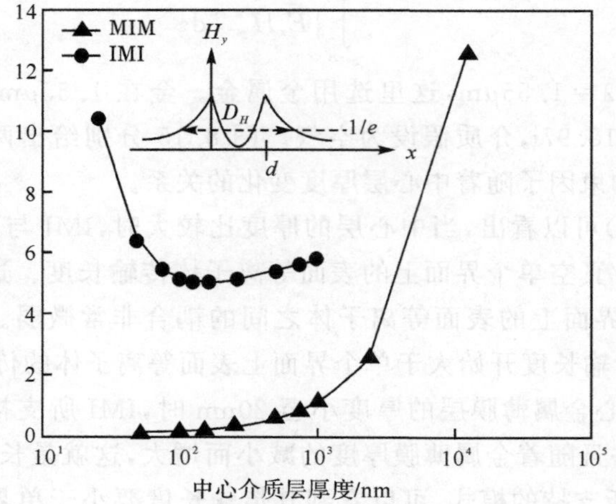

(b) 模式尺寸随中心层厚度的变化

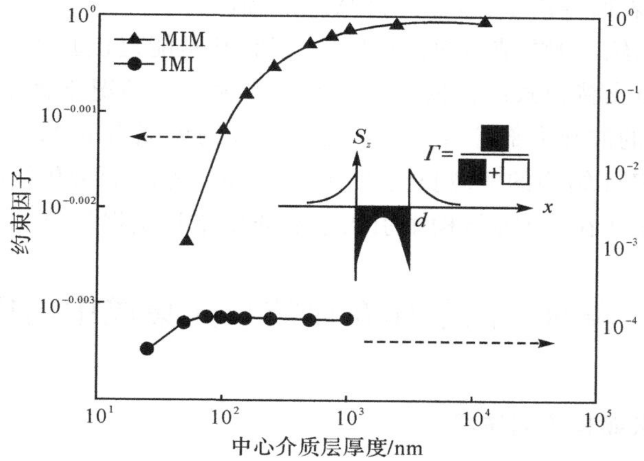

(c) 约束因子随中心层厚度的变化

图 8.15 IMI 与 MIM 结构

下面讨论图 8.15(b)中两种情况下场的空间模式尺寸。很明显,虽然 IMI 结构的损耗较小,但其场的空间尺寸非常大,最小时仍在 5μm 左右,大于其自由空间波长的 3 倍,并且 IMI 结构中场的尺寸随着中心层厚度的减小而变得更大。对于 MIM 结构,其空间模式场随着两边金属包层之间距离的减小也随之减小,并且当中心层厚度小到一定程度后,整个空间模式场尺寸小于其自由空间波长,达到亚波长约束。

对于约束因子这个参数,两者表现出了一致的趋势,都在中心层的厚度小到一定程度以后开始随着中心层厚度的减小而减小,这是因为此时场的能量侵入两边包层材料中的部分开始变得更多。但在临界中心层的尺寸上两者差别较大,这与上面对传输长度分析中的原因一样。另外,可以看出,MIM 结构要比 IMI 结构在约束因子上大好几个数量级,这直观地表明了 MIM 结构对光具有更强的约束能力。

通过上面的分析,可以看出一个规律。对光约束能力强、空间模式尺寸小的结构会伴随着较大的损耗,反之亦然。IMI 结构是牺牲对光的空间约束能力而获得较小的损耗与较大的传输长度;而 MIM 结构却相反,是以较大的损耗来换取对光的更强约束能力。这个规律对于三维表面等离子体波导同样适用。人们需要针对自己的需要来选择不同的结构,从而在损耗及空间约束两方面取得一个折中。

表面等离子体波导的约束能力与损耗是其最重要的两个指标,对于一个表面等离子体波导的性能,必须综合考虑这两个因素。Berini 等[17,18]提出了表面等离子体波导的品质因数这个概念,把约束能力与损耗这两个参数融于品质因数中,以品质因数的大小来最终衡量不同的表面等离子体波导的性能。这种通过品质因数来综合考虑表面等离子体性能的做法值得借鉴。

需要指出，虽然MIM结构的损耗较大，但它却是能提供真正亚波长空间约束的结构，并且它所支持模式的传输长度也能满足大部分情况下微纳光子器件的需要。下面所研究的波导大部分都是基于有亚波长约束能力的MIM结构的。要想既能充分利用MIM结构的亚波长约束能力，又能使光的能量传输得足够远，需要采取其他措施，比如在MIM结构中引入增益介质来补偿损耗等。

8.3　表面等离子体在亚波长光集成中的应用

8.3.1　金属纳米颗粒阵列波导

虽然金属纳米颗粒中的表面等离子体与前面所描述的金属/介质界面上的表面等离子体有所不同，但金属纳米颗粒阵列波导仍然是最近几年表面等离子体波导中的一种，并且它与MIM及IMI类型的平面波导器件有所不同，因此本小节单独对其进行介绍。

近年来由于通用化学方法[19]制备金属纳米颗粒在合成技术上的突破以及一些微加工技术的发展，比如电子束光刻、聚焦离子束刻蚀等，使得金属纳米颗粒阵列的制作及研究成为可能。金属纳米颗粒中的表面等离子体与块状金属材料/介质界面上的表面等离子体不同，在外界光的照射下，金属颗粒中的电子也会发生群体移动，从而使得金属颗粒中的电子密度发生重新排布，这样就在金属颗粒界面内外分别重新产生电场，形成表面等离子体，如图8.16所示。由于金属颗粒界面将自由电子束缚于金属颗粒内，所以电子的群体移动也就被局限于金属纳米颗粒中，而这时产生的表面等离子体被称为局域化表面等离子体。金属纳米颗粒局域化表面等离子体的性质跟金属种类、颗粒形状及环境介质都有很大关系。

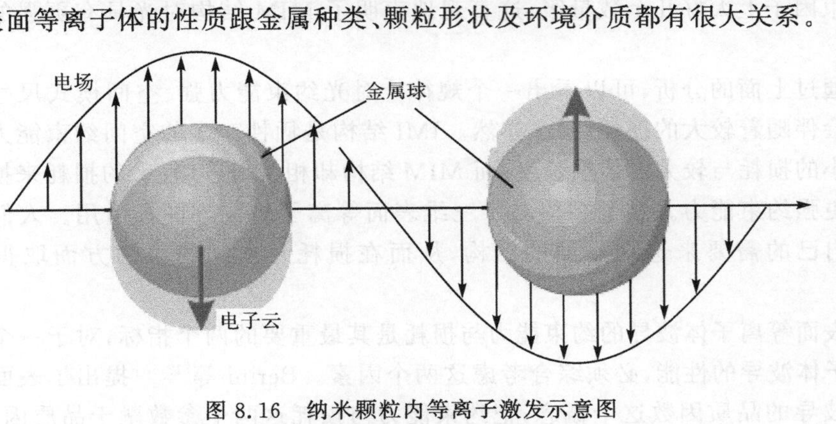

图8.16　纳米颗粒内等离子激发示意图
（电子云可以在外界电场作用下发生偏移）

金属颗粒局域化表面等离子体的存在使得颗粒外表面处近场范围内的电场非常强，这时的每个金属颗粒可以被看作为一个电偶极子。当另一个金属粒子被置于存在局域化表面等离子体的某个金属颗粒的近场范围内时，由于电磁相互作用，电场将激发该纳米颗粒的电子振荡，从而实现该颗粒的局域化表面等离子体的激发并使得能量得到传输。能量在接下来排列的纳米颗粒之间的传递以此类推。基于这种原理，人们考虑使用金属纳米颗粒阵列来实现对光的传输。在阵列中，每个纳米颗粒的直径都远小于激发波长。当粒子间距 d 为波长数量级时，相邻纳米颗粒的相互作用与 d^{-1} 相关；而当粒子间距 d 远小于波长时，近场作用与 d^{-3} 相关。这种与粒子间距有关的相互作用会促使整个金属颗粒阵列形成本征模式，从而可以使用这种阵列结构作为光波导。在这种阵列结构中，在垂直于表面阵列的方向上表面等离子体场分布被束缚在金属颗粒上。

由于化学方法制备的纳米颗粒会杂乱无章，很难做到规则排列，因此在实验中实现表面等离子体传输的纳米阵列波导首先是通过电子束曝光技术制作。图 8.17(a)给出了 Maier 等所制作的具有 60°拐角的金属颗粒阵列波导，其中金属颗粒直径为 50nm，间距为 75nm。为了激发表面等离子体，他们采用扫描近场显微镜的光纤探针作为局域场光源，并采用荧光成像方法来探测表面等离子体沿纳米颗粒阵列的传输，如图 8.17(b)中所示。具体做法是：在金属颗粒上表面沉积可发荧光的聚苯乙烯纳米球，表面等离子体沿着金属颗粒传输时会激发荧光并且传到远场，从而可以在远场探测所接受到的荧光强度来近似表示表面等离子体的强度。

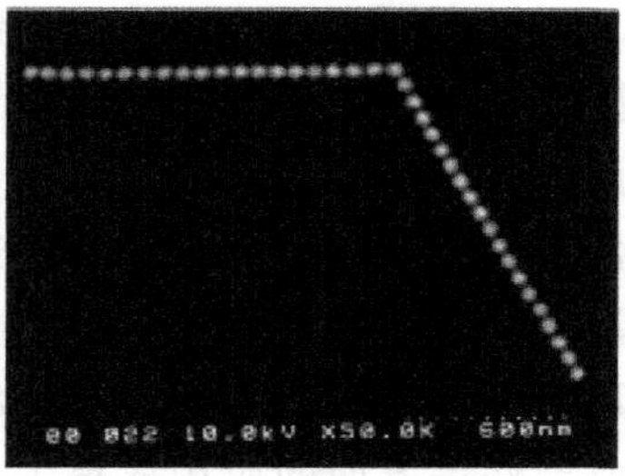

(a) 采用电子束曝光技术所制备的纳米颗粒阵列示意图

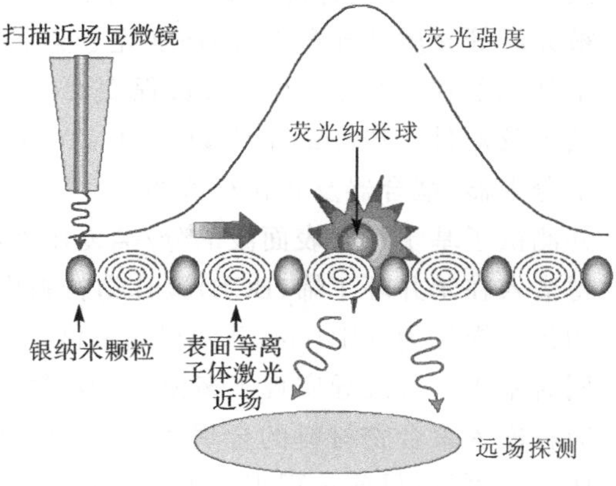

(b) 利用荧光方法来探测表面等离子体的传输示意图

图 8.17　金属纳米颗粒阵列及表面等离子体波

金属纳米颗粒阵列结构虽然能提供对光波在横向上的亚波长约束，但无论理论还是实验结果都表明，这种波导结构由于金属的内在吸收而伴随着非常大的损耗。例如，Maier 等曾报道在可见光波段尺寸为 90nm×30nm×30 nm、颗粒间距为 50nm 的一维银纳米颗粒阵列的实验测量损耗值高达每百纳米 3dB。这说明在光波段，金属纳米颗粒阵列波导的传输长度只有亚微米数量级。如此大的损耗限制了金属纳米颗粒阵列结构在光子集成中的进一步应用。此外，这种颗粒阵列的形状使之难以与其他波导相互集成。目前，也仅有基于纳米颗粒阵列结构的直波导、T 形分支等简单器件有文献报道过。值得注意的是，局域表面等离子体在金属表面外较大的近场场强能够大幅度增强表面荧光效应，从而使得金属纳米颗粒被广泛应用于生物光子学领域，比如表面增强拉曼散射、生物标签及诊断应用等。从这一点来看，金属纳米颗粒在表面增强及传感领域比在光子集成方面有着更加优越的应用前景，而近几年来的应用研究也证明了这一点。

8.3.2 长程表面等离子体器件

与金属纳米颗粒阵列波导相比，基于金属薄膜的表面等离子体器件则在损耗上有非常大的优势，并且也易于实现平面集成。早在 1981 年，Sarid[20] 就研究了在金属薄膜上传输的表面等离子体的色散特性与薄膜厚度的关系，并指出当金属薄膜厚度非常小时，所支持的表面等离子体模式将分为两种。Sarid 还指出，随着金属薄膜厚度的减小，其中一种模式的传输常数虚部将趋向于零，表明这个模式有着非常小的损耗及较长的传输距离，因而人们称这个模式为“长程表面波模式”。长程表面波伴随的损耗相对而言比较小，并且其模式分布呈偶对称而容易被光纤等介质波导激发，因而在光子集成上有很好的应用前景。随着近年来微加工技术的快速发展，人们对长程表面波开展了广泛的研究，在实验上实现了各种波导及器件。Berini 等[21] 以 SiO_2-Au-SiO_2 的条形结构实现直波导、S 形弯曲、Y 形分束器、耦合器及布拉格光栅[22] 等。Boltasseva 等[23] 在光通信波段设计、制作并测试了基于长程表面波的分/插复用滤波器(见图 8.18)，他们还在实验上[24] 测得嵌入在苯并环丁烯(BCB)聚合物材料中厚度为 15nm 的金带在 1550nm 波长下的传输损耗为 6dB/cm，并测得这种波导形成半径为 15mm 时的弯曲损耗为 5dB，同时基于这种波导实现了多模干涉器件及定向耦合器。Nikolajsen 等利用热光效应在嵌入聚合物材料的金属条上分别实现了光调制器[25] 及光开关[26]，如图8.19 所示。可见，目前长程表面等离子体波在光子集成器件等方面的应用取得了长足的进展。

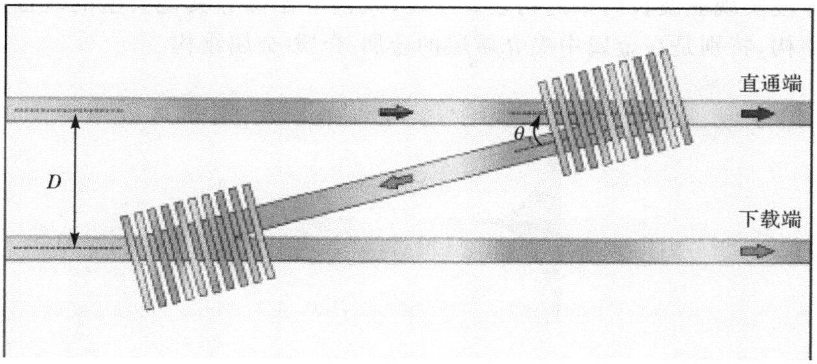

图 8.18 Z 型分/插复用器的示意图(俯视图)
(衍射光栅宽度大于金属条宽度,以保证与长程表面波的充分作用)

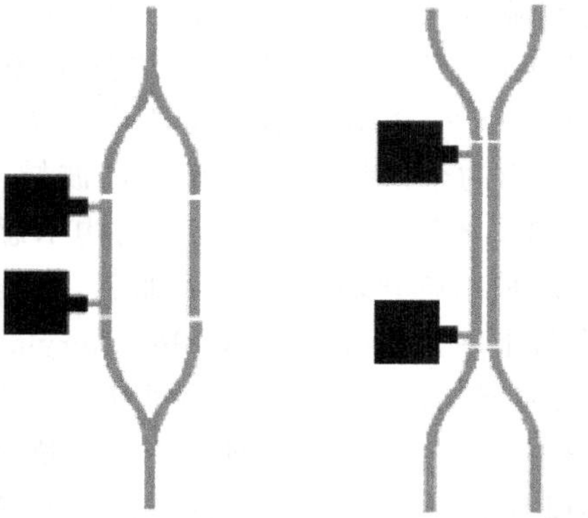

(a) 马赫-曾德尔干涉仪调制器　　(b) 定向耦合器

图 8.19 基于长程表面波的集成光子器件

8.3.3 MIM 波导及器件

虽然长程表面等离子体波的损耗随着金属膜层厚度的减小而减小,从而能获得较长的传输长度,但却是以牺牲表面等离子体波的亚波长约束特性为代价的。2004 年,Zia 等[27]在理论上说明,这种支持长程表面等离子体波的 IMI 结构并不能有效地对光提供亚波长的约束能力。随着金属膜层厚度的减小,长程表面等离子体波的场分量以倏逝波的形式向两边的介质中扩散至几个波长的数量级甚至更大,形成一种准平面波模式(见图 8.20),从而形成较大的模式尺寸。例如,Nikolajsen 等曾经报道过采用 20nm 厚的金平板波导的传输损耗在光通信波长窗口低至 6dB/cm,但这种波导的模式尺寸直径却高达 12μm,这违背了人们利用表面等离子体波实现亚波长约束的初衷。于是,人们开始探寻其他类型的表面等离子体波导结构,特别是在金属中夹介质层的金属-介质-金属结构。

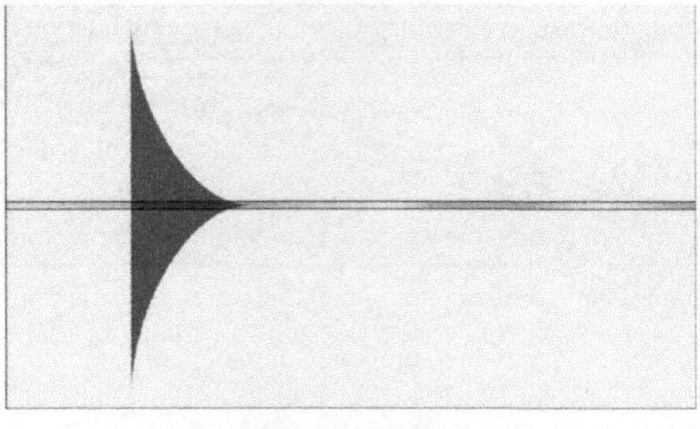

图 8.20　长程表面等离子体波的模式示意图

MIM 结构对光的约束能力很强,其缺点是损耗比长程表面等离子体波大得多。于是,研究人员在保证亚波长约束的前提下,以降低损耗为目的,在 MIM 结构的基础上设计了各种类型的亚波长表面等离子体波导,包括不同金属的异质结构波导[28]、金属矩形槽波导[29,30]、金属 V 形槽波导[31,32]等。

Liu 等[31]于 2005 年提出的金属槽表面等离子体波导,是国际上较早提出的基于 MIM 结构的表面等离子体波导类型之一,其结构示意图以及一些实际制作的波导如图 8.21 所示。这种结构比较易于实际加工,它是由一个刻入金属薄膜中的槽构成,上包层再涂敷上一层 PolyMethylMethAcrylate(PMMA)聚合物,用于匹配缓冲层折射率以及充当保护作用。Liu 等对其中的光波模式(仅传播模)进行了详细的理论研究。图 8.22(a)所示为这种矩形金属槽结构中各个模式的传播常数实部 β_r 与金属膜层厚度 h 的关系。虽然看上去该波导结构与金属缝隙二维波导非常相似,但实际上,这时的模式是与四个金属 90°角上的尖角模式相关的(这四个模式会相互耦合)。图 8.22(b)、(c)所示为这种尖角模式的模场图样。总的来说,可以将该波导中的模式按照 E_x 场的对称性归为四类,即 $s_x^m s_y^n$,$s_x^m a_y^n$,$a_x^m s_y^n$,

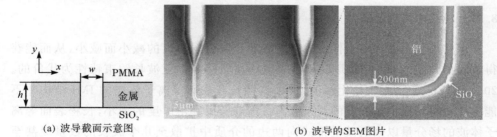

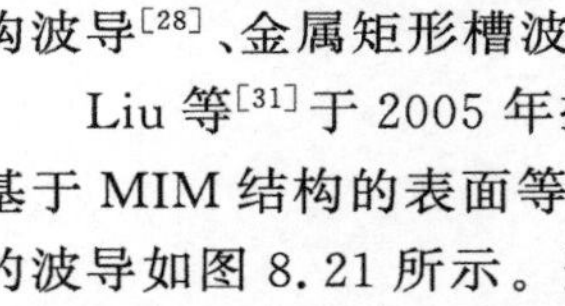

(a) 波导截面示意图

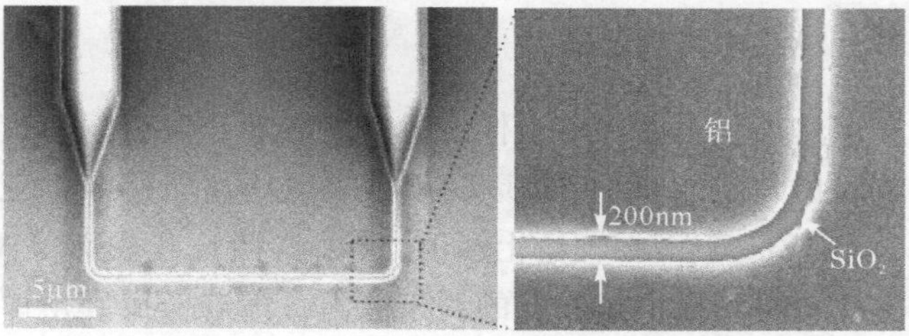

(b) 波导的SEM图片

图 8.21　矩形金属槽结构表面等离子体波导

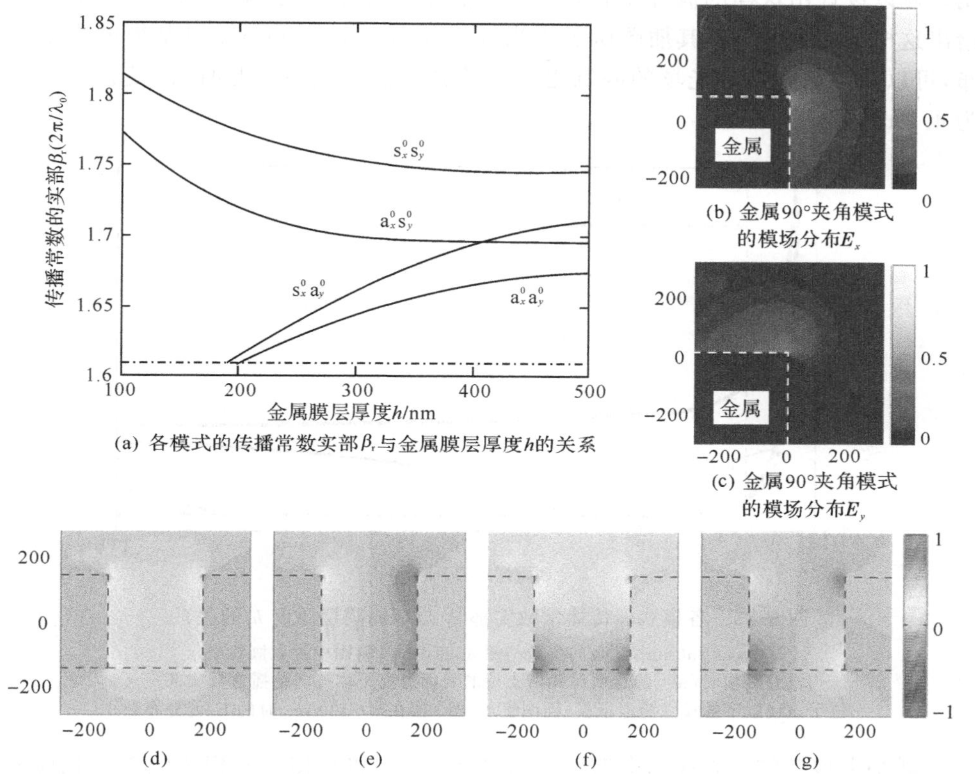

图 8.22　金属槽表面等离子体波导模式特性

[(d)～(g)分别为 $s_x^0 s_y^0$、$s_x^0 a_y^0$、$a_x^0 s_y^0$、$a_x^0 a_y^0$ 模式在 $h=300$nm 时的 E_x 场分布(坐标单位为 nm)]

$a_x^m a_y^n$，其中 s 和 a 分别表示 E_x沿着 x 或 y 方向(下标)是对称或反对称的。上标 m 和 n 表示模式的阶数。需要说明的是，在 y 方向上，模式实际上只是准对称(symmetry-like)或准反对称模(antisymmetry-like)，这是由于波导的结构在 y 方向上并不是严格对称的。进一步的分析发现，对于传播模来说，m 只能取零，而且如果模式在 x 方向上是反对称的，则 n 也只能取零。可见，在该波导结构中，仅有的四类传播模为 $s_x^0 s_y^n$，$s_x^0 a_y^0$，$a_x^0 s_y^n$，$a_x^0 a_y^0$ 。Liu 等发现，在所研究的参数范围内(即 w 和 h 位于 10 ～500 nm)，$s_x^0 s_y^0$ 模始终是传播模，并且它的传播常数的实部 β_r 比其他模式都要大，因此，可以将其看成是该结构中的基模。更重要的是，这个模式的主要电场分量 E_x在 x 和 y 两个方向上都呈对称分布，因此可以有效地将光从端面耦合入该波导中。另外，$a_x^0 a_y^0$ 模式的 E_y 场分量也同时在 x 和 y 方向上呈对称分布，这个模式也可能有效地由 y 方向偏振的光激发。然而，与 $s_x^0 s_y^0$ 基模不同的是，传播模的 $a_x^0 a_y^0$ 只在当 w 和 h 很大的时候才存在。因此，这就限制了该结构中 $a_x^0 a_y^0$ 的应用。可以设计出这样的波导结构,其中只有 $s_x^0 s_y^0$ 是传播模(单模结构)。图 8.23 给出这样的一个例子。其插图所示为当 $w=50$ nm,$h=100$ nm 时基模的模场分布,可以看出该波导对光场的限制也可以达到亚波长量级。此时,该模式的损耗为 4.0 dB/μm。

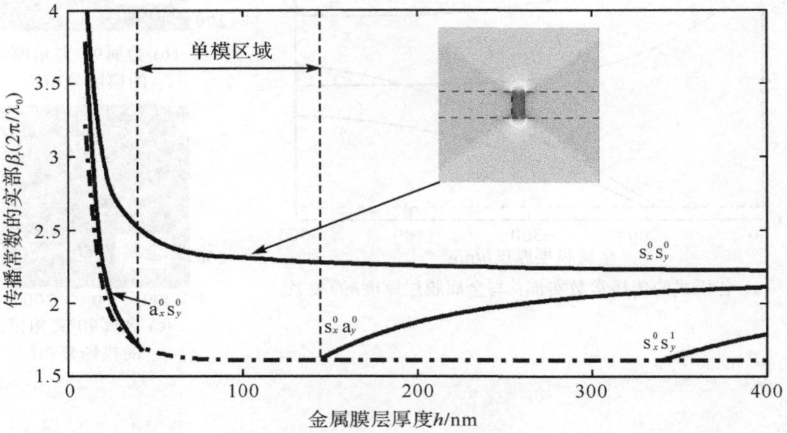

图 8.23 各模式的传播常数实部 β_r 与金属膜层厚度 h 的关系

[其中,$w=50$ nm,其余的参数与图 8.22 中相同;图中的点画线表示当没有刻槽时($w=0$)金属薄膜所支持的表面等离子体波的传播常数实部;位于该线以下的模式为泄漏模;插图表示 $s_x^0 s_y^0$ 模在 $h=100$ nm 时的 E_x 场分布]

减小上包层的折射率(例如从 PMMA 到空气)将会使 $s_x^0 s_y^0$ 模式的 β_r 也相应减小,但是其永远不会小于没有刻槽时金属薄膜所支持的模式播常数实部,即变成一个泄漏模。因此,上包层在该波导的结构中并不是必需的。但是,如果上包层的折射率比缓冲层小很多的话,会导致 $s_x^0 s_y^0$ 模式的模场集中于下方的两个金属尖角处。使用 PMMA 作为上包层来匹配折射率,可以使模场分布更加平均,从而可以一定程度上增加端面耦合效率。

另外一种备受研究人员关注的表面等离子体波导为 V 形槽表面等离子体波导,这种波导结构具有较低的损耗、亚波长约束以及能无弯曲损耗地通过 90°弯曲等特点。2006 年,丹麦奥尔堡大学 Bozhevolnyi 教授的研究小组[33]在《自然》上报道了他们使用聚焦离子束刻蚀加工,并用近场扫描光学显微镜研究观察所得到的 V 形槽表面等离子体波导及器件。图 8.24 中从左到右分别给出基于 V 形槽表面等离子体波导的 Y 分束器、马赫-曾德尔干涉仪及波导谐振环耦合系统的扫描电子显微镜照片及利用近场扫描光学显微镜扫描模式时所得到的近场分布图。2007 年,该研究小组[34]又在实验中制作并测试了基于 V 形槽表面等离子体波导的分/插复用器及布拉格光栅滤波器,从而实现了表面等离子体波的滤波特性。

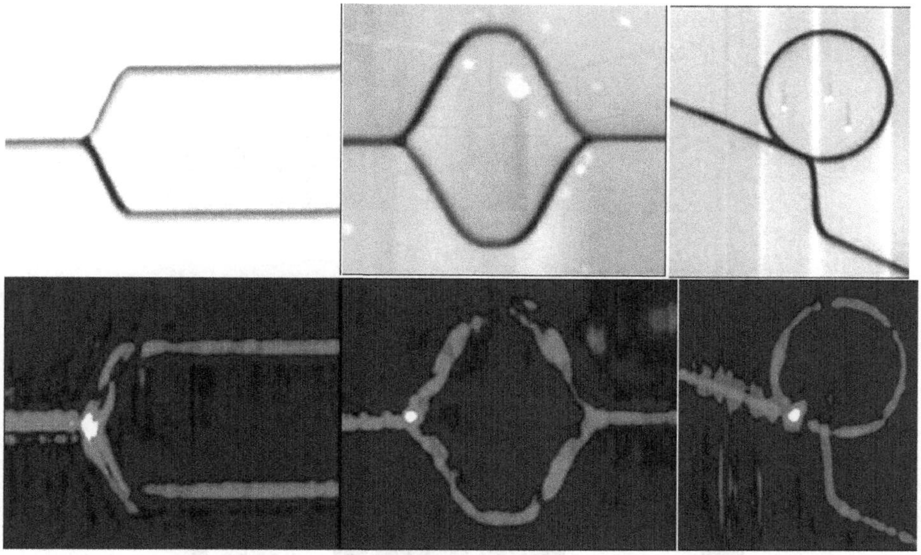

图 8.24　基于 V 形槽表面等离子体波导的 Y 分束器、马赫-曾德尔干涉仪及波导-谐振环
(其中，上半图从左到右分别为三种结构的扫描电子显微镜图片，
而下半图为所测得的近场扫描光学显微镜图片)

以上介绍的纳米槽金属表面等离子体波导尽管能将光场约束于几十纳米量级，但其损耗仍然很大，因而其传输长度仅为数微米。最近，Dai 等提出了一种硅基混合表面等离子波导结构[35]，如图 8.25(a)所示。此波导结构包括硅薄膜、金属薄膜以及两者之间的低折射率纳米夹层(例如 SiO_2)。由于在折射率突变界面上法向电场分量不连续，对于 TM 偏振模式而言，在低折射率纳米夹层中会出现光场增强效应，如图 8.25(b)所示。理论研究表明，这种新型混合表面等离子波导不仅可以将光场限制于纳米尺度范围内(如可达到 50nm×5nm)，还具有低传输损耗的特性(≈100μm)。

MIM 类型的表面等离子体波导能将光的模式约束到亚波长量级，但这也给该波导的实验研究带来了新的困难，那就是如何将光有效的耦合到表面等离子体波导中。在对 V 形槽表面等离子体波导的实验研究中，Bozhevolnyi 教授研究小组采用的办法是在微操纵平台下使用锥形透镜单模保偏光纤，并在光学显微镜的辅助下将锥形光纤末端对准到 V 形槽表面等离子体波导的输入端，从而将光耦合到等离子波导中。这种办法的缺点就是需要非常精密的微操纵仪器及操纵经验，耗时久且成功率低，尤其是当 V 形槽的横向尺寸比较小时。Chen 等[36]直接通过电子束曝光技术在缝隙为 150nm 的金属缝隙波导输入及输出端接上最宽处宽度为 450nm 的锥形结构硅线型波导，直接把光由普通介质波导中耦合到表面等离子

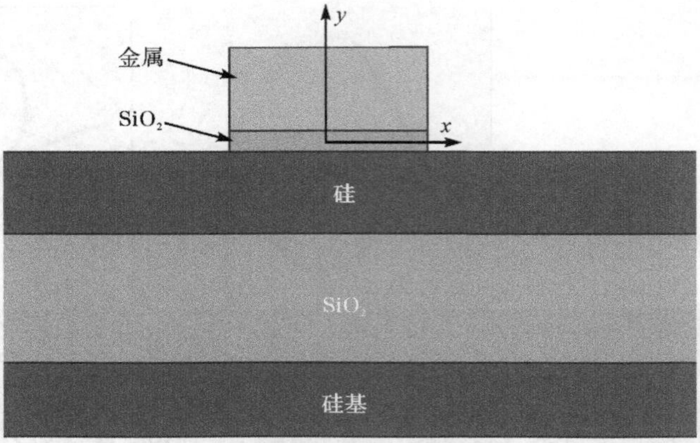

(a) 新型硅基混合表面等离子波光波导横截面

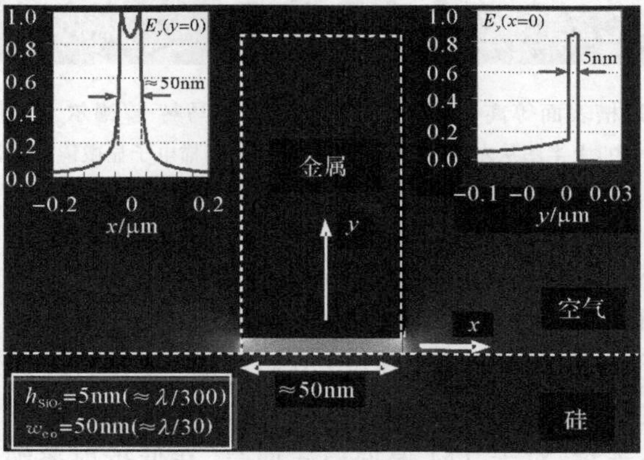

(b) TM 模电场分布

图 8.25　一种硅基混合表面等离子波导结构

体波导。他们通过这种办法测得缝隙为 150nm 宽且芯层介质为硅的金属缝隙波导在 1550nm 波长下的损耗大约为 0.8dB/μm。

8.4　本章讨论与展望

表面等离子体为实现亚波长光子器件提供了新的途径,但也伴随着一个明显的问题,就是较大的损耗。从长远来看,人们仍然可以通过各种办法,来尽量减少损耗对表面等离子体器件的影响,从而使得表面等离子体在光子器件上得到更广泛的应用。目前人们认为表面等离子体在发展上比较有前景的几种途径如下:

1）增益补偿

虽然研究人员通过优化设计波导结构可以尽可能地减少传输损耗，但是由于金属的内在吸收特性，要从根本上解决损耗问题，一种方式是在表面等离子体波导中引入增益介质。目前研究人员已经在增益介质补偿表面等离子体波导损耗方面进行了尝试性研究[37]。对于能提供亚波长约束的 MIM 类型波导，Maier[36]通过计算指出，在 1550nm 波长下，假设芯层为半导体材料时（折射率 3.4），则当芯层宽度分别为 100nm 及 50nm 时，在 MIM 波导中实现无损耗传输所需要的半导体增益系数分别为 $1625cm^{-1}$ 及 $4830cm^{-1}$，这都是处在目前的半导体增益介质所能提供的增益能力范围之内。此外，注意到 MIM 的损耗随着芯层介质折射率的减小而降低。因此，采用具有更低折射率的芯层材料（如聚合物等）所需要的增益更小。除了半导体增益介质外，研究人员还采用染料增益[39]等途径来尝试增强表面等离子体的传输性能。总之，使用增益介质来降低甚至抵消表面等离子体波导的损耗是一种比较有潜力的途径，但目前在这个领域还有许多研究工作需要开展。

2）表面等离子体波导与介质波导的混合集成

表面等离子体对光提供很好的亚波长约束，但最大的问题是损耗，因而光波导长度受到限制。一种有效方法是将表面等离子体波导与介质波导混合集成，即在需要亚波长约束的部分使用表面等离子体波导，而在对光约束要求不是很高并且长度比较大的地方仍然使用介质波导，从而既能发挥表面等离子体强约束的优势，又部分避免了其损耗的问题。表面等离子体的另外一个重要性质就是金属界面上的场增强性，在非线性及光传感等领域具有重要的应用。利用介质波导与表面等离子体波导的混合集成，可以在一块芯片上实现上述应用，并且能保证信号在芯片内能充分传输足够长度。Hochberg 等[40]就实现了硅介质波导与金表面等离子体波导在光通信波长处的相互耦合。

3）低频率下的表面等离子体波导

普通金属的等离子体频率大多在紫外波段，因而金属在光波段的相对介电常数为一负的有限值，光能穿透金属一定厚度而形成表面等离子体波。由于光频率比较接近金属等离子体频率而使得金属在光波导的损耗非常大。相比之下，在微波波段时，金属由于工作频率远离等离子体频率从而相对介电常数为负无穷大。此时，金属可被视为完美金属。尽管“完美金属”不能支持表面等离子波模式，但在 2005 年 Pendry 等[41]提出，当在完美金属表面制作周期性的微结构时，电磁波也可能在这种完美金属结构表面形成一种表面波模式。这种“人造表面等离子体”的存在为在微波波段利用表面波模式实现电磁波的传输提供了新的途径。尤其是在太赫兹波段，“人造表面等离子体”的发现改变了之前缺乏有效传输太赫兹信号波导的局面。由于金属在太赫兹波段损耗要小得多，因此金属在这个领域有广阔的应用前景。目前,世界各国相关研究人员在利用金属微结构来作为太赫兹波导方面已经进行了大量研究[42~44],并取得了一定的成果。

总的说来,表面等离子体在光子器件的应用方面具有很大的潜力,但在这一领域,还有很多的问题没有解决,这需要研究人员的进一步努力。

参考文献

[1] Raether H. Surface Plasmons. Berlin:Springer,1988.

[2] Wood R W. On a remarkable case of uneven distribution of light in a diffraction grating spectrum. Proc. Phys. Soc. London,1902,18:269－275.

[3] Fano U. The theory of anamolous diffraction gratings and of quasi-stationary waves on metallic surfaces (Sommerfeld's waves). Journal of Optical Society of America,1941,31:213－222.

[4] Ritchie R H. Plasma losses by fast electrons in thin films. Phys. Rev. ,1957,106(5):874－881.

[5] Kretschmann E, Raether H. Radiative decay of non-radiative surface plasmons excited by light. Z. Naturforschung,1968,23A:2135－2136.

[6] Weitz D A,Garoff S,et al. The enhancement of Raman scattering,resonance Raman scattering,and fluorescence from molecules adsorbed on a rough silver surface. J. Chem. Phys. ,1983,78(9):5324－5338.

[7] Ebbesen T W,Lezec H J,et al. Extraordinary optical transmission through sub-wavelength hole arrays. Nature,1998,391:667－669.

[8] Johnson P B,Christy R W. Optical constants of the noble metals. Phys. Rev. ,1972,6(12):4370－4379.

[9] Sönnichsen C. Plasmons in Metal Nanostructures [Ph. D. Thesis]. München: Ludwig-Maximilians-Universität München,2001.

[10] Nezhad M P,Tetz K,et al. Gain assisted propagation of surface plasmon polaritons on planar metallic waveguides. Opt. Exp. ,2004,12(17):4072－4079.

[11] Liu Y,Pile D F P,et al. Negative group velocity of surface plasmons on thin metallic films. Proceedings of the SPIE,2006:6323,63231M.

[12] Wang B,Wang G P. Metal heterowaveguides for nanometric focusing of light. Appl. Phys. Lett. ,2004, 85(16):3599－3601.

[13] Tanaka K,Tanaka M. Simulations of nanometric optical circuits based on surface plasmon polariton gap waveguide. Appl. Phys. Lett. ,2003,82(8):1158－1160.

[14] Tanaka K,Tanaka M,Sugiyama T. Simulation of practical nanometric optical circuits based on surface plasmon polariton gap waveguides. Opt. Exp. ,2005,13(1):256－266.

[15] Gramotnev D K,Pile D F P. Single-mode subwavelength waveguide with channel plasmon-polaritons in triangular grooves on a metal surface. Appl. Phys. Lett. ,2004,85(26):6323－6325.

[16] Pile D F P,Gramotnev D K. Channel plasmon-polariton in a triangular groove on a metal surface. Opt. Lett. ,2004,29(10):1069－1071.

[17] Berini P. Figures of merit for surface plasmon waveguides. Opt. Exp. ,2006,14(26):13030－13042.

[18] Buckley R,Berini P. Figures of merit for 2D surface plasmon waveguides and application to metal stripes. Opt. Exp. ,2007,15(19):12174－12182.

[19] Sun Y,Wiley B,et al. Synthesis and optical properties of nano rattles and multiple-walled nanoshells/

nanotubes made of metal alloys. J. Am. Chem. Soc. ,2004,126:9399—9406.

[20] Sarid D. Long-range surface-plasma waves on very thin metal films. Phys. Rev. Lett. ,1981,47(26):1927—1930.

[21] Charbonneau R,Lahoud N,et al. Demonstration of integrated optics elements based on long-ranging surface plasmon polaritons. Opt. Exp. ,2005,13(3):977—984.

[22] Charbonneau S J,Charbonneau R,et al. Demonstration of Bragg gratings based on long ranging surface plasmon polariton waveguides. Opt. Exp. ,2005,13(12):4674—4682.

[23] Boltasseva A,Bozhevolnyi S I,et al. Compact Z-add-drop wavelength filters for long-range surface plasmon polaritons. Opt. Exp. ,2005,13(11):4237—4243.

[24] Boltasseva A,Nikolajsen T,et al. Integrated optical components utilizing long-range surface plasmon polaritons. J. Lightwave Technol. ,2005,23(1):413—422.

[25] Nikolajsen T,Leosson K,et al. In-line extinction modulator based on long-range surface plasmon polaritons. Opt. Commun. ,2005,244:455—459.

[26] Nikolajsen T,Leosson K,et al. Surface plasmon polariton based modulators and switches operating at telecom wavelengths. Appl. Phys. Lett. ,2005,85(24):5833—5835.

[27] Zia R,Selker M D,et al. Geometries and materials for subwavelength surface plasmon modes. Journal of Optical Society of America,2004,21(12):2442—2446.

[28] Wang B,Wang G P. Simulations of nanoscale interferometer and array focusing by metal hetero-waveguides. Opt. Exp. ,2005,13(26):10558—10563.

[29] Pile D F P,Ogawa T,et al. Two-dimensionally localized modes of a nanoscale gap plasmon waveguide. Appl. Phys. Lett. ,2005,87:261114.

[30] Liu L,Han Z,He S L. Novel surface plasmon waveguide for high integration. Opt. Exp. ,2005,13(17):6645—6650.

[31] Bozhevolnyi S I,Volkov V S,et al. Channel plasmon-polariton guiding by subwavelength metal grooves. Phys. Rev. Lett. ,2005,95:046802.

[32] Pile D F P,Gramotnev D K. Plasmonic subwavelength waveguides:Next to zero losses at sharp bends. Opt. Lett. ,2005,30(10):1185—1187.

[33] Bozhevolnyil S I,Volkov V S,et al. Channel plasmon subwavelength waveguide components including interferometers and ring resonators. Nature,2006,440:508—511.

[34] Volkov V S,Bozhevolnyi S I,et al. Wavelength selective nanophotonic components utilizing channel plasmonpolaritons. Nano Lett. ,2007,7 (4):880—884.

[35] Dai D X,He S L. A silicon-based hybrid plasmonic waveguide with a metal cap for a nano-scale light confinement. Opt. Exp. ,2009,17(19):16646.

[36] Chen L,Shakya J,et al. Subwavelength confinement in an integrated metal slot waveguide on silicon. Opt. Lett. ,2006,31(14):2133—2135.

[37] Nezhad M P,Tetz K,et al. Gain assisted propagation of surface plasmonpolaritons on planar metallic waveguides. Opt. Exp. ,2004,12(17):4072—4079.

[38] Maier S A. Gain-assisted propagation of electromagnetic energy in subwave-length surface plasmon polariton gap waveguides. Opt. Commun. ,2006,258:295—299.

[39] Noginov M A,Zhu G,et al. Enhancement of surface plasmons in an Ag aggregate by optical gain in a dielectric medium. Opt. Lett. ,2006,31(20):3022—3024.

[40] Hochberg M, Tom B, et al. Integrated plasmon and dielectric waveguies. Opt. Exp., 2004, 12(22): 5481−5485.

[41] JGarcia-Vidal F, Martin-Moreno L, et al. Surfaces with holes in them: New plasmonic metamaterials. J. Opt. A: Pure Appl. Opt., 2005, 7: S97−S101.

[42] Maier S A, Andrews S R. Terahertz pulse propagation using plasmon-polariton-like surface modes on structured conductive surfaces. Appl. Phys. Lett., 2006, 88: 251120.

[43] Maier S A, Andrews S R, et al. Terahertz surface plasmon-polariton propagation and focusing on periodically corrugated metal wires. Phys. Rev. Lett., 2006, 97: 176805.

[44] Lan Y, Chern R. Surface plasmon-like modes on structured perfectly conducting surfaces. Opt. Exp., 2006, 14(23): 11339−11347.

第9章 光子晶体波导及器件

传统的平面光波导是基于全内反射原理的，而光子晶体波导通常是利用光子带隙对光的传输限制，通过在光子晶体中引入线缺陷，将光约束在其中传播。光子晶体波导可以实现无泄漏模损耗传输，实现超大空间色散、超低损耗 90°弯曲传输，其波导尺寸可比传统波导小 2～3 个数量级。目前，利用光子晶体波导已成功设计与制作出功分器、波分复用/解复用器、分插复用器、光开关等各种新型光子器件。光子晶体波导可把多个光子器件高度集成在同一基底上，这对高密度集成具有很大的意义。本章将主要对光子晶体波导及在此基础上形成的各种光子器件进行介绍。

9.1 光子晶体简介

9.1.1 光子晶体的概念

光子晶体也称为光子带隙材料，它是一类由人工设计和制造的介质常数具有一定周期性分布的结构，它的结构分布和半导体内原子的分布非常类似。在半导体材料中，原子在空间呈周期性分布，这种晶格结构会影响在其中运动的电子的性质，对电子的波函数实现调制，形成能带结构。与之相似，当电磁波在光子晶体中传播时，会由于存在布拉格散射而受到调制，形成光子能带结构。能带与能带之间出现光子带隙，即禁带。频率处于光子带隙内的光子，被禁止在光子晶体中传播。光子带隙是光子晶体最重要的特性，所以光子晶体又被称为"光学半导体"。

光子禁带理论[1,2]自 1987 年被美国科学家 Yablonovitch 和 John 提出后，立即引起了学术界和产业界的密切关注，各国政府机构和一些研究机构纷纷投入开展与光子晶体有关的理论、材料和器件的研究工作。光子晶体的应用（包括光子晶体光纤的商业应用）与潜在前景使其成为当今世界范围的一个研究热点，并得到了迅速的发展。

9.1.2 光子晶体的应用

经过二十多年的研究，光子晶体及相关器件已经取得了很大进展。国外一些公司甚至已开发出了光子晶体产品，其中光子晶体光纤等产品已进入了产业化阶段。

光子晶体的很多应用都是利用光在光子晶体带隙中被禁止传播来控制光的行为。通过利用在光子晶体中引入缺陷(相当于在半导体中引入杂质)时,与缺陷态频率相符合的光子能局限在缺陷中这种特性,可以实现很多新颖的结构和功能,包括光子晶体光纤、光子晶体波导及器件、无损耗反射镜与滤波器、高 Q 小谐振腔、激光二极管、无阈值激光器、光子晶体微波天线等[3~9]。例如,在光子带隙周期结构中引入线缺陷,即可使光沿着该线缺陷的方向传播,从而形成光波导以及相关的集成光学器件(如功分器、波分复用器等)。而在激光器中引入一个带缺陷态的光子晶体,可使激光与自发辐射都沿着缺陷的方向发出。这样,几乎所有的自发辐射都用来激发工作物质而无其他损耗,从而使得激光器的阈值大大减小,提高了能量转换效率。图 9.1 所示为光子晶体的几种典型应用。

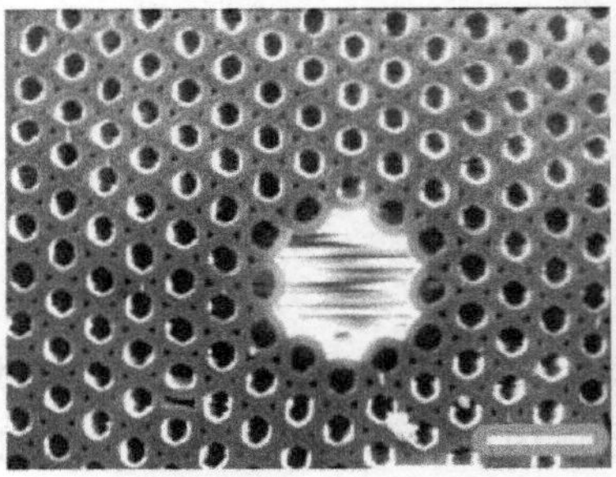

(a) 光子晶体光纤[3]

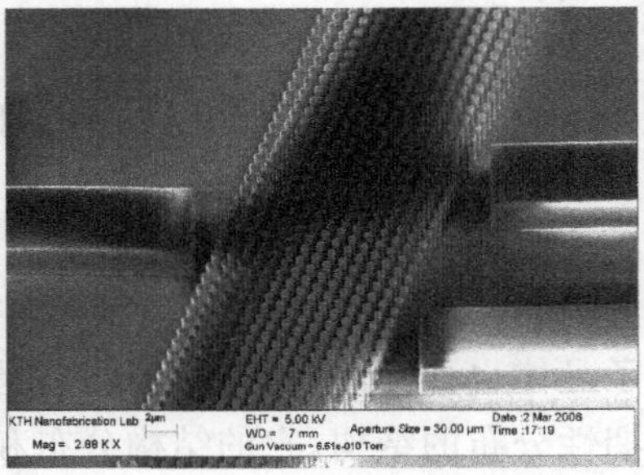

(b) 光子晶体偏振分束器[4]

(c) LED[5]

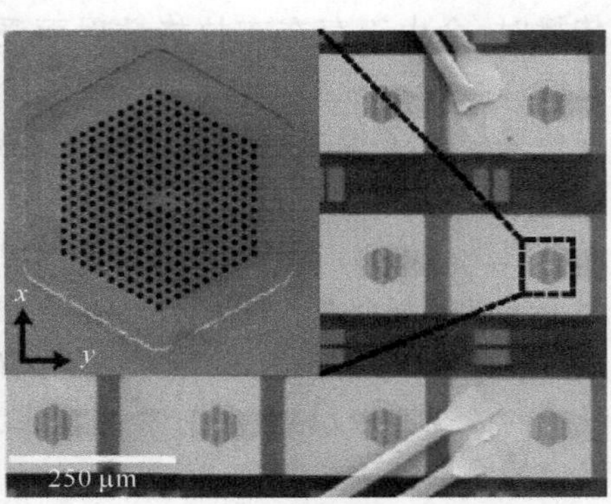

(d) 光子晶体激光器[6]

图 9.1　光子晶体的几种典型应用

除了禁带效应,光子晶体还可用以实现特殊的强空间色散,从而实现超棱镜[10]、负折射[11]等各种特殊效应。光子晶体超棱镜对光的色散能力比常规棱镜要强 100～1000 倍,而体积只有常规棱镜的百分之一。利用光子晶体中的散射可以激发相速度和群速度方向相反的波,由此在光子晶体界面上可产生负折射现象。负折射最早是在左手材料中出现的一种现象。左手材料的介电常数和磁导率都是负数,在这种介质中传播的光波会有相速度和群速度方向相反的特点。在正常介质和这种左手材料的分界面上,入射光和折射光会在法线的同一侧,呈现负折射的奇异现象。目前光子晶体的负折射特性已经在实验中得到了验证[12]。

9.2　光子晶体波导

如 9.1.2 节所述,光子晶体在激光器、成像、天线等领域都有着广泛的应用前景,本节将对其在光子集成方面的应用做一些阐述。其中,波导是基本构造元件。由于制作简单,实际最常用到的是光子晶体平板波导。

9.2.1　二维平板光子晶体

根据空间周期性,可以将光子晶体分为一维光子晶体、二维光子晶体及三维光子晶体。其中一维光子晶体是周期排列的多层介质膜结构,这种结构最为简单,但其带隙通常随着入射光角度的改变而改变,因而限制了它的应用范围。二维光子晶体是指在两个方向上具有周期性的结构,从而可以获得平面内的禁带。三维光子晶体由于在三个方向都具有周期性的结构,因而具有全方向禁带,但是其制作过程很复杂,特别是在可见光和红外波段制作这样的微纳结构,往往需要引入特殊制备工艺,因而困难较大。相比之下,二维平板光子晶体能够实现光子晶体的多数特性要求,同时可以利用标准的平面光波导技术制作,因而受到极大的关注和广泛的应用,具有很大的研究价值和应用前景。

所谓二维平板光子晶体是指有限高度的两维光子晶体,在垂直方向上利用介质的折射率差来限制模场的泄漏。二维平板光子晶体有两种典型结构,包括介质平板上的空气孔结构及有限高度的介质柱阵列。图 9.2(a)、(b)的插图中分别给出两种典型的光子晶体平板结构示意图。从图中可以看出,两种结构分别对奇对称和偶对称模式(模场在垂直方向上分别为奇对称和偶对称)存在禁带。在二维情况下,导波模式可以分为 TE(即电场分量都在水平面内)和 TM(即磁场分量都在水平面内)两种模式。而对于二维平板光子晶体结构,由于在垂直方向上缺乏平移对称性,所以没有纯粹的 TE 和 TM 模式,但是根据二维平板光子晶体的水平对称面,可以将模式区分为偶对称和奇对称两种模式。这种偶对称和奇对称的模式,跟二维情况下的 TE 和 TM 模式非常相似。所以,在二维平板光子晶体结构的情况下，偶对称和奇对称模式，又分别被称为 TE 和 TM 模式。影响光子晶体禁带位置和大小的因素主要是光子晶体的空间周期结构和介质的介电常数比值。一般而言，光子晶体中介质间的介电常数比值越大，入射光被散射得越强烈，就越可能出现光子禁带。通过优化三角晶格空气孔结构的一些参数，可以获得如图9.2(c)中所示两种不同对称模式下所共有的禁带。

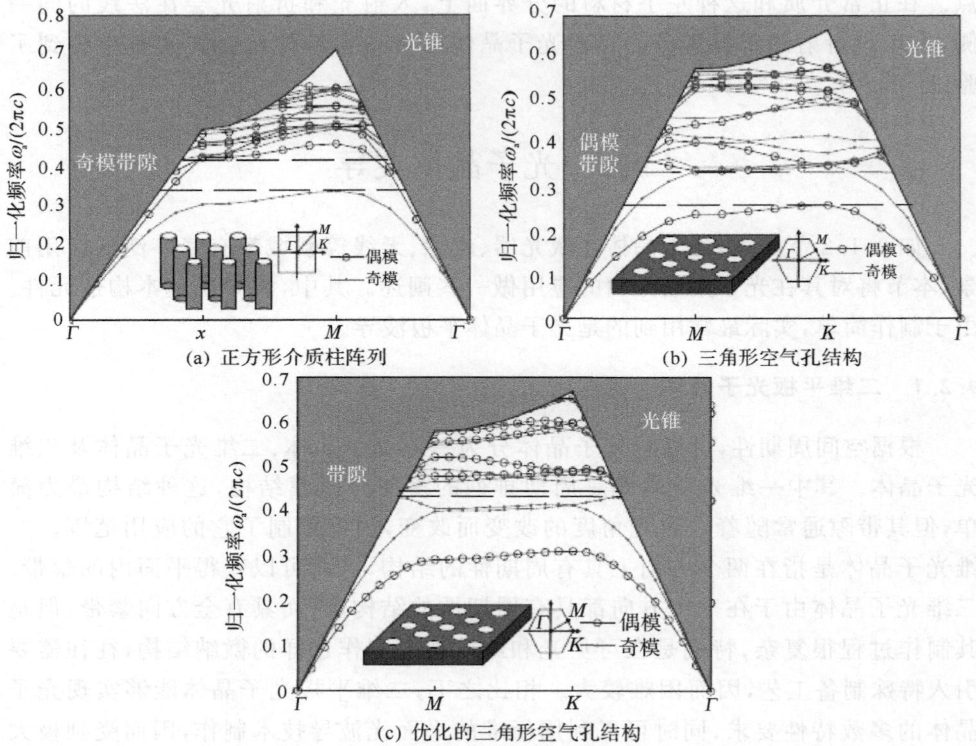

(a) 正方形介质柱阵列　　(b) 三角形空气孔结构

(c) 优化的三角形空气孔结构

图 9.2　两种典型光子晶体平板的能带图

9.2.2　光子晶体平板波导

在两维平板光子晶体中引入线缺陷，就形成了光子晶体平板波导。光子晶体平板波导的基本工作原理是在垂直方向通过全内反射实现限制，在平面内则是通过光子带隙实现光的限制。光子晶体波导理论上不存在损耗，这将有利于实现高集成度器件。

图 9.3 给出一个基于三角晶格空气孔周期结构的光子晶体波导，即通过填充中间一列的空气孔，同时将线缺陷两边的空气孔向中间平移，在周期结构中引入了一列线缺陷。对应的色散曲线如图 9.3(a)所示，从图中可以看出完美的光子晶

体结构在归一化频率为 0.25～0.29 区间，存在 TE 偏振（即电场的主要分量在平行于平板结构的平面内）的光子晶体禁带。而通过在光子晶体中引入线缺陷，破坏光子晶体的对称性，使得线缺陷中出现了可以支持传播波的模式，如图中两条曲线所示。归一化频率为 0.25 附近的那条曲线所对应的模式分布如图 9.3(b)所示。可以看出，由于禁带作用，光不能进入到线缺陷以外的光子晶体区域，只能被紧紧地束缚在线缺陷中传播。

面外(out-of-plane)散射损耗是指由于在高折射率材料中引入了空气孔结构，在垂直方向上不存在折射率差，所以在空气中的光将不会在垂直方向上受到任何束缚，从而被散射出去，如图 9.3(c)所示[13]。但是通过合理地设计结构和激发特定的模式，光子晶体的面外损耗可以被大大减少甚至完全消除。从图 9.3(a)可以看出，该光子晶体存在一个 TE 模式的禁带，而对于 TM 模式不存在禁带。图中的直线是 SiO_2 的光线（即光在均匀 SiO_2 介质中传播时对应的色散曲线），在这条直线下面的模式，只能在光子晶体中传播，而不会泄露到空气和衬底中。因此，在这条线以下，并且远离 TM 偏振模式区域的模式，能被束缚在缺陷中传播，损耗几乎为零[见图 9.3(b)]。但是当直波导中引入弯曲缺陷时，由于在弯曲处的强烈散射，光能量会被散射至空气中，引起大的损耗，如图 9.3(d)所示[13]。

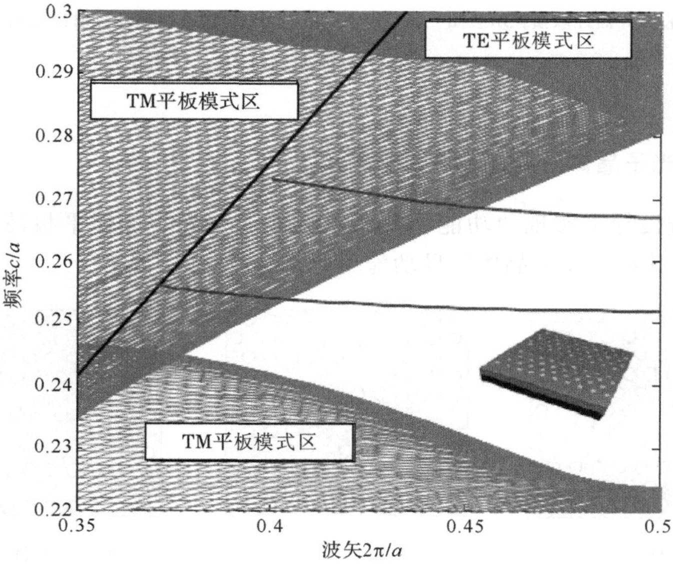

(a) 光子晶体波导色散曲线

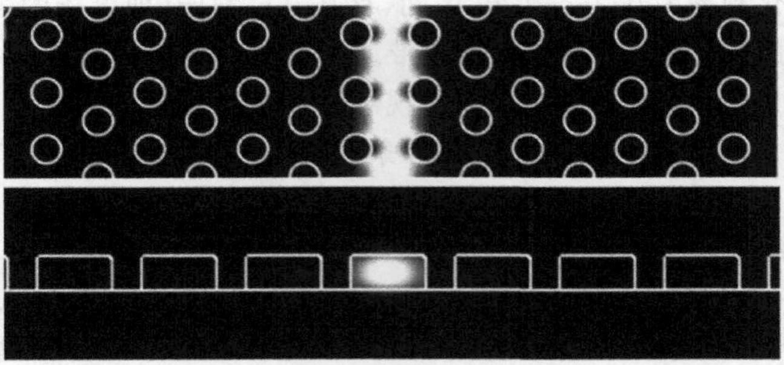

(b) 光子晶体波导模式分布图

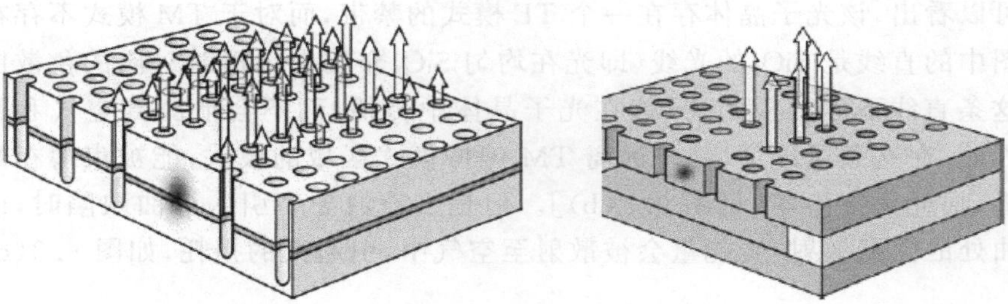

(c) 直波导面外散损耗示意图　　(d) 弯曲波导面外散射损耗示意图

图 9.3　基于三角晶格空气孔周期结构的光子晶体波导[13]

9.2.3　基于光子晶体波导的基本单元

能在传统波导上实现的功能器件基本都能通过光子晶体平板波导实现。图 9.4 给出几种基本的光子晶体波导功能单元。

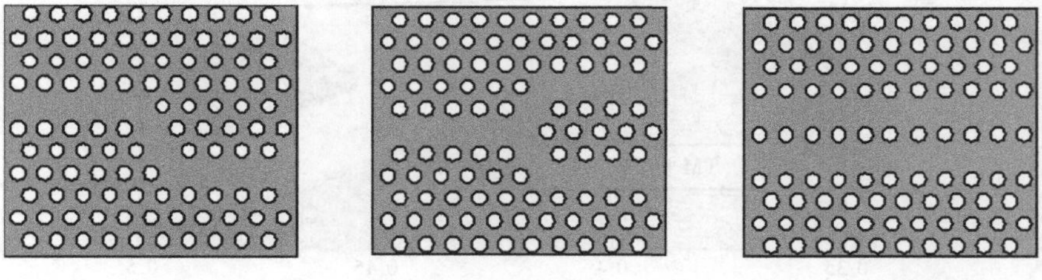

(a) 弯曲波导　　(b) Y 分束器　　(c) 定向耦合器

图 9.4　二维光子晶体波导的几种基本结构

图 9.4(a)所示为光子晶体弯曲波导。光子晶体波导具有优良的弯曲效应。传统波导主要是基于全内反射原理，由于在波导弯曲处全内反射条件可能不再满

足，形成部分光波能量泄漏，使传输效率降低。因此，传统波导的弯曲半径必须足够大才能使损耗足够小，这将导致整个器件尺寸过大。而光子晶体弯曲波导中，由于光子晶体的禁带效应，光场只能沿缺陷传播，所以不管如何转弯，都能达到很高的传输效率。因此，光子晶体波导的这种效应对提高集成度有很大的应用价值。

利用光子晶体波导同样能实现高效率的 Y 分束器的设计。基于三角形光子晶体线缺陷的 Y 分束器结构如图 9.4(b)所示。基于传统波导的 Y 分束器的分束角受辐射损耗的限制，通常必须在几度以内。因此，为了能将能量输出到两个分开的波导中，整个器件的横向尺寸需要比较长。而基于光子晶体波导的 Y 分束器的扩散角可以达到 120°，使得整个结构的尺寸仅为数微米。

图 9.4(c) 所示为光子晶体波导定向耦合器。它是由两组线缺陷组成，中间间隔一个或数个周期性介质结构。与基于传统波导的定向耦合器相比，由于光子晶体的色散特性，光子晶体波导定向耦合器的尺寸可以非常紧凑。

除了以上光子晶体基本功能单元，高效率的输入/输出是光器件实用的前提。通常为实现单模传输，光子晶体波导为单列线缺陷结构，此时光子晶体波导的宽度仅为数百纳米，比光纤的芯径小几个数量级。如果采用直接耦合，耦合效率非常低，并且很难对准。因此，应采用光子晶体模式转换器提高耦合效率。为了实现高效率的耦合，可采用锥形结构(见图 9.5[14,15])，即在光子晶体波导与传统波导连接处，使光子晶体波导的宽度向介质波导宽度慢慢过渡，这样通过模斑的逐渐匹配可以实现高效率的耦合。通过合理设计，这种模式耦合器的耦合效率可以高达 90%以上。

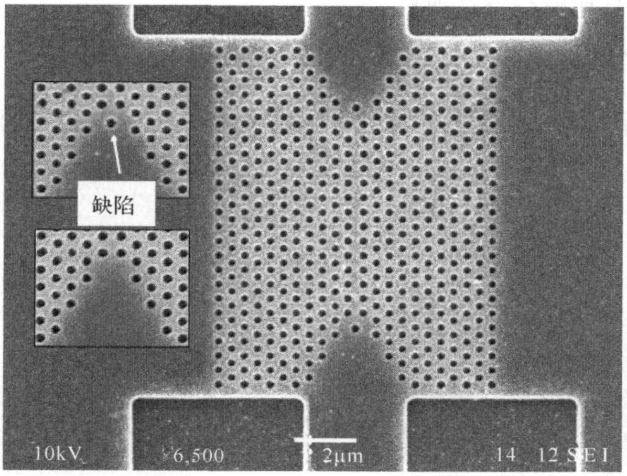

(a)

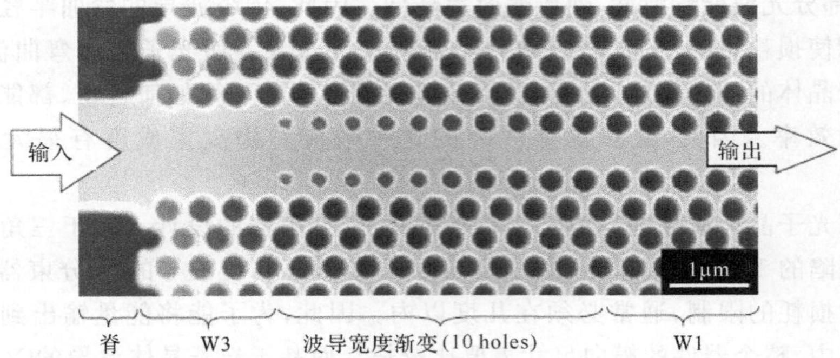

(b)

图 9.5　光子晶体波导模式转换器示意图[14,15]

利用光子晶体弯曲、Y 分支、定向耦合器、交叉等基本单元，就可以实现更复杂的光子功能器件，如复用/解复用器、光开关、滤波器等。

9.3　基于光子晶体波导的新型集成器件

9.3.1　光子晶体功分器

光功分器是光纤网络系统中必不可少的器件。集成型光功分器是国际发展的大趋势，其重点在于提高光功分器的性能，减小功分器的尺寸，并降低成本。近年来，人们相继提出了基于光子晶体 Y 分支波导、光子晶体定向耦合器以及光子晶体多模干涉耦合器的光功分器。

9.3.1.1　Y 分支波导型功分器

9.2.3 节介绍了利用光子晶体波导可实现高效率的 Y 分支波导的设计。图 9.6

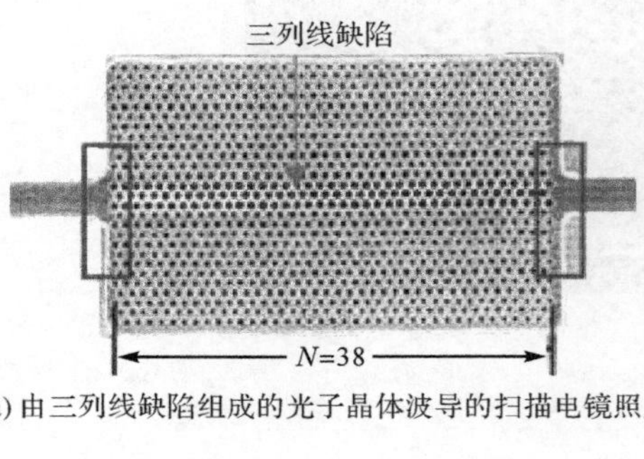

(a) 由三列线缺陷组成的光子晶体波导的扫描电镜照片

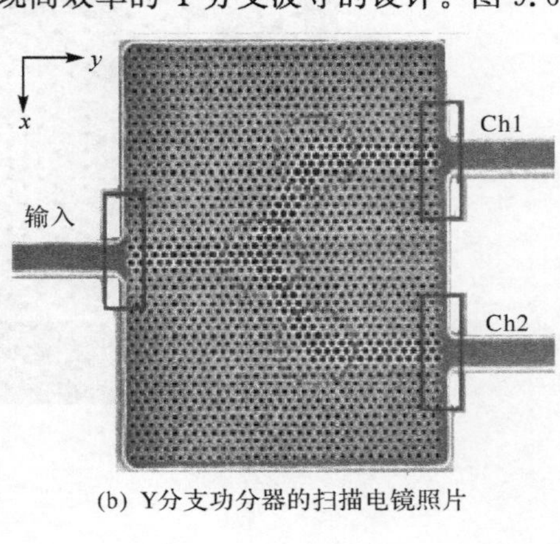

(b) Y分支功分器的扫描电镜照片

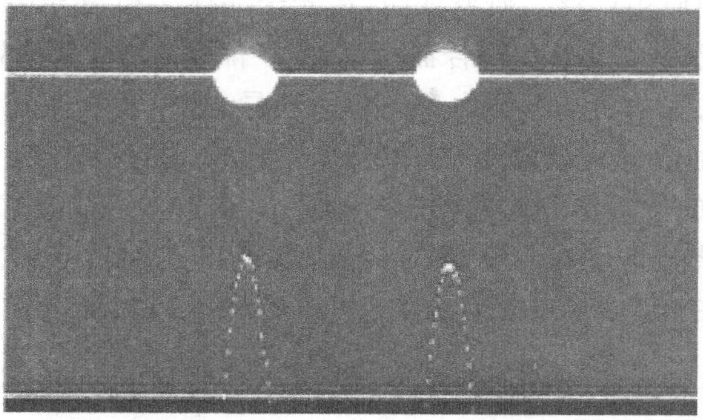

(c) 红外相机拍摄的Y分支功分器输出端成像图

图 9.6　基于光子晶体 Y 分支波导的功分器[16]

所示为美国 Sandia 国家实验室提出的基于光子晶体 Y 分支波导的功分器[16]：采用的基本光子晶体波导结构为三列线缺陷光子晶体波导，Y 分束器由 120°Y 分支和两个 60°的弯曲波导组成。在 1640～1689nm 带宽内，损耗为 0.5～1dB，整个器件的尺寸仅为 3μm×3μm，比基于传统波导的 Y 分束器小 2～3 个数量级。

9.3.1.2　定向耦合器型功分器

光子晶体型定向耦合器由两组线缺陷组成，中间间隔一个或数个周期性介质结构。利用光子晶体定向耦合器可以实现任意分光比的功分器。图 9.7 所示为光子晶体定向耦合器型功分器的扫描电镜照片[17]。光子晶体波导由一列线缺陷组成，在定向耦合器前采用 10 个周期长度的光子晶体波导使模式稳定传输。实验结果显示，3dB 功分器的损耗为 1dB 左右，整个器件的尺寸在 20μm 左右。

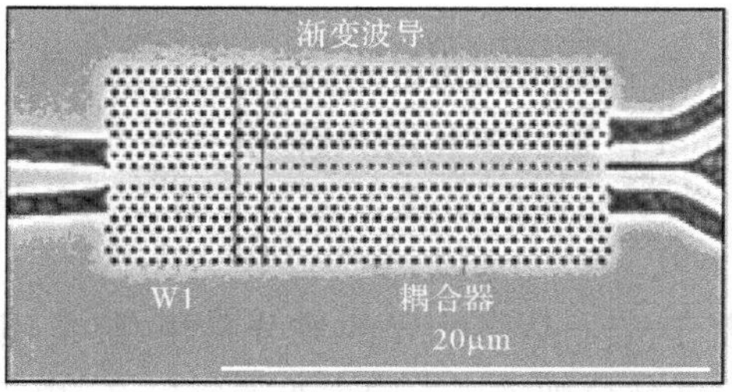

图 9.7　光子晶体定向耦合器型功分器的扫描电镜照片[17]

9.3.1.3　MMI 耦合器型功分器

基于自成像效应的 MMI 耦合器具有结构紧凑、频带宽、容差性能好等优点，在集成光学器件中应用广泛。研究证明，在光子晶体多模波导中同样存在自成像效应，与基于普通波导的 MMI 耦合器相比，光子晶体 MMI 器件具有更小的尺寸，更有利于大规模的集成。功分器由单模输入波导、多模波导及输出波导组成。所谓的多模波导是由数列线缺陷组成，存在多个模式，这些模式在多模波导中互相干涉，从而在不同的位置形成输入场的一个或者多个像。对于 1×2 3dB 功分器，只要选择多模波导的长度在二重像的位置，就可以实现功分器。图 9.8 所示为 FDTD 模拟的光在整个器件中的传播图，可以看到很好地实现了 1×2 功分功能。

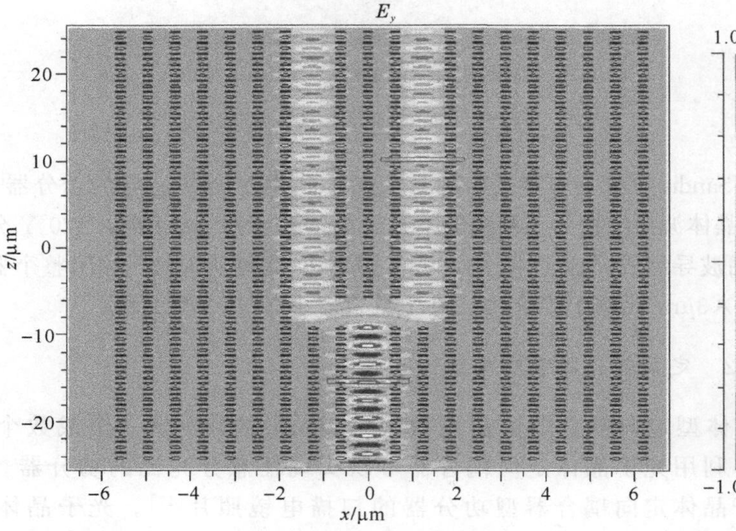

图 9.8　FDTD 模拟的光在光子晶体 MMI 功分器中的传播图[18]

9.3.2　光子晶体波分复用器

波分复用/解复用器是波分复用光通信系统中的关键器件。目前主要的波分复用/解复用器采用的是光纤光栅、AWG 等结构，通常尺寸为厘米或毫米量级，不利于进一步提高集成度。光子晶体的出现为进一步缩小波分复用器件的尺寸提供了可能。

图 9.9 所示为一种基于光子晶体波导的波分复用/解复用器的扫描电镜照片[19]。d_1、d_2、d_3、d_4 所示区域分别采用不同大小的空气孔，由于空气孔直径的改变，使得对应的光子晶体结构的能带结构发生改变，从而不同的波长将从各个输出波导输出（见图 9.9 中 λ_1、λ_2、λ_3、λ_4）。

图 9.10 所示为另一种基于光子晶体的波分复用/解复用器结构[20]，该器件利用光子晶体的超棱镜（super prism）现象。不同波长的入射光在通过超强色散的

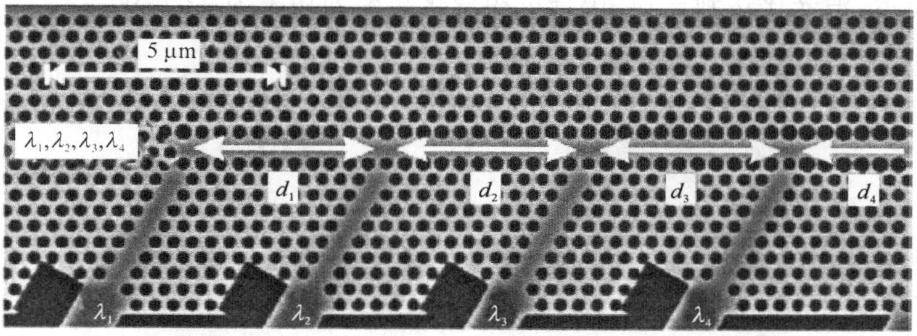

图 9.9　基于光子晶体波导的波分复用/解复用器[19]

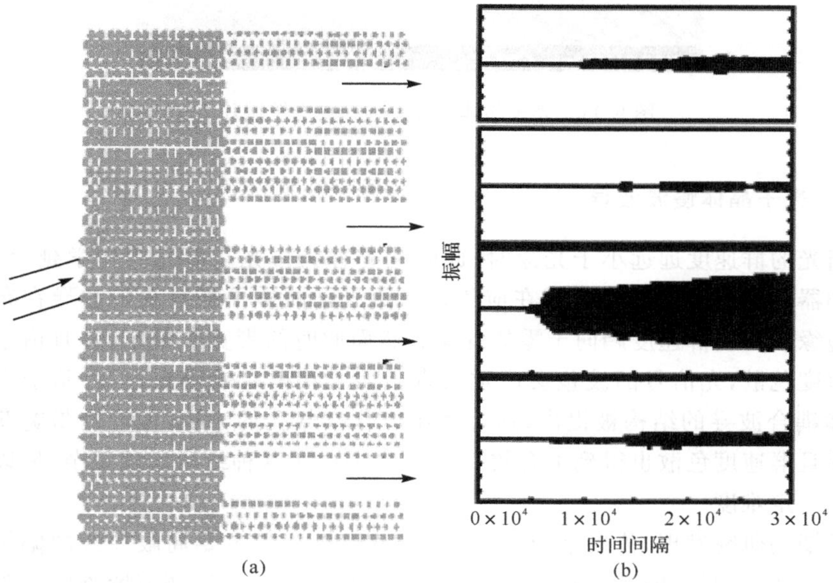

图 9.10　基于光子晶体超棱镜的波分复用/解复用器[20]

光子晶体超棱镜后，相互之间的衍射分散角很大，再用光子晶体波导将分离开来的光束收集起来，从而实现波分复用。该结构的传输效率为－4.4～－12dB，通道间串扰为 19.4～26dB。

9.3.3　光子晶体光开关

光开关是全光超高速信息处理的关键元件。利用光子晶体可以实现紧凑型光开关。图 9.11 所示为基于光子晶体马赫-曾德尔干涉仪结构的热光光开关[21]。马赫-曾德尔干涉仪的一个臂连接有加热电极，通过热光效应控制开关的通断。实验结果显示,消光比达到 -14 dB,π 位相变化需要的功率为 42 mW。

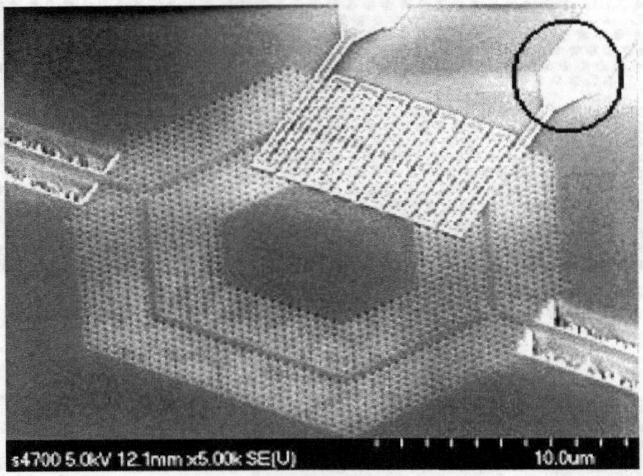

图 9.11　光子晶体光开关的扫描电镜照片[21]

9.3.4　光子晶体慢波波导

当光的群速度远远小于光速时,此时的光称为慢光。慢光在光学延迟线、光学缓冲器等光通信领域都有潜在应用。二维光子晶体平板线缺陷波导在布里渊区的边缘会出现群速度趋向于零的现象。然而此时的带宽非常窄,并且由于强烈的群速度色散,光信号的波包会严重失真。为了获得有效慢光,一种基于定向耦合器和耦合波导的结构被提出,通过缓慢变化空气孔的半径,慢光的带宽获得了拓展并且群速度色散也得到了有效补偿[22]。但由于这种结构比较复杂,所以制作起来有一定难度。

近期的研究发现,传播常数小的模式,其模斑分布主要局限在线缺陷中。随着传播常数的增加,模斑会向线缺陷以外的区域扩散。通过调节紧临线缺陷的结构,就可以在远离布里渊区边缘的某一区域内,获得能带较为平坦的色散曲线。目前,通过调节空气孔孔径大小和空气孔位置两种手段,可以实现同时具有低群速度和大带宽两种特性的慢光波导[23,24]。如图 9.12 所示[24],靠近线缺陷的第一排孔和第二排孔的直径分别为 D_1 和 D_2。当 D_1 减小后,等效折射率会增加,能带会向低频方向移动,并且对于传播常数比较大的模式,能带斜率会增加并且在某一区域内趋于线性。当增加 D_2 后,传播常数处于布里渊区附近的模式会受比较大的影响,能带的"尾巴"会向上翘。通过优化这两排空气孔的半径,就可以获得一定带宽内群速度基本不变的慢光,如图 9.12(d)中带⭑的曲线。

耦合腔波导是一种实现慢波的有效结构,这种耦合腔波导在光子晶体中也能存在对应的结构,即将光子晶体共振腔排列起来[25]。其慢光形成的原理如下:由

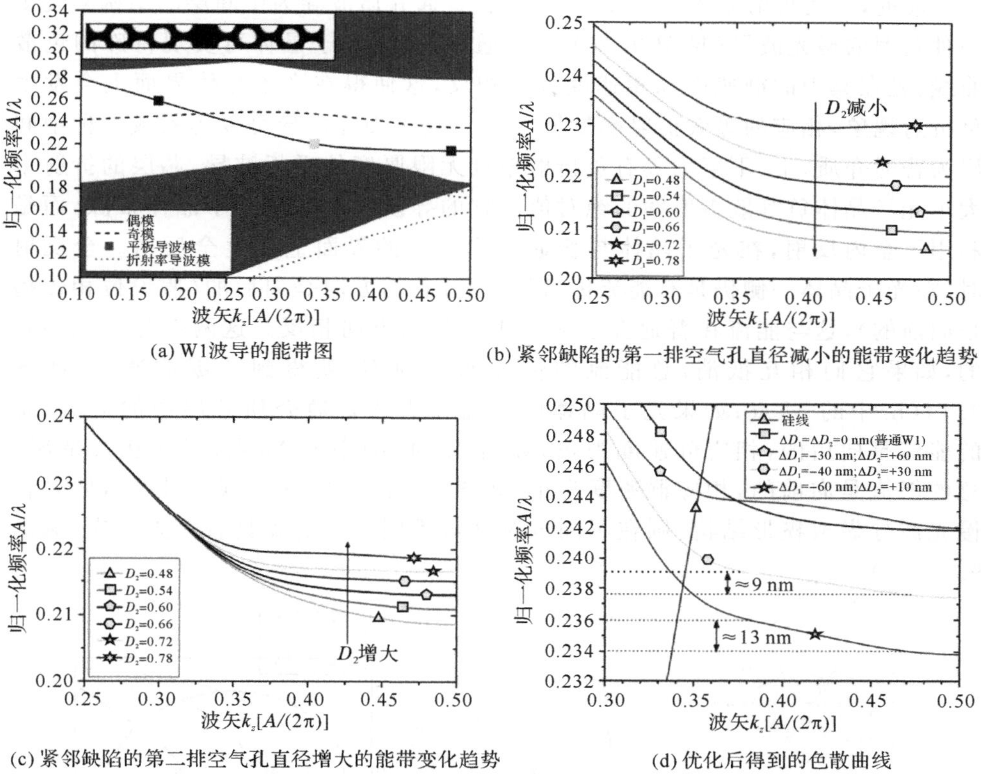

(a) W1波导的能带图　(b) 紧邻缺陷的第一排空气孔直径减小的能带变化趋势

(c) 紧邻缺陷的第二排空气孔直径增大的能带变化趋势　(d) 优化后得到的色散曲线

图 9.12　具有低群速度和大带宽特性的慢光波导

于光子晶体的禁带效应，某些频率的光可以在由点缺陷所形成的光子晶体微腔内共振。当这些微腔被排列起来之后，光就可以通过腔与腔之间的耦合传播下去。当微腔之间的耦合比较弱的时候，光传播下去需要更长的时间，这样也就形成了慢光。一种典型的光子晶体耦合共振腔波导结构，如图 9.13 所示[25]。

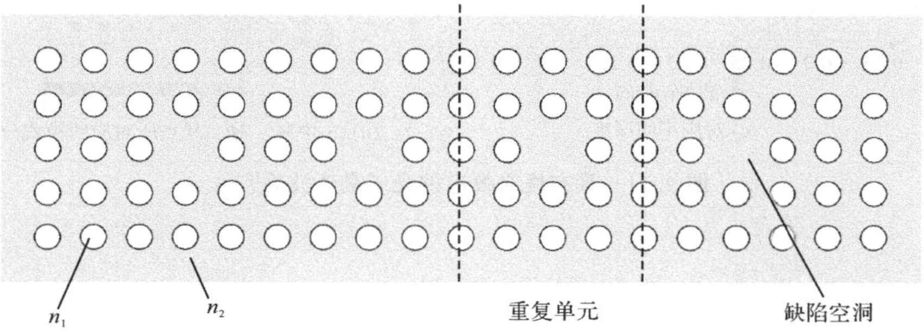

图 9.13　光子晶体耦合共振腔波导结构示意图[25]

最近，以负折射率光子晶体为包覆层、普通介质波导为中间层的结构实现了一种新型的慢光波导(见图 9.14)[26]。通过设计，光子晶体可实现特殊的色散曲线，光在其中的群速度和相速度方向相反，这使得在光子晶体界面上会发生负折射现象，相应的等效折射率是负的[11]。这个慢光波导可以等效成一种中间层为普通介质，上、下层为具有负折射率且无限厚度的平板波导，芯层的折射率大于光子晶体负等效折射率的绝对值。它的导波没有利用光子晶体带隙，而是利用了全内反射，在光子晶体与普通介质芯层的界面上发生全反射。全反射时，在光子晶体一侧仍是有能流传播的，不过它的方向是向后的(假设位相传播是向前的)，这与能流在普通介质芯层中的传播方向相反。这两者是相互耦合的，如果它们相互抵消，总能流的传播速度为零，就得到了零群速度，如图 9.14(b)中的 M_s点；如果光子晶体中的能流大于普通介质芯层中的能流，总的能流是向后的，相应群速度为负，如图 9.14(b)中的 M_b点；对于相反情况，总的能流是向前的，相应群速度为正，如图 9.14(b)中的 M_f点。另外，如果将慢光波导做成楔形结构，则在不同位置处对不同频率的光具有慢光效应(见图 9.15[26])。

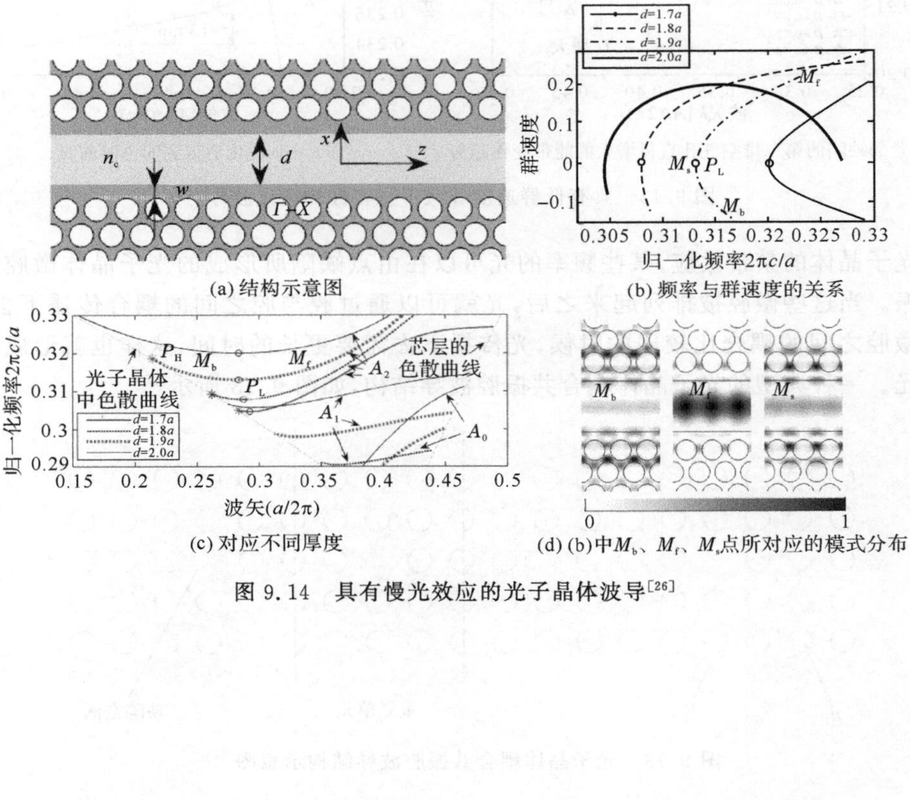

(a) 结构示意图　　(b) 频率与群速度的关系

(c) 对应不同厚度　　(d) (b)中M_b、M_f、M_s点所对应的模式分布

图 9.14　具有慢光效应的光子晶体波导[26]

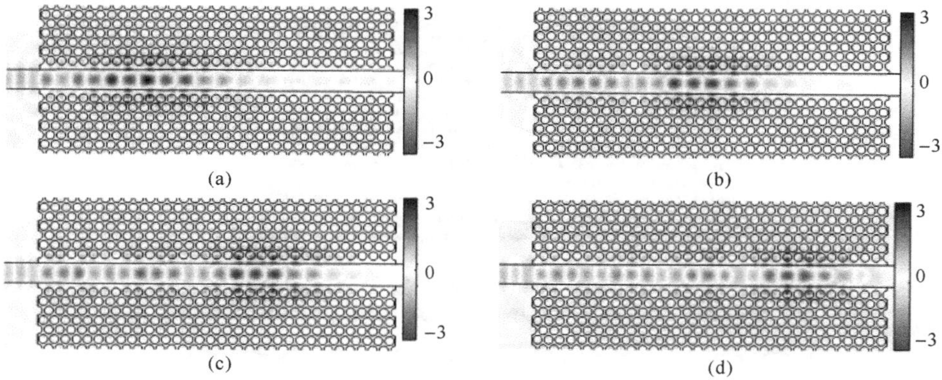

图 9.15　(a)、(b)、(c)、(d)分别对应四种不同频率的光波在慢光楔形波导中的传播模式[26]

9.3.5　光子晶体高 Q 值微腔

共振腔具有可以将光强烈地束缚在腔内的性质，在物理学和工程等许多领域得到了广泛的应用，例如超小型滤波器、低阈值激光器、密级波分复用光子芯片、非线性光学和量子信息处理。对于这些应用，很重要的一点就是共振腔要具有品质因子(Q)很高且模式体积(V)很小的特点。Q/V 这一比例决定了共振腔束缚光的效果，超小共振腔可以用于大规模集成，一直以来都是人们追求的目标。然而，在光波段品质因子很高的共振腔很难制作，这是因为辐射损耗会随着共振腔体积的减小而增加，而光子晶体共振腔为实现这一目标提供了可能。Noda 等基于二维硅光子晶体平板结构(见图 9.16)制作了在通信波长附近 Q 值高达 45000、V 只有 $7.0\times10^{-14}\ \text{cm}^{-3}$($Q/V$ 高达 $6.4\times10^{17}\ \text{cm}^{-3}$)的超小高 Q 腔[8]。

该共振腔的基本原理如下：由于光子带隙的作用，在某一频段内的光不能在光子晶体中传播，通过引入点缺陷，可以使得光场能够存在于光子晶体之中但仅仅局限于该点缺陷所处的位置，而不能传播。这样就形成了一个共振腔。Noda 等通过研究发现，如果点缺陷的边缘结构不是突然的截断而是一种缓慢的变化时，那么由该点缺陷形成的腔结构的辐射损耗就会大大减小。通过这一启发，他们将缺陷边缘的孔做了平移，使得电场呈现一种高斯型的分布(见图 9.17 [8])。通过对场分布做二维傅里时变换可以看出，几乎没有分量处于光锥之内，从而大大减小了辐射损耗，提高了 Q 值。

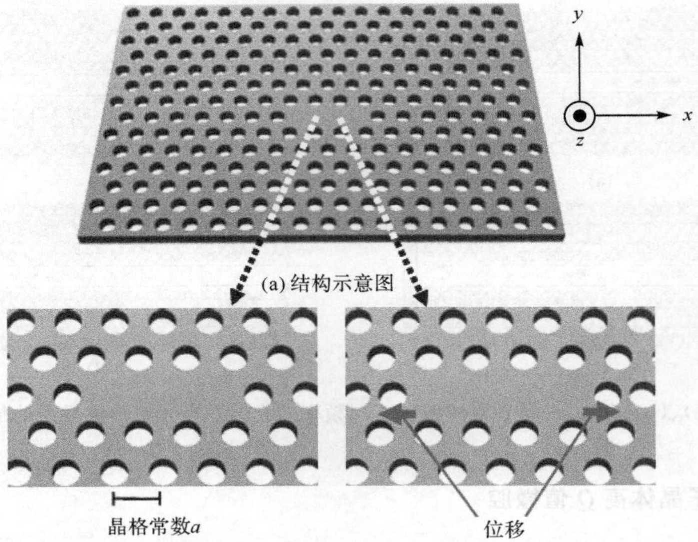

(b) 传统微腔结构　　(c) 改进的微腔结构

图 9.16　光子晶体高 Q 值微腔[8]

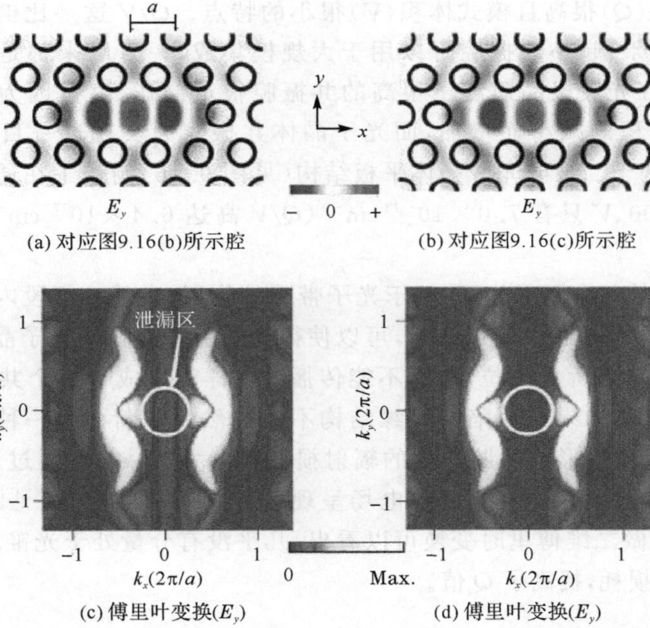

(c) 傅里叶变换(E_y)　　(d) 傅里叶变换(E_y)

图 9.17　微腔结构的电场 E_y 分布及对应的二维傅里叶变换[8]

[(a)、(c)对应传统微腔结构,(b)、(d)对应改进微腔结构]

9.4　光子晶体波导的制作

制作低传输损耗的光子晶体波导是基于光子晶体波导的器件能够得到实际应用的关键。经过近二十年的研究，已经发展了一系列的制作光子晶体的方法，但三维光子晶体的制作过程很复杂，特别是在可见光和红外波段制作这样的微结构，仍然困难重重。迄今为止，国际上已经报道了很多种制作三维光子晶体的方法，包括显微操纵、金相掠射角沉积、蛋白石反转、双光子光刻、通过堆积多层半导体介质膜结构的"积木法"、自组织亚微米介质球、激光快速成型等。图 19.18 给出几种典型的三维光子晶体的扫描电子显微镜照片。

(a) 显微操纵[27]

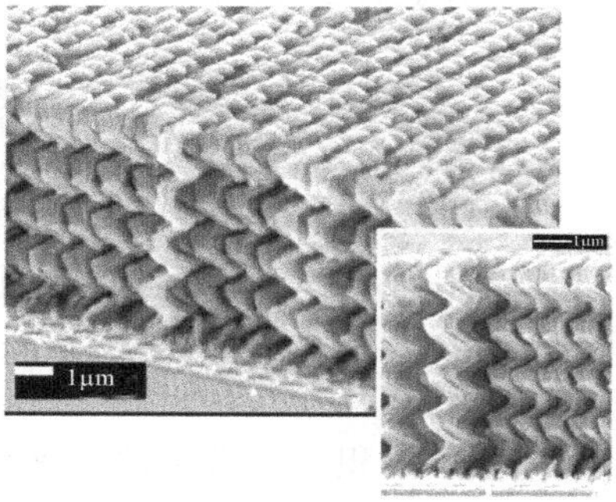

(b) 金相掠射角沉积[28]

(c) 蛋白石反转[29]

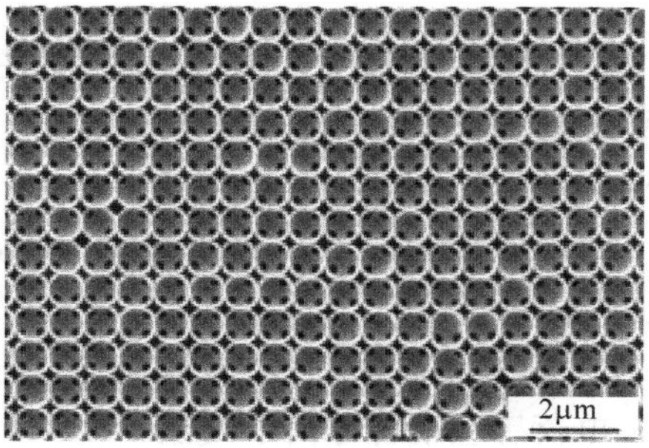

(d) 双光子光刻[30]

图 9.18　不同方法制作的光子晶体

相比于三维光子晶体，二维光子晶体的制作相对简单，可以利用平面光波导技术制作，目前已经实现的大多数光子晶体器件大多都是基于二维光子晶体结构的。

图 9.19 给出基于 InP 材料的二维光子晶体的制作步骤。基于其他材料的光子晶体的制作过程与之相类似，主要包括以下步骤：

(1) 薄膜淀积。需要制备构成平面波导的各层,常用的薄膜淀积工艺包括等离子增强型化学气相沉积(plasma enhanced chemical vapor deposition,PECVD)、金属有机化学气相沉积(metal organic chemical vapor deposition,MOCVD)、金属有机气相外延(metal organic vapor phase epitaxy,MOVPE)、溶胶凝胶法(sol-gel)等。

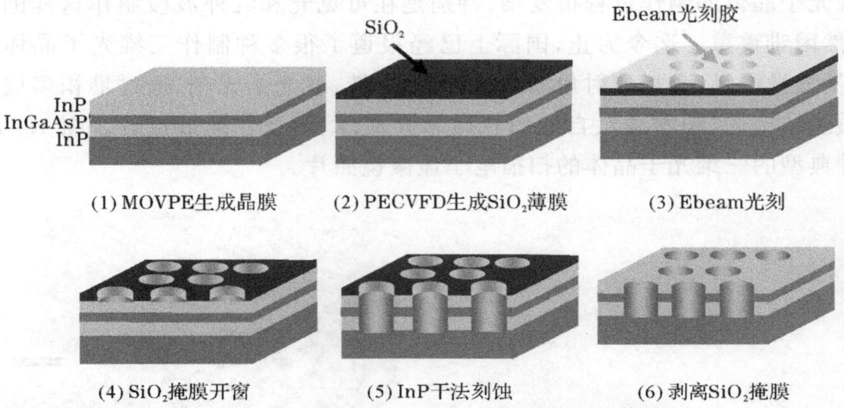

图 9.19　基于 InP 的二维光子晶体的制作步骤

(2) 掩膜层淀积。通常刻蚀深度比较深,光刻胶往往不能承担,此时需要在制作图案之前淀积一层 SiO_2 作为掩膜,然后再在这层 SiO_2 薄膜上制作所需要的图案。

(3) 图形制作。光子晶体器件工作在光波段,周期结构的孔径通常在数百纳米,所以必须采用精度很高的曝光方法。目前应用较多的方法包括深紫外光刻和电子束曝光。

(4) 图形转移。在图案制作完毕后,利用干法刻蚀,以光刻胶为掩膜将光刻胶上的图案转移到 SiO_2 层。

(5) 刻蚀。以 SiO_2 层作为掩膜,利用反应离子刻蚀(reactive ion etching,RIE)、电荷感应耦合等离子刻蚀(inductively coupled plasma,ICP)、化学辅助型离子刻蚀(chemically assisted ion beam etching,CAIBE)等工艺进行干法刻蚀。

(6) 去除掩膜。在刻蚀完成后,利用湿法工艺将掩膜层去除。

经过上述步骤后,再经过切割、端面研磨、抛光、封装等步骤,整个光子晶体波导器件的制作过程才真正完成。图 9.20 所示为利用 PLC 工艺制作的光子晶体 W3 波导 FP 型滤波器。

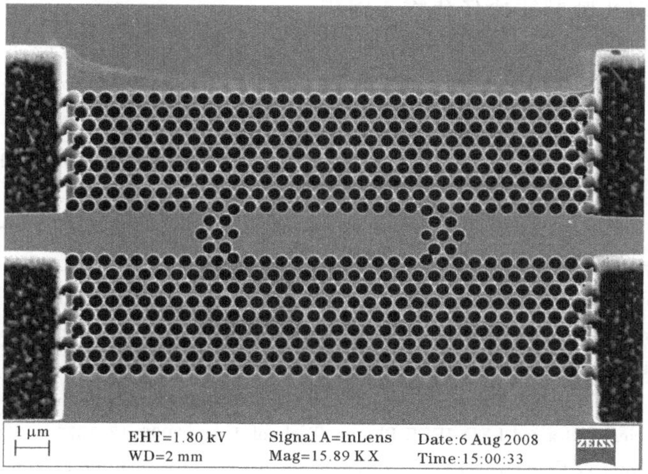

图 9.20　利用 PLC 工艺制作的光子晶体 W3 波导 FP 型滤波器的扫描电镜照片

9.5　本章小结与讨论

基于光子晶体波导可以实现导光、分光、滤光以及波分复用等很多功能。光子晶体的光子局域化、超强色散等性能，非常有利于光路集成。用光子晶体做成的光子集成芯片，有可能像集成电路对电子的控制一样对光子进行控制，从而实现全光信息处理，在全光通信网、光量子信息、光子计算机等诸多研究领域有着诱人的应用前景。

目前，光子晶体波导及其器件的理论设计的研究已经相当成熟，阻碍光子晶体波导实际应用的瓶颈就在于其实际损耗仍然比较高。光子晶体平板波导的损耗主要来自两个方面：面外损耗及制作工艺引起的损耗。对于垂直方向弱限制型波导结构（如 InP/InGaAsP/InP 波导），其光子晶体导模始终处于衬底线（substrate line）以上，因此对于这种结构面外损耗是不可避免的；而对于垂直方向强限制型波导结构（如 SOI 波导），可以合理选择光子晶体导模处于衬底线以下，这种结构的光子晶体直波导就不会存在面外损耗。但是当波导中引入弯曲时，光会被散射至空气中，引起大的面外损耗，所以在设计强限制型光子晶体波导时，应该尽量避免使用弯曲结构。工作于可见光波段的光子晶体波导器件典型尺寸通常为微米、亚微米量级，现有的制作技术在实现上仍存在一定的难度，光子晶体单元结构形状制作的不理想或者侧壁粗糙度比较大，都会引起一定的损耗，但随着研究的不断深入和制作技术的不断提高，相信一定会找到解决问题的有效途径。利用三维光子晶体的全方向禁带是光子晶体波导的一个发展方向，能很好地克服上述损耗问题，但目前实际制作还存在较大困难。

参 考 文 献

[1] Yablonovitch E. Inhibited spontaneous emission in solid state physics and electronics. Phys. Rev. Lett.，1987，58：2059－2062.

[2] John S. Strong localization of photons in certain disordered dielectric superlattices. Phys. Rev. Lett.，1987，58：2486－2489.

[3] Knight J C. Photonic crystal fibres. Nature，2003，424：847－851.

[4] Ao X，Liu L，Wosinski L，et al. Polarization beam splitter based on a two-dimensional photonic crystal of pillar type. Appl. Phys. Lett.，2006，89：171115.

[5] Kim K，Leisher P O，Danner A J，et al. Photonic crystal structure effect on the enhancement in the external quantum efficiency of a red LED. IEEE Photon. Technol. Lett.，2006，18：1876－1878.

[6] Srinivasan K，Painter O，Colombelli R，et al. Lasing mode pattern of a quantum cascade photonic crystal surface-emitting microcavity laser. Appl. Phys. Lett.，2004，84：4164－4166.

[7] Hart S D，Maskaly G R，Temelkuran B，et al. External reflection from omnidirectional dielectric mirror fibers. Science，2002，19：510－513.

[8] Akahane Y，Asano T，Song B，et al. High-Q photonic nanocavity in a two-dimensional photonic crystal. Nature，2003，425：944－947.

[9] Brown E R，Parker C D. Radiation properties of a planar antenna on a photonic-crystal substrate. Journal of Optical Society of America，1993，10：404－407.

[10] Kosaka H，Kawashima T，Tomita A，et al. Superprism phenomena in photonic crystals. Phys. Rev. B，1998，58：R10096－R10099.

[11] Notomi M. Theory of light propagation in strongly modulated photonic crystals：Refraction like behavior in the vicinity of the photonic band gap. Phys. Rev. B，2000，62：10696.

[12] Berrier A，Mulot M，Swillo M，et al. Negative refraction at infra-red wavelengths in a two-dimensional photonic crystal. Phys. Rev. Lett.，2004，93：073902.

[13] Bogaerts W. Nanophotonic Waveguides and Photonic Crystals in Silicon-on-Insulator [Ph. D. Thesis]. Ghent：Ghent University，2004.

[14] Talneau A，Agio M，Soukoulis C M，et al. High-bandwidth transmission of an efficient photonic-crystal mode converter. Opt. Lett.，2004，29：1745－1747.

[15] Sanchis P，Garcia J，Marti J，et al. Experimental demonstration of high coupling efficiency between wide ridge waveguides and single-mode photonic crystal waveguides. IEEE Photon. Technol. Lett.，2004，16：2272－2274.

[16] Lin S Y，Chow E，Bur J，et al. Low-loss，wide-angle Y splitter at ～1.6μm wavelengths built with a two-dimensional photonic crystal. Opt. Lett.，2004，27：1400－1402.

[17] Strasser P，Fluckiger R，Wuest R，et al. InP-based compact photonic crystal directional coupler with large operation range. Opt. Exp.，2007，15：8472－8478.

[18] Liu T，Zakharian A R，Fallahi M，et al. Multimode interference-based photonic crystal waveguide power splitter. J. Lightwave Technol.，2004，22：2842－2846.

[19] Niem T，Frandsen L H，Hede K K，et al. Wavelength-division demultiplexing using photonic crystal

waveguides. IEEE Photon. Technol. Lett. ,2006,18:226—228.

[20] Chung K B, Hong S W. Wavelength demultiplexers based on the superprism phenomena in photonic crystals. Appl. Phys. Lett. ,2002,81:1549—1551.

[21] Edilson A C, Harold M H C, Richard M D L R. 2D photonic crystal thermo-optic switch based on AlGaAs/GaAs epitaxial structure. Opt. Exp. ,2004,12:588—592.

[22] Mori D, Baba T. Wideband and low dispersion slow light by chirped photonic crystal coupled waveguide. Opt. Exp. ,2005,13:9398—9408.

[23] Li J, White T, Faolain L, et al. Systematic design of flat band slow light in photonic crystal waveguides. Opt. Exp. ,2008,16:6227—6232.

[24] Frandsen L, Lavrinenko A, Fage-Pedersen J, et al. Photonic crystal waveguides with semi-slow light and tailored dispersion properties. Opt. Exp. ,2006,14:9444—9450.

[25] Yariv A, Xu Y, Lee R, et al. Coupled-resonator optical waveguide: A proposal and analysis. Opt. Lett. , 1999,24:711—713.

[26] He J, Jin Y, Hong Z, et al. Slow light in a dielectric waveguide with negative-refractive-index photonic crystal cladding. Opt. Exp. ,2008,16:11077—11082.

[27] Aoki K, Miyazaki H T, Hirayama H, et al. Microassembly of semiconductor three-dimensional photonic crystals. Nature Materials,2003,2:117—121.

[28] Kennedy S R, Brett M J, Toader O, et al. Fabrication of tetragonal square spiral photonic crystals. Nano Lett. ,2002,2:59—62.

[29] Vlasov Y A, Bo X Z, Sturm J C, et al. On-chip natural assembly of silicon photonic bandgap crystals. Nature,2001,414:289—293.

[30] Cumpston B H, Ananthavel S P, Barlow S, et al. Two-photon polymerization initiators for the-dimensional optical data storage and microfabrication. Nature,1999,398:51—54.

第10章 硅光子学

10.1 概述

硅光子学(silicon photonics)是当前光子学的热门研究领域之一。它将硅材料和光子学结合在一起,形成一个独特的学科研究方向。其研究内容是在硅材料或硅基材料上实现各种光子功能器件的制作和集成。

硅光子学研究的历史可以追溯到20世纪80年代末至90年代初Soref和Petermann等所做的开创性工作[1~4]。在随后的90年代,硅光子学领域的研究获得了快速发展。但是这一时期的研究工作主要集中在无源器件,如定向耦合器[5]、MMI耦合器[6]、AWG[7]等。进入21世纪以来,随着人们对信息传输、处理等要求的不断提高,各国都加大了对硅光子学研究的投入,使其进入了一个蓬勃发展的新时期,尤其是研究重心由无源器件转变为有源器件(如激光器、调制器、探测器等),并取得了一系列举世瞩目的突破性成果。

硅光子学的研究初衷是希望能够采用现有的CMOS集成电路工艺制作光子器件。众所周知,当今CMOS集成电路技术非常成熟,大规模生产成本低廉,而CMOS技术采用的材料就是硅,其一系列加工工艺都是针对硅材料。在目前所有可制备的半导体材料中,硅晶片具有最高的晶体质量和最低的制作成本。因此,人们希望采用硅材料来制作光子器件,即在硅上实现各种光学功能,包括导波、发光、调制、探测等。

如第4章所述,硅基光波导具有优越的导波性能,并且可以制作各种无源光波导器件。但是由于其本身材料的局限性,硅很难实现发光、调制、探测等有源功能。这类有源功能器件大多采用Ⅲ-Ⅴ族或$LiNbO_3$材料。可见,硅本身并不是一种实现有源光器件的理想材料,但是实现光子器件和电子器件的材料及工艺兼容性仍然具有很大的吸引力,因而人们希望大力发展硅光子学。近几年通过研究人员的不懈努力,各种硅基有源器件相继问世,使硅光子学研究的成就达到了前所未有的高度,并吸引了越来越多的研究人员投身于这一领域的工作。尽管目前硅基有源器件在性能上与相应Ⅲ-Ⅴ族或$LiNbO_3$材料器件仍有较大差距,但这同时也预示着该领域具有巨大的发展潜力。

由于前述章节已对导波功能和无源器件作了深入讨论,并且大部分理论都适用于硅基无源器件,故本章主要介绍硅基有源器件,包括工作原理、性能参数以及最新进展等。有源器件的内容将涉及半导体物理的相关知识，特别是光子和电子相互作用的理论部分。为此，本章对这部分内容也会作相应的介绍。

由于硅光子学覆盖内容多、涉及知识面广（如物理、材料、器件等），限于篇幅，本章对一些基础知识仅作必要的概念性介绍，有兴趣的读者可以查阅相关的专业书籍以作深入理解。

10.2 半导体物理基础

10.2.1 晶体

固体由原子组成，若固体中的原子在空间上是呈周期性规则排列的，则称固体为晶体，反之则称为非晶体。由于晶体中原子排列的周期性，可以选取一个原子组合的基本单元，将这个基本单元通过平移操作能够充满整个晶体。这一原子组合的基本单元称为原胞。它们的尺寸由晶格常数 a 来确定，并且随晶体材料的不同而改变。整个晶体的结构（又称为晶格结构）可以看做是原胞在空间上的周期性重复排列。

晶体根据其对称性及原胞特性可以分成 7 个晶系和 14 种晶格原胞结构，其中重要的 3 种原胞如图 10.1 所示，分别为简单立方、体心立方和面心立方结构。

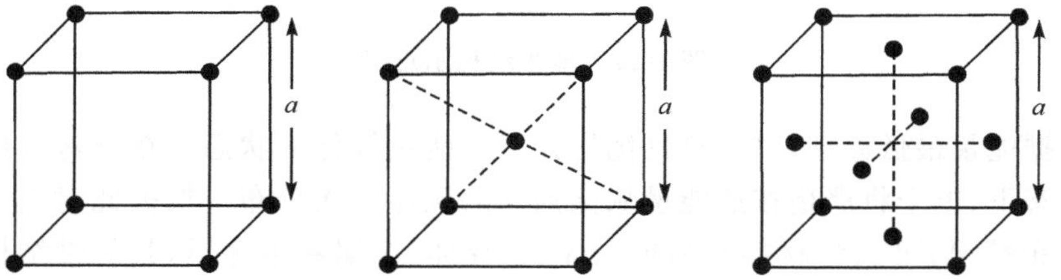

(a) 简单立方　(b) 体心立方　(c) 面心立方

图 10.1　三种重要的原胞结构

硅、锗的晶体都具有金刚石结构，属于面心立方晶格。而砷化镓（GaAs）、锑化铟（InSb）、硫化锌（ZnS）等许多化合物半导体虽都具有类似于金刚石结构的晶格，但是组成晶格的原子不是单一的，而是由两种不同原子构成，这种结构称为闪锌矿结构。

10.2.2 能带及材料的分类

本章所涉及的物质与光的相互作用，基本上是电子和光子的相互作用。因此，必须首先了解晶体中电子存在的状态和变化规律，而这些特性是由能带结构来决定的。

通过求解薛定谔方程，可以得到晶体的能带结构，即能量-动量关系（E-k 关系）。能带往往由三部分组成，能量较低的允许带为价带，能量较高的允许带为导带，价带和导带之间不允许电子存在的区域为禁带，如图 10.2 所示。其中，导带和价带都是允许电子存在的，而禁带是不允许电子存在的。价带中的电子呈束缚态，不能参与导电；而导带中的电子呈自由态，能够在固体内部自由运动，可以在外加电场的作用下形成电流。导带底和价带顶之间的能量差叫做禁带宽度（E_g），表示价带中的电子跃迁到导带所需要的最小能量。禁带宽度随外界温度的改变而改变。能带（包括价带和导带）实际上是由一系列分立的能级组成，但是这些能级相互之间的能量差很小，因此它们的整体可以看做是连续的能带。

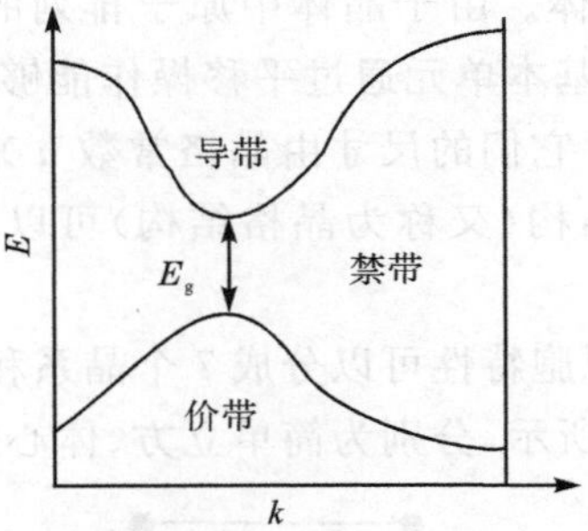

图 10.2　能带结构示意图

根据能量最低原理，电子总是优先分布于能量较低的状态。在绝对零度和热平衡状态下，电子将严格按照能量从低到高的顺序依次分布。根据此时电子在能带的分布情况，可以将材料分为绝缘体、半导体、金属和半金属，其能带结构如图 10.3 所示。在绝缘体中，价带被电子充满，导带没有电子存在，而且其禁带宽度很大，需要提供很大的能量才能使价带的电子跃迁到导带参与导电，所以导电性能很差，如图 10.3(a)所示。半导体的电子分布情况和绝缘体相同，只是其禁带宽度较小（一般小于 3eV），使价带电子跃迁到导带所需的能量较小，所以导电性能比绝缘体好，如图 10.3(b)所示。绝缘体和半导体的区别就在于禁带宽度大小的不同，并没有严格的区分界限。金属的一部分电子处于导带中，不需要外部提供能量就可以导电，如图 10.3(c)所示。还有一类称为半金属的材料，其导带底低于价带顶，一部分电子分布于导带中可以参与导电，其导电性能介于半导体和金属之间，如图 10.3(d)所示。

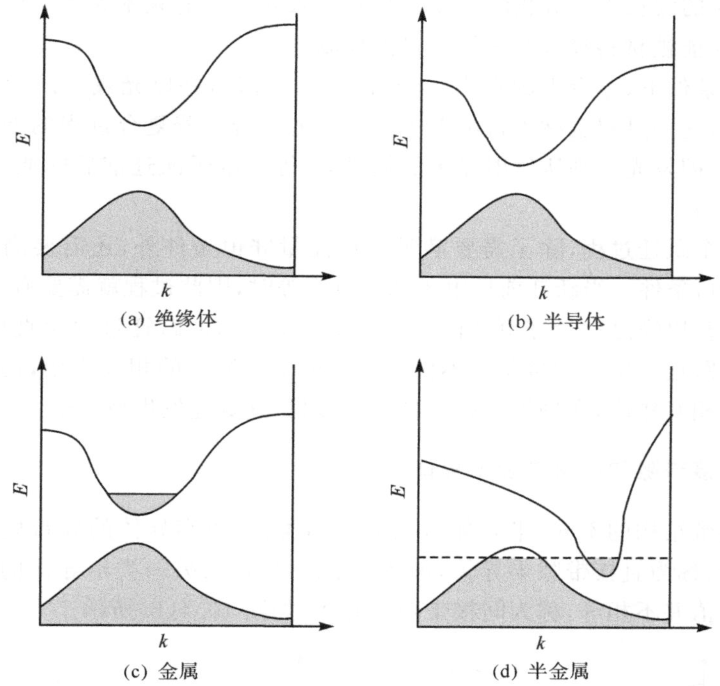

(a) 绝缘体　(b) 半导体

(c) 金属　(d) 半金属

图 10.3　几种材料的能带

10.2.3　电子的跃迁和空穴

如前所述，在绝对零度和热平衡状态下，半导体的导带中没有电子存在，是不导电的。当温度升高或存在光照时，价带中的部分电子将有可能吸收能量并克服 E_g 而跃迁到导带成为自由电子，并可以在外加电场的作用下做定向移动，从而形成电流。电子跃迁到导带后将在价带留下一个空位，叫做空穴，它是一种为讨论方便而假设的粒子。在外加电场的作用下，与空穴相邻的电子将填补空穴，并在原来自己的位置上产生一个新的空穴，这又被后续的电子继续填充，其总的效应就像是空穴在外加电场的作用下做与电子运动方向相反的定向移动，也形成电流。电子带负电，而空穴带正电，且两者定向移动的方向相反，故导带中自由电子定向移动所贡献的电子电流和价带中空穴定向移动所贡献的空穴电流方向相同，总电流等于两者之和。导带中的电子和价带中的空穴统称为载流子。

光电探测器的原理就是利用光照激发价带中的电子跃迁到导带，使其在外加电场的作用下形成电流。此时光子的能量必须满足

$$h\nu \geqslant E_g \tag{10.1}$$

式中，h 为普朗克常数(6.63×10^{-34}J·s)；ν 为光子的频率。$\nu_c=E_g/h$，ν_c 称为截止

频率,其对应的波长称为截止波长 λ_c。只有当入射光子的频率大于 ν_c 或波长小于 λ_c 时,光子才能被材料吸收并激发出自由载流子。

在一定条件下,导带中的自由电子将跃迁回价带,并以光或热的形式释放出多余的能量,这一过程也称为自由电子和空穴的复合。若复合过程的能量以光子的形式释放(即发光),则所发射光子的能量 $h\nu$ 等于电子跃迁前后的能量差,必定满足式(10.1)。

以上两个跃迁过程,除了需要满足上述能量守恒条件外,还需要满足动量守恒(即 k 守恒)条件。当跃迁前后电子的 k 值不等时,则此过程就需要有声子(晶格振动)的参与,以满足动量守恒条件。不需要声子参与的跃迁过程叫直接跃迁,否则称为间接跃迁。由于间接跃迁不仅有赖于电子和光子的相互作用,还有赖于电子和晶格的相互作用,在理论上是一种二级过程,其跃迁发生概率很低。

10.2.4 直接带隙和间接带隙半导体

根据能带结构的不同,半导体可以分为两类:一类半导体的导带底和价带顶的 k 值相等,称为直接带隙半导体,如图 10.4(a)所示;另一类半导体的导带底和价带顶的 k 值并不相等,称为间接带隙半导体,如图 10.4(b)所示。

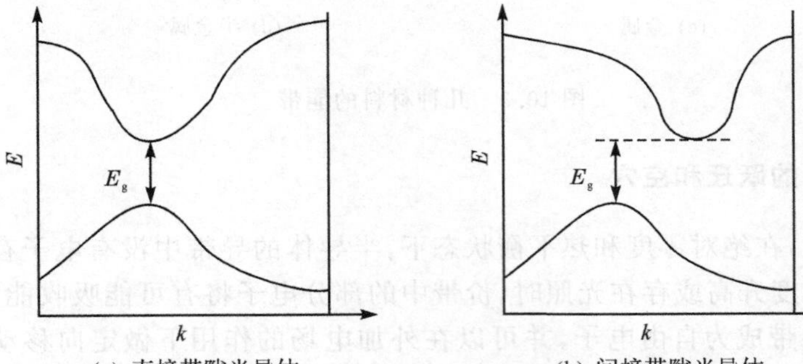

图 10.4 两种典型半导体的能带结构

直接带隙半导体的光电转换效率和发光效率均较高,既可以做探测器又可以做激光器。而间接带隙半导体的发光过程需要声子参与,效率很低,一般认为是不发光的,但可以制作探测器。

10.2.5 硅材料的特性

从结构上来看,硅可以分成单晶硅(crystalline silicon, c-Si)、多晶硅(polycrystalline silicon, poly-Si)、微晶硅(microcrystalline silicon, μc-Si)和非晶硅(amorphous silicon, α-Si)。前面讨论的晶体指的是:在整块晶体中,原子按照同一

种方式排列，整个材料被一个晶格结构所贯穿，故称为单晶。当一块材料由若干个不同取向的小单晶组成时，则称为多晶。多晶材料中的小单晶称为晶粒；晶粒尺寸大到厘米量级，小到纳米量级，小于 1μm 的晶粒称为微晶。当晶粒越来越小，以至晶粒小到内部原子与边界原子的区别消失时，称为非晶。单晶硅由于对 1.31μm和 1.55μm 通信波长的损耗极小，因此在这些波段可以作为优良的光波导材料；但多晶硅由于晶粒边界对光的散射，会产生较大的光学损耗；非晶硅（又称为无定形硅）内部没有晶粒边界，但经常含有一些吸收光的杂质成分，光学损耗介于单晶硅和多晶硅之间。在特定条件下，如热处理[8]或紫外线照射[9]时，非晶硅会晶化，转化为多晶硅。

另外，半导体可以通过掺杂的方式引入一些杂质，从而改变其特性。对于硅来说，最常见的是引入硼和磷的杂质，分别形成 p 型硅(p-Si)和 n 型硅(n-Si)。当以上两种类型的硅接触时，两种杂质会相互扩散并形成势垒区，即产生 p-n 结。p-n 结广泛应用于电子器件和光电子器件的制作中。没有被掺杂过的纯净硅称为本征硅(i-Si)。事实上，完全纯净的硅是不存在的，只是因为其杂质浓度很低，所以认为是纯净的。

硅是一种间接带隙半导体，因此硅本身不能通过传统的带间载流子复合效应进行发光。在一个标准大气压和室温条件下，硅的禁带宽度 $E_g=1.12\text{eV}$，由此可以计算出硅吸收光子的截止波长为 1.1μm。因此，硅材料对于 1.31μm 和 1.55μm 光波段是透明的。这也决定了硅可以用来制作以上波段的光波导器件，却不能制作探测器。此外，硅的晶格具有中心对称性，因此不具有二阶非线性效应，包括一次电光效应——泡克耳斯效应。这就决定了在硅上无法实现经典的电光调制器。

鉴于以上原因，硅通常被认为不适合作为光学材料，但研究人员通过其他途径弥补了硅材料性能的局限性，并成功研制出各种硅基有源器件。

10.3　硅基拉曼激光器

如前所述，硅的间接带隙结构制约了硅的发光特性，使其无法通过传统的载流子复合效应进行发光。然而，可以通过其他方式促使硅发光，甚至发射激光，利用硅的受激拉曼效应就是其中一例。

10.3.1　拉曼散射和受激拉曼散射

拉曼散射[10]是一种三阶非线性效应。当一束频率为 ω_p 的光波照射特定物质时，在散射的辐射中，存在着产生了频移的光子（其频率变为 ω_s），频率差（$\omega_p-\omega_s=\omega_v$）等于被照射物质分子的共振频率。当 $\omega_p>\omega_s$ 时，这种散射叫做斯托克斯散射;当 $\omega_p < \omega_s$ 时,这种散射叫做反斯托克斯散射,其强度通常比斯托克斯散射小几个数量级。这两种类型的散射统称为拉曼散射,其能级图如图 10.5 所示。图 10.5(a)表示分子原来处于基态 $\nu=0$ 上,在吸收一个频率为 ω_p 的入射光子的同时发射一个频率为 $\omega_s(=\omega_p-\omega_\nu)$ 的斯托克斯光子,然后分子被激发到 $\nu=1$ 的振动能级上;图 10.5(b)表示分子原来处于 $\nu=1$ 的激发态上,散射的反斯托克斯光的频率 $\omega_{as}=\omega_p+\omega_\nu$。

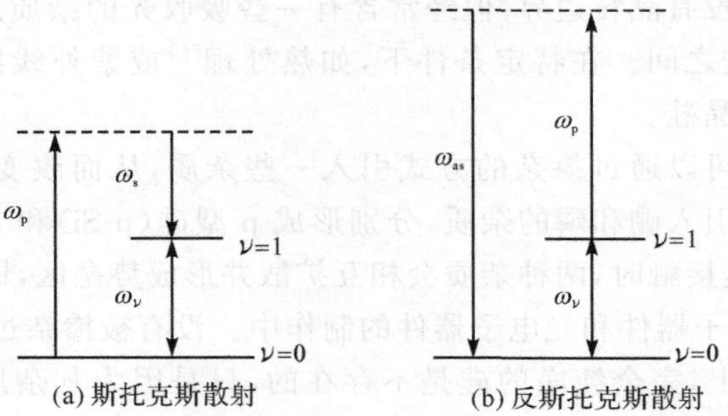

图 10.5　拉曼散射

对于普通的拉曼散射而言,不论是斯托克斯散射还是反斯托克斯散射,都是非相干辐射。可是用强激光照射某些介质时,在一定的条件下,散射光具有受激的性质,这就是受激拉曼散射(stimulated Raman scattering,SRS)。受激散射光具有方向性、单色性、高强度性等特点,为相干辐射。而且受激拉曼散射具有明显的阈值性,即只有当入射激光束的光强或功率密度超过一定的泵浦阈值后,才能产生受激拉曼散射效应。

硅具有很强的受激拉曼散射效应(其斯托克斯频移为 15.6THz),比 SiO_2 光纤高三个数量级。因此,可以利用受激拉曼散射效应来实现硅基激光器。然而一段时间内,硅基拉曼激光器只局限于脉冲工作模式,而不能实现连续工作模式,故无法应用于实际的通信和互联系统。这种局限性源于硅对光的非线性吸收,即双光子吸收所产生的自由载流子对信号光的吸收。

10.3.2　双光子吸收和自由载流子吸收

双光子吸收[10]是一种三阶非线性效应。当具有频率为 ν_1 和 ν_2 的两束波通过非线性介质时,如果 $\nu_1+\nu_2$ 接近介质的某个跃迁频率,就会发现两束光都衰减,这是因为介质同时吸收两个光子而引起两束波的衰减(从每一束波中各吸收一个光子),这就是双光子吸收过程。此过程如图 10.6 所示,价带中的电子同时吸收两个入射光子而跃迁到导带成为自由电子,跃迁前后的能量差等于所吸收的两个光子能量之和。双光子吸收的几率和入射光场强度的平方成正比,因此只有在入射光能量很强时(如受激拉曼散射中的泵浦光),双光子吸收才会发生。

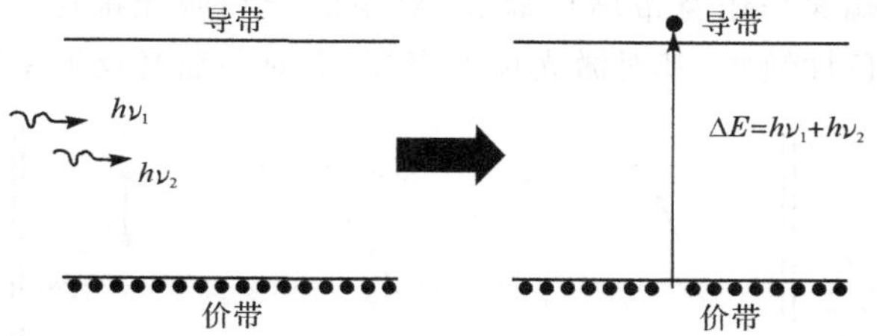

图 10.6　双光子吸收过程

对于硅而言,其禁带宽度大于通信波段受激拉曼散射中的泵浦光子能量,但却小于泵浦光子能量的两倍。因此,硅中不会发生泵浦光的线性吸收,但会发生双光子吸收。而此波段的双光子吸收还需要声子的参与以实现间接跃迁,故硅的双光子吸收效率很低[11]。尽管双光子吸收不会直接使泵浦光产生很大的损耗,但是这一过程会产生大量的自由载流子,这些自由载流子会强烈地吸收泵浦光及受激拉曼散射所产生的斯托克斯光[12]。自由载流子吸收的过程如图 10.7 所示。

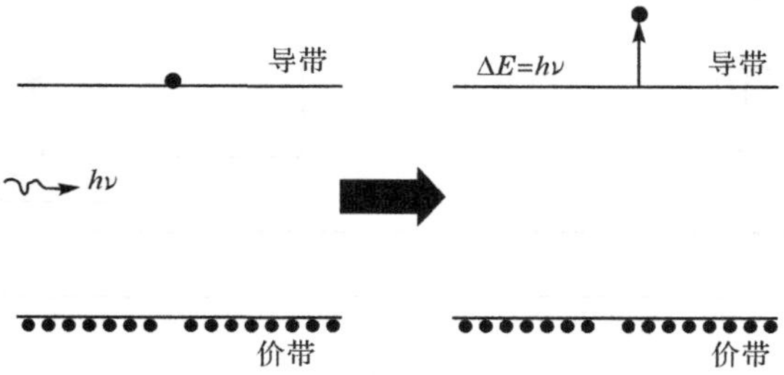

图 10.7　自由载流子吸收过程

在脉冲工作模式下的受激拉曼散射,由于自由载流子不会累积起来,因此可以产生斯托克斯光的增益和谐振,即产生激光;而在连续工作模式下,自由载流子会大量累积,从而强烈的吸收泵浦光和斯托克斯光,使其无法产生激光。

为了减少自由载流子,实现连续工作模式的受激拉曼激光器,必须设法减小自由载流子的有效寿命。通常有以下方法:①通过离子注入在硅中引入缺陷或复合中心,增加载流子的复合概率;②采用小截面的光波导结构,增强载流子的表面复合;③施加外部电压,将产生的载流子扫除到远离光场的区域。

10.3.3　硅基拉曼激光器

通过施加外部电压减小自由载流子的有效寿命,可以实现连续工作模式的硅基拉曼激光器,其结构如图 10.8 所示[13]。激光器采用 SOI 脊形波导作为增益介质，波导两侧分别进行 n 型和 p 型掺杂，形成一个 p-i-n 结构，并施加外部反向偏压。器件的一个端面采用宽带增反镀膜，对泵浦光和激光都保持高反射率；另一个端面采用二向色性镀膜，其对激光反射率高，而对泵浦光反射率较低。

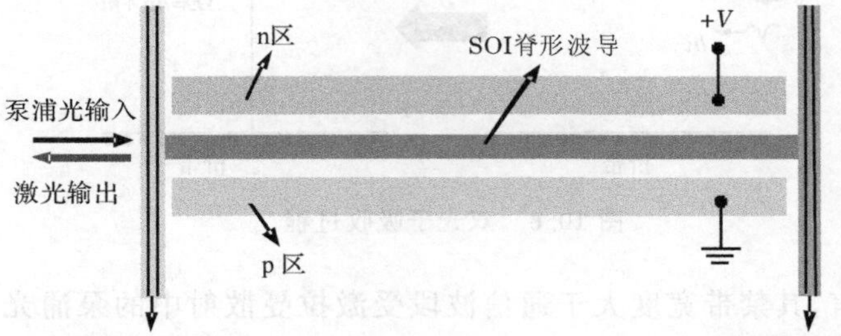

图 10.8　硅基拉曼激光器结构图

SOI 脊形波导的截面如图 10.9 所示。采用小截面的波导有利于减小泵浦光功率，但会增大波导的传播损耗，这是设计波导需要考虑的问题。p 和 n 掺杂区距离波导区域需足够远，以保证掺杂引起的光损耗可以忽略。

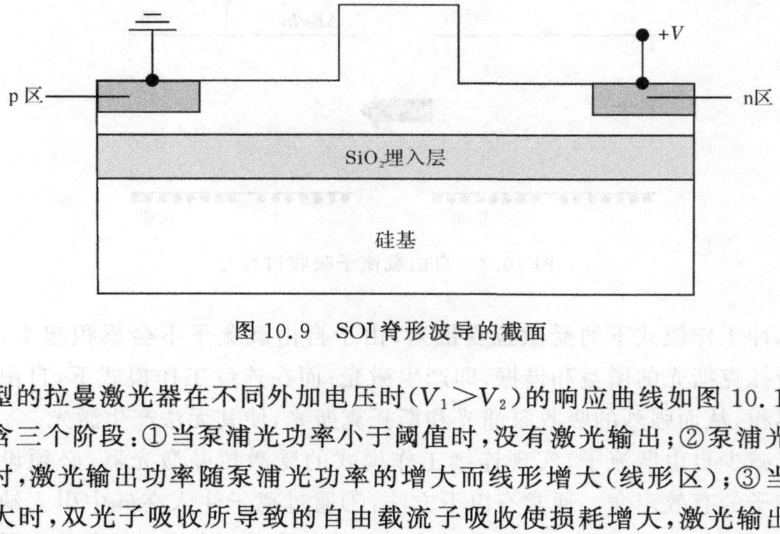

图 10.9　SOI 脊形波导的截面

典型的拉曼激光器在不同外加电压时($V_1>V_2$)的响应曲线如图 10.10 所示。曲线包含三个阶段：①当泵浦光功率小于阈值时，没有激光输出；②泵浦光功率大于阈值时，激光输出功率随泵浦光功率的增大而线形增大(线形区)；③当泵浦功率足够大时，双光子吸收所导致的自由载流子吸收使损耗增大，激光输出呈现饱和状态(饱和区)。外加电压增大时，自由载流子的有效寿命降低，从而降低损耗。因此，泵浦光阈值功率更低，激光输出功率更高，斜率效率(线形区每消耗单位泵浦光功率所产生的激光输出功率)也更大。

连续工作模式硅基拉曼激光器的斜率效率随外加电压的增大而增大，但一般仍小于 5%。通过对激光腔镜、腔长、波导截面以及 p-i-n 结构的优化设计，可以进一步改进拉曼激光器的性能。

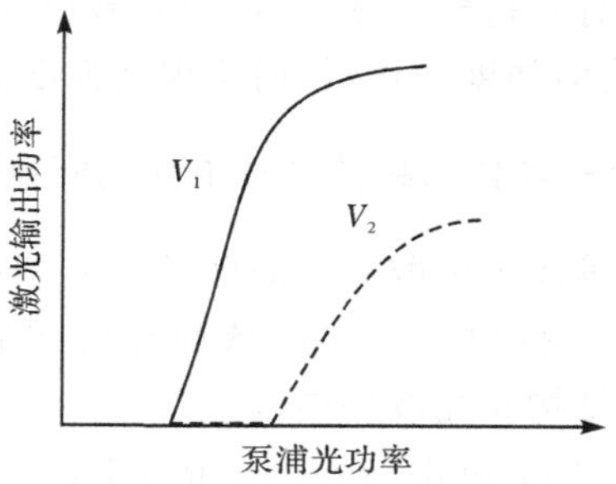

图 10.10 拉曼激光器的响应曲线

10.4 硅基电光调制器

在各种调制器中，电光调制器具有最快的速度，是光通信和互联系统中应用范围最广的类型。电光调制器最常用的材料是 $LiNbO_3$，因其具有很强的一次电光效应，适合于高速电光调制。由于晶格对称性，硅不具有一次电光效应，不能用来制作经典的电光调制器，但是利用硅的自由载流子等离子色散效应(free carrier plasma dispersion effect)，也可以实现硅基电光调制器。

10.4.1 自由载流子等离子色散效应

介质中自由载流子的浓度变化会引起光学特性(包括折射率和吸收系数)的变化，这就是自由载流子等离子色散效应。具体公式表述为[2]

$$\Delta n = -\frac{e^2\lambda^2}{8\pi^2 c^2 \varepsilon_0 n}\left(\frac{\Delta N_e}{m_{ce}^*} + \frac{\Delta N_h}{m_{ch}^*}\right) \tag{10.2}$$

$$\Delta\alpha = -\frac{e^3\lambda^2}{4\pi^2 c^3 \varepsilon_0 n}\left(\frac{\Delta N_e}{m_{ce}^{*2}\mu_e} + \frac{\Delta N_h}{m_{ch}^{*2}\mu_h}\right) \tag{10.3}$$

式中，Δn 和 $\Delta\alpha$ 分别为折射率和吸收系数的变化量；e 为电子电量；λ、c、ε_0 分别为真空中的光波长、光速和介电常数；n 为本征折射率；ΔN_e 和 ΔN_h 分别为电子和空穴浓度的变化量；$m_{ce}{}^*$ 和 $m_{ch}{}^*$ 分别为电子和空穴的有效质量；μ_e 和 μ_h 分别为电子和空穴的迁移率。

在 1.55μm 波段，实验得到的表述硅中自由载流子等离子色散效应的公式为[14]

$$\Delta n = -8.8\times 10^{-22}\Delta N_e - 8.5\times 10^{-18}(\Delta N_h)^{0.8} \tag{10.4}$$

$$\Delta\alpha = 8.5\times 10^{-18}\Delta N_e + 6.0\times 10^{-18}\Delta N_h \tag{10.5}$$

式中，ΔN_e 和 ΔN_h 的单位为 cm^{-3}；$\Delta\alpha$ 的单位为 cm^{-1}。

载流子浓度的变化可以通过施加外部电压的方式来实现。介质折射率的变化将引起其中光波模式的有效折射率变化，从而导致位相变化。通过设计特定的结构，可以将位相变化转化为强度变化，从而实现光强度的电光调制。

10.4.2 基于马赫-曾德尔干涉仪结构的硅基电光调制器[15]

对于利用自由载流子等离子色散效应的硅基电光调制器而言，如何实现有效的自由载流子浓度控制以及折射率变化区域和光模式的有效耦合是关键问题。这就必须设计合理的电极结构和光波导结构。

采用金属氧化物半导体(metal-oxide-semiconductor，MOS)电容结构是一种有效的方案，其光波导截面如图10.11所示。在SOI上面沉积一层多晶硅，其和SOI的顶层硅一起构成脊形波导结构。在这两层硅之间夹了一层很薄的SiO_2(厚度在纳米量级)，从而形成电容结构。在和金属电极接触的区域采用重掺杂(即n^+和p^+区)以形成良好的低电阻欧姆接触。金属电极距离波导区域需足够远，以保证其产生的光学损耗可以忽略。

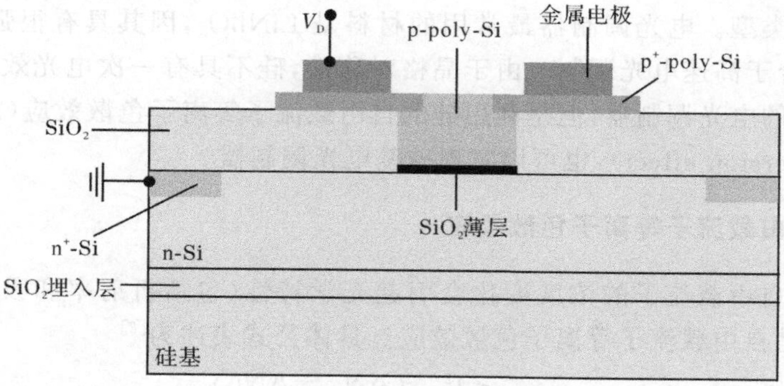

图10.11 MOS电容结构的波导截面

当施加外部电压V_D时，载流子将注入硅波导区域，并堆积在SiO_2薄层两侧，即电容的充电过程。此时SiO_2薄层两侧的载流子浓度增大，其变化量为

$$\Delta N_e = \Delta N_h = \frac{\varepsilon_0 \varepsilon_r}{e t_{ox} t}(V_D - V_{FB}) \tag{10.6}$$

式中，ε_0和ε_r分别为真空中的介电常数和SiO_2的相对介电常数；e为电子电量；t_{ox}为SiO_2薄层的厚度；t为有效电荷层厚度；V_{FB}为MOS电容的平带电压。

SiO_2薄层两侧的载流子浓度变化将引起硅波导局部区域的折射率按照式(10.4)的规律改变，并引发光波模式的有效折射率n_{eff}变化，随之导致光波位相的变化量为

$$\Delta\varphi = \frac{2\pi}{\lambda}\Delta n_{eff} L \tag{10.7}$$

式中，L为带有MOS电容结构的光波导长度；λ为真空中的光波长。

当外部电压 V_D 撤除时，载流子浓度和折射率又恢复到初始状态，从而实现了电光调制。采用 MOS 电容的好处在于可以达到高速调制，这是因为在载流子的堆积过程中没有涉及载流子的产生/复合过程(通常比较慢)。

为了将位相调制转化为强度调制，可以采用马赫-曾德尔干涉仪结构，如图 10.12 所示。图中的阴影区域为加入 MOS 电容结构的光波导，其他区域为普通光波导。在干涉的两臂都加入相同长度的 MOS 电容光波导，是为了平衡两臂的损耗，以达到较高的调制消光比。在实际工作中，只对其中一个干涉臂施加电压，使此干涉臂内传播的光波产生 π 相移，导致两干涉臂的光波在输出端干涉相消，即对应“0”信号；撤除电压，两干涉臂的光波在输出端干涉相长，即对应“1”信号。

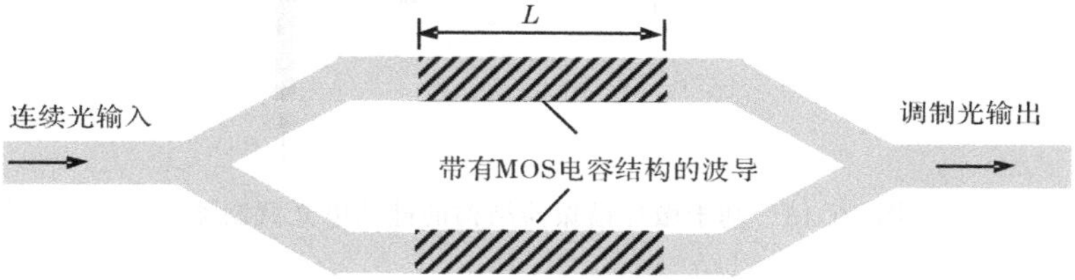

图 10.12 基于马赫-曾德尔干涉仪结构的电光调制器

图 10.11 所示的 MOS 电容光波导，其载流子浓度的变化只发生在波导中很小的一块区域，由此所引发的光波模式有效折射率变化量 Δn_{eff} 很小。由式(10.7)可知，带有 MOS 电容结构的光波导长度 L 需要很大，从而导致整个器件尺寸也很大，通常在厘米量级。

上述硅基马赫-曾德尔干涉仪电光调制器最初的调制带宽为 1GHz。通过改进材料质量、器件设计和驱动电路等，目前调制速度已经达到 40Gbps[16]。

10.4.3 基于微环谐振器结构的硅基电光调制器[17]

微环谐振器的透射率对波长非常敏感，在谐振波长处会有一个透过率极小值，而在其他波长处透过率很大。而谐振波长对折射率的变化非常敏感，因此可以采用微环谐振器结构实现硅基电光调制器。

这种电光调制器的结构如图 10.13 所示。器件采用一个 p-i-n 结构。与 MOS 电容结构相比，p-i-n 结构使折射率变化区域和光场重叠得更多，增强了调制效果。为了减小杂质的吸收损耗，重掺杂区域(n^+ 区和 p^+ 区)距离微环波导需足够远。

施加不同正向电压 V_F 时，输出端的透射光谱如图 10.14 所示。V_{F1} 比 p-i-n 结的内建电势小得多，故此时的电流很小，载流子浓度基本不变，微环谐振器保持原有的透射光谱图样。施加更大的电压 V_{F2} 时，出现明显的电流，注入波导区的载流子增多。由式(10.4)可知，波导区域的折射率将减小，导致谐振波长发生蓝移。

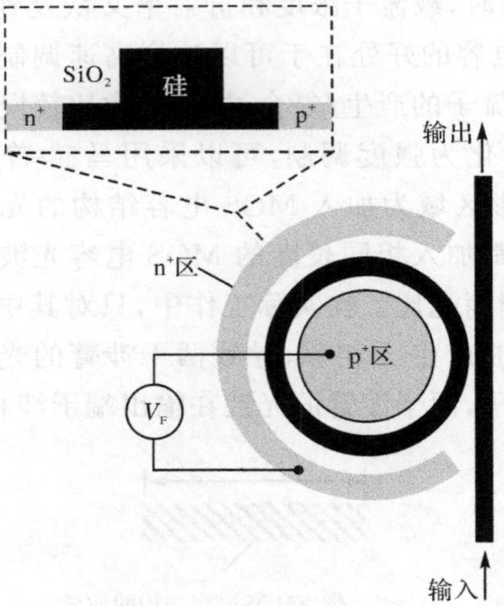

图 10.13　基于微环谐振器结构的硅基电光调制器

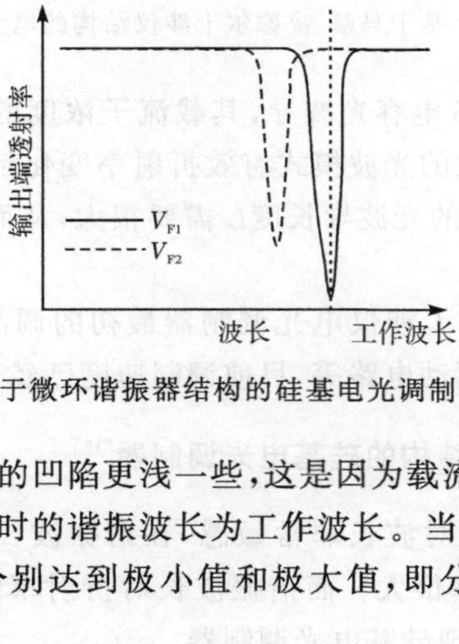

图 10.14　基于微环谐振器结构的硅基电光调制器的透射光谱

施加电压 V_{F2} 时谐振波长的凹陷更浅一些，这是因为载流子浓度增大，导致光损耗增大。可以选取施加 V_{F1} 时的谐振波长为工作波长。当施加电压 V_{F1} 和 V_{F2} 时，这一工作波长的透射率将分别达到极小值和极大值，即分别对应"0"信号和"1"信号，从而实现电光调制。

由于微环谐振器的尺寸很小(直径为十几微米)，因此整个器件的尺寸也很小，比前述的马赫-曾德尔干涉仪型硅基电光调制器小三个数量级。另外，这种调制器的折射率变化区域和光场重叠很多，加之其敏感的谐振特性，使调制效率非常高，显著降低了驱动电压和功耗。

但是这种谐振结构对温度变化非常敏感，很容易因为温度变化引起的折射率改变而导致谐振波长漂移，使器件失效。因此，使用时需要配备温控装置。

10.5 硅基光电探测器

硅作为一种间接带隙半导体，虽然不能通过载流子的带间复合而发光，但却可以制作探测器。事实上，硅材料广泛应用于可见光和近红外波段（波长小于900nm）光电探测器的制作。但是硅的禁带宽度 $E_g=1.12\text{eV}$，由式(10.1)可知，硅所能吸收光子的截止波长为 1.1μm。因此，硅材料对于 1.31μm 和 1.55μm 光波段是透明的，不能制作相应波段的探测器。这些波段的探测器通常采用Ⅲ-Ⅴ族化合物材料。为了降低成本以及便于实现和电路的集成，必须发展通信波段（1.31μm 和 1.55μm 光波段）硅基光电探测器。

10.5.1 硅基锗探测器

锗(Ge)也是 CMOS 工艺中常用的一种材料。锗和硅一样，也是间接带隙半导体，但是它的禁带宽度较小，可以吸收波长更大的光子。锗最小的直接带隙为0.805eV，对应于波长 1.55μm 的光子能量。因此，锗可以吸收波长最大至1.55μm 的光子，并实现电子从价带到导带的直接跃迁，实现通信波段的光电探测器。

直接在硅上生长锗是困难的，这是因为两者之间具有 4.2%的晶格失配量，会使生长的膜层产生应力而导致位错缺陷。为了克服这种困难，通常的办法是先在硅上生长几层组分渐变的 SiGe 缓冲层，再生长锗，以达到材料和晶格的缓慢过渡，消除应力和缺陷，如图 10.15 所示。但是，缓冲层厚度通常会达到几微米，这很不利于和其他器件的集成。

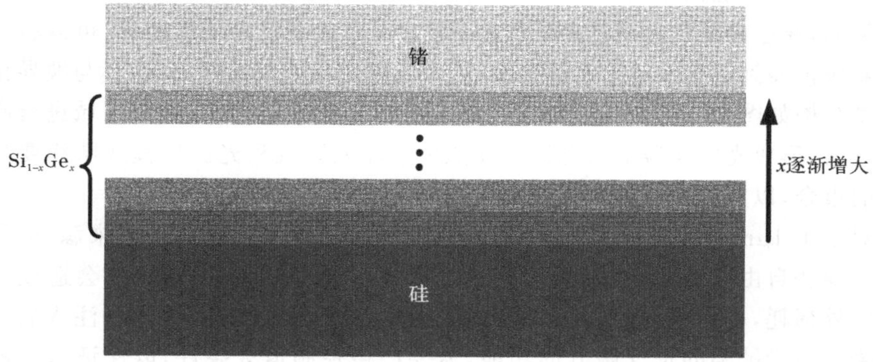

图 10.15 通过生长 SiGe 缓冲层的方法在硅上生长锗

后来研究人员发展了采用超高真空化学气相沉积(ultra-high-vacuum chemical vapor deposition，UHV-CVD)方法在硅上直接生长高质量锗膜的技术[18]。通过采用先低温、后高温的两步生长和高、低温循环退火的工艺，将位错密度从约 $1\times10^9 cm^{-2}$ 降到约 $1\times10^7 cm^{-2}$。

如前所述，锗的吸收带边在 1550nm 附近，使其探测范围只能覆盖 C 波段（1528～1561nm）。为了使锗探测器也能适用于 L 波段（1561～1620nm），必须设法减小锗的直接带隙。这可以通过引入应力来实现。因为锗的热膨胀系数比硅大，在硅上生长锗膜后将温度降至室温，锗膜中将产生张力。引入应力后，锗的能带结构将发生变化，其直接带隙会减小。例如，在锗中引入 0.24% 的张力将使直接带隙减小至 0.7656eV 左右，对应的吸收带边为 1620nm，从而覆盖整个 L 波段[19]。

10.5.2　硅基离子注入探测器[20,21]

通过离子注入等方式，可以在硅中引入杂质或缺陷，从而在硅的禁带中形成一些缺陷能级。缺陷能级上的电子和空穴可以吸收光子能量，并跃迁到导带或价带，成为自由载流子参与导电，如图 10.16 所示。缺陷能级的吸收光谱是连续谱，并具有长波吸收限 ν_0，相应能量对应于缺陷能级上电子或空穴的电离能，即 $\Delta E_i = h\nu_0$。由于 ΔE_i 小于 E_g，所以缺陷半导体可以吸收波长更大的光子并激发出自由载流子，而这些光子通常不能被相应的本征半导体所吸收。

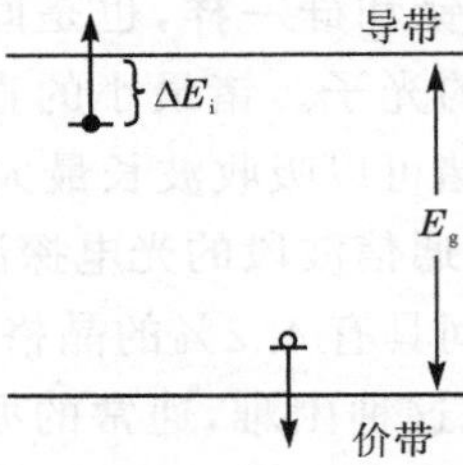

图 10.16　缺陷能级上电子和空穴的跃迁

例如，通过高能（≈1MeV）离子注入的方式在硅中引入缺陷能级，可以将硅的红外响应扩展到 1.55μm 或更长波段，从而制作这些波段的探测器，其与波导集成的典型结构如图 10.17 所示。器件一般采用 SOI 波导结构，在脊形区域进行高能离子注入，形成光电响应的有源区。高能离子注入区域和光波导模式图样要尽可能多的重合，以实现高效的光生载流子产生。

对于 1.1μm 以上的波长，硅中的缺陷能级是产生光生载流子的来源，但是缺陷也会俘获自由载流子，使其无法到达电极而形成电流。另外，缺陷会造成光能量的额外损耗，也是不利的。通过后续的退火工艺可以有效减少离子注入后产生的缺陷。由于缺陷的正反两方面功能，需要严格控制退火条件，以保证适中的缺陷数量。

硅基离子注入探测器的响应率（输出光电流与输入光功率的比值）通常较低，一般小于 0.1A/W；其响应速度也较慢，通常约为 1MHz。因此，这种探测器只能应用于信道功率监测等领域。

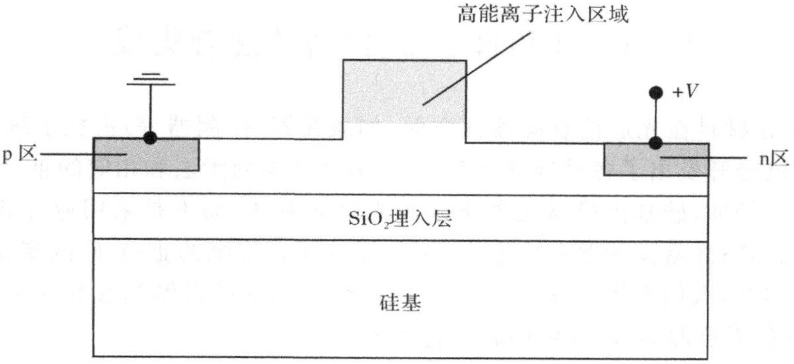

图 10.17　硅基波导型离子注入探测器

10.5.3　波导和探测器的耦合

探测器按照光入射方式,可以分为面入射型和端入射型。光从自由空间入射到探测器,叫做面入射型;通过波导把光导入探测器,叫做端入射型。为了实现无源器件和探测器的单片集成,在同一个芯片上实现各种功能,只能采用端入射型探测器。对于波导和探测器分别采用不同材料的端入射型探测器(如硅基锗探测器),必须有效解决波导和探测器的耦合问题。

典型的耦合方式包括端对端的直接耦合和泄漏波耦合。在端对端的直接耦合方式中,波导末端紧跟探测器,如图 10.18(a)所示。这种耦合方式效率很高。但是为了满足波导和探测器的对准要求,必须采用复杂的工艺来实现精确的结构。另外,在波导和探测器的交界面上会产生反射,尤其是两者折射率相差较大时,需要镀减反膜来消除。对于泄漏波耦合,探测器置于波导之上,波导中传播的光以泄漏波的形式耦合进探测器,如图 10.18(b)所示。这种方式消除了精确对准的工艺要求,因此更加可靠。采用泄漏波耦合方式时,必须合理设计波导和探测器的结构尺寸,使两者的模式传播常数匹配,以实现有效耦合。

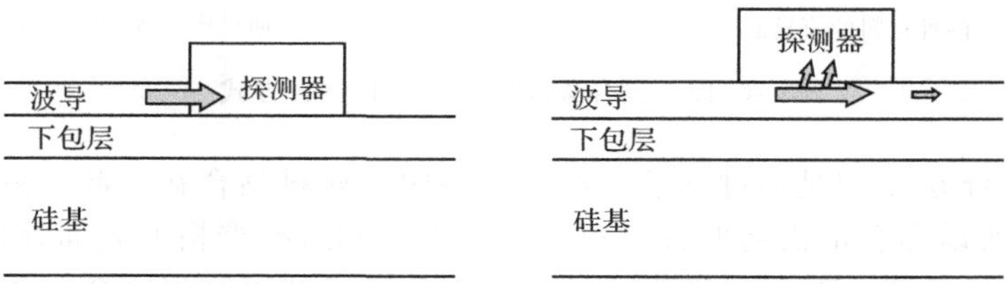

(a) 端对端的直接耦合　　(b) 泄漏波耦合

图 10.18　两种典型的波导-探测器耦合方式

10.6 硅和Ⅲ-Ⅴ族材料的混合集成

Ⅲ-Ⅴ族材料在光通信有源器件方面(如激光器、探测器等)占据了统治地位。尽管目前已经开发出了各种硅基有源器件,但其性能尚无法和相应的Ⅲ-Ⅴ族有源器件相比。例如,硅基拉曼激光器仍采用光泵浦方式,而不是采用业界普遍认可的电泵浦方式;硅基探测器在响应率、速度等方面和传统的Ⅲ-Ⅴ族探测器仍有较大差距。因此,人们希望能够兼具两者之长处,即用硅材料做基底和无源器件,用Ⅲ-Ⅴ族材料做有源器件,并将两者混合集成在一起。

早期的混合集成,是先分别在硅和Ⅲ-Ⅴ族材料上做好无源器件和有源器件,然后再将Ⅲ-Ⅴ族有源器件黏合在带有无源器件的硅片上。这就要求在黏合过程中必须精确对准无源器件和有源器件,以保证两者的有效耦合。这种方法工艺复杂、成本高而且效率低。

近年来研究人员发展了新的混合集成工艺,即先将没有处理过的Ⅲ-Ⅴ族材料裸片黏合在带有无源器件的硅片上,然后再用平面集成加工工艺在Ⅲ-Ⅴ族裸片上制作有源器件。在黏合过程中,由于Ⅲ-Ⅴ族裸片未经处理,所以不需要精确的对准控制,从而大大降低了工艺复杂度和成本。实际上,器件的对准在后续的Ⅲ-Ⅴ族有源器件制作过程中来实现,而其中的光刻工艺可以很容易达到混合集成的对准精度。

黏合一般有两种方式,即两种材料的直接黏合和通过中间媒介的辅助黏合,分别如图 10.19(a)、(b)所示。

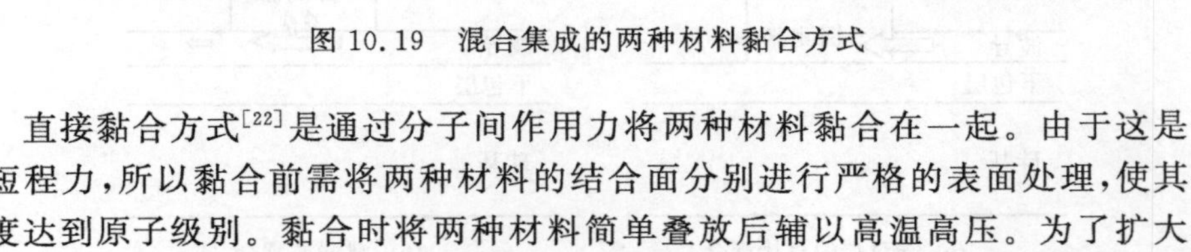

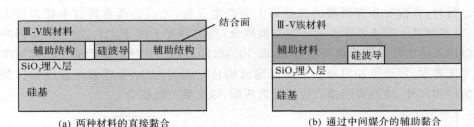

(a) 两种材料的直接黏合　　(b) 通过中间媒介的辅助黏合

图 10.19　混合集成的两种材料黏合方式

直接黏合方式[22]是通过分子间作用力将两种材料黏合在一起。由于这是一种短程力,所以黏合前需将两种材料的结合面分别进行严格的表面处理,使其平整度达到原子级别。黏合时将两种材料简单叠放后辅以高温高压。为了扩大结合面积,实现牢固的黏合,除了硅波导外,还需要在硅片上设计一些辅助结构以增加表面图形密度。这种黏合方式由于硅波导和上方的有源部分直接接触,所以耦合效率很高。

为了降低对材料表面平整度的要求，避免复杂的表面处理工艺，可以选用通过中间媒介的辅助黏合方式[23]。首先在硅片上涂覆一层辅助材料作为黏合剂（一般选用高分子聚合物，如 DVS-BCB），然后再将Ⅲ-Ⅴ族裸片压在上面，利用高分子聚合物的热固性或热塑性来达到黏合效果。由于选用的高分子聚合物在涂覆时具有流动性，可以填充硅片上波导图样所引起的空隙，因此可以形成平整的上表面（与Ⅲ-Ⅴ族裸片结合的表面）。另外，是否设计添加辅助结构以达到好的黏合效果可以视实际情况而定。这种黏合方式由于在硅波导和上方的有源部分之间加入了一层辅助材料，所以耦合效率比直接黏合方式要低。

硅和Ⅲ-Ⅴ族材料的混合集成可以实现高性能的硅基有源器件，但是由于涉及两类不同材料的加工，需要同时配备两套相应的工艺设备，故其成本较高。

10.7　本章小结

本章介绍了硅光子学的发展历史和研究现状，特别是硅基有源器件研究的最新进展。首先对相关的半导体物理知识进行了简要介绍，并结合这些知识说明了硅材料在制作有源器件方面的局限性。然后介绍了各种硅基有源器件的工作原理和研究进展，包括利用硅的受激拉曼散射效应，并通过克服双光子吸收而产生的自由载流子吸收，成功实现了连续工作模式的硅基激光器；利用自由载流子等离子色散效应，研制出硅基电光调制器；通过引入锗材料或杂质缺陷，制作出长波通信波段硅基探测器。最后简要介绍了硅和Ⅲ-Ⅴ族材料的混合集成技术。

各种硅基光器件，特别是有源器件的研制成功，标志着硅光子学的研究取得了突破性进展。在该领域发展新技术时，应该时刻牢记 CMOS 工艺兼容性的要求。必须指出的是，硅光子学的材料并不仅仅局限于硅，其他Ⅳ族半导体材料、聚合物材料和无机电介质材料，只要是 CMOS 工艺中涉及的材料，都可以应用于硅光子学。

尽管各种硅基有源器件已经研制成功，但是其性能距离实际应用还有一定差距，需要继续提高器件性能，并降低成本。只要研究人员能够持续发现硅基器件的潜力并提高其性能，同时工程技术人员能够将这些器件在 CMOS 生产线中制作，那么硅光子学将会从一个蓬勃发展的研究领域扩展为一个广阔的市场。

参考文献

[1] Soref R, Lorenzo J. All-silicon active and passive guided-wave components for $\lambda = 1.3$ and $1.6\mu m$. IEEE J. Quantum Electron., 1986, 22: 873－879.

[2] Soref R, Bennett B. Electrooptical effects in silicon. IEEE J. Quantum Electron., 1987, 23: 123－129.

[3] Schuppert B, Schmidtchen J, Petermann K. Optical channel waveguides in silicon diffused from GeSi alloy. Electron. Lett., 1989, 25: 1500—1502.
[4] Soref R A, Schmidtchen J, Petermann K. Large single-mode rib waveguides in GeSi and Si-on-SiO_2. IEEE J. Quantum Electron., 1991, 27: 1971—1974.
[5] Trinh P D, Yegnanarayanan S, Jalali B. Integrated optical directional couplers in silicon-on-insulator. Electron. Lett., 1995, 31: 2097—2098.
[6] Zinke T, Fischer U, Schueppert B, et al. Theoretical and experimental investigation of optical couplers in SOI. Proceedings of SPIE, 1997, 3007: 30—39.
[7] Trinh P D, Yegnanarayanan S, Coppinger F, et al. Silicon-on- insulator (SOI) phased-array wavelength multi/demultiplexer with extremely low-polarization sensitivity. IEEE Photon. Technol. Lett., 1997, 9: 940—942.
[8] Kakkad R, Smith J, Lau W S, et al. Crystallized Si films by low-temperature rapid thermal annealing of amorphous silicon. J. Appl. Phys., 1989, 65: 2069—2072.
[9] Kim H J, Im J S. New excimer-laser-crystallization method for producing large-grained and grain boundary-location-controlled Si films for thin film transistors. Appl. Phys. Lett., 1996, 68: 1513—1515.
[10] 石顺祥,陈国夫,赵卫等. 非线性光学. 西安:西安电子科技大学出版社,2003.
[11] Tsang H K, Wong C S, Liang T K, et al. Optical dispersion, two-photon absorption and self-phase modulation in silicon waveguides at 1.5μm wavelength. Appl. Phys. Lett., 2002, 80: 416—418.
[12] Liang T K, Tsang H K. Role of free carriers from two-photon absorption in Raman amplification in silicon-on-insulator waveguides. Appl. Phys. Lett., 2004, 84: 2745—2747.
[13] Rong H, Jones R, Liu A, et al. A continuous-wave Raman silicon laser. Nature, 2005, 433: 725—728.
[14] Soref R, Bennett B. Kramers-Kronig analysis of electro-optical switching in silicon. Proceedings of SPIE, 1996, 704: 32—37.
[15] Liu A, Jones R, Liao L, et al. A high-speed silicon optical modulator based on a metal-oxide-semiconductor capacitor. Nature, 2004, 427: 615—618.
[16] Liu A, Liao L, Rubin D, et al. High-speed silicon modulator for future VLSI interconnect. Integrated Photonics and Nanophotonics Research and Applications, 2007, paper IMD3.
[17] Xu Q, Schmidt B, Pradhanl S, et al. Micrometre-scale silicon electro-optic modulator. Nature, 2005, 435: 325—327.
[18] Luan H, Lim D, Lee K, et al. High-quality Ge epilayers on Si with low threading-dislocation densities. Appl. Phys. Lett., 1999, 75: 2909—2911.
[19] Liu J, Cannon D, Wada K, et al. Silicidation-induced band gap shrinkage in Ge epitaxial films on Si. Appl. Phys. Lett., 2004, 84: 660—662.
[20] Knights A P, Bradley J D B, Gou S H, et al. Silicon-on-insulator waveguide photodetector with self-ion-implantation-engineered-enhanced infrared response. J. Vac. Sci. Technol., 2006, A24: 783—786.
[21] Liu Y, Chow C W, Cheung W Y, et al. In-Line channel power monitor based on helium ion implantation in silicon-on-insulator waveguides. IEEE Photon. Technol. Lett., 2006, 18: 1882—1884.
[22] Fang A W, Park H, Cohen O, et al. Electrically pumped hybrid AlGaInAs-silicon evanescent laser. Opt. Exp., 2006, 14: 9203—9210.
[23] Roelkens G, Brouckaert J, Taillaert D, et al. Integration of InP/InGaAsP photodetectors onto silicon-on-insulator waveguide circuits. Opt. Exp., 2005, 13: 10102—10108.